"电力设备感知与节能"系列

电力安全保障的
机器视觉技术

邵洁 赵倩 著

上海交通大学出版社
SHANGHAI JIAO TONG UNIVERSITY PRESS

内容提要

　　本书将人脸表情识别、姿态识别、目标检测、目标识别等人工智能方法,应用于电力系统的发电、输电、变电等多个领域,实现了视频或图像关键信息的特征提取和分析;通过仿真实验研究,建立了表面缺陷的自动视觉检测系统及电力设施周边场景的目标观测模型。书中涉及了电力人员行为规范、违规行为告警、工器具使用监管等多项无人化智能监管,以及电力行业施工及现场作业的数字化、精细化、智慧化的监管管理方面的重要的研究成果。本书适合高校电力工程、电力系统及其自动化、信息工程等专业和从事机器视觉技术和管理的相关读者使用。

图书在版编目(CIP)数据

　　电力安全保障的机器视觉技术/邵洁,赵倩著. —
上海:上海交通大学出版社,2021.12
　　ISBN 978 - 7 - 313 - 23930 - 3

　　Ⅰ.①电…　Ⅱ.①邵…②赵…　Ⅲ.①计算机视觉—
应用—电力安全　Ⅳ.①TM7 - 39

　　中国版本图书馆 CIP 数据核字(2020)第 206208 号

电力安全保障的机器视觉技术

DIANLI ANQUAN BAOZHANG DE JIQI SHIJUE JISHU

著　　者:邵　洁　赵　倩

出版发行:上海交通大学出版社　　　　　　地　　址:上海市番禺路 951 号

邮政编码:200030　　　　　　　　　　　　电　　话:021 - 64071208

印　　制:苏州市古得堡数码印刷有限公司　经　　销:全国新华书店

开　　本:787mm×1092mm　1/16　　　　　印　　张:12.5

字　　数:263 千字

版　　次:2021 年 12 月第 1 版　　　　　　印　　次:2021 年 12 月第 1 次印刷

书　　号:ISBN 978 - 7 - 313 - 23930 - 3

定　　价:58.00 元

前　言

　　稳定的电力供应是社会平稳安定、人民正常生活的基本保障。我国经济的迅猛发展、人民生活水平的日益提高、城市化进程的加快,以及社会主义新农村的建设,对电力供应的广度和量级提出了全新的要求。电力供应出现中断、不足或者不稳定,将直接影响人们的日常生活、工业企业的生产、金融市场的运作、公共交通的运行等等,甚至会造成工业生产事故、交通事故、人员安全事故。确保电力安全生产,不仅是社会发展与稳定的需要,同时对电力企业自身的发展也具有重要的意义。电力安全生产是电力企业自身经营发展和参与市场竞争的基础,也与电力企业员工的切身利益相关,是企业形象的体现。因此,保证电力生产安全,促进电力企业的正常发展,既有助于构建和谐稳定的用电环境,又有着重大的社会意义。

　　电网运行系统包括了发电、输电、配电和用户,因此,针对电力安全保障的研究也涵盖了从电力生产、电力运维到客户服务保障等多个方面。涉及的问题包括:生产作业人员的习惯性违规操作导致的责任事故;在施工、设备检修及维护时,缺少生产现场的安全组织工作及安全技术保障措施;安全装备的错误使用;违反操作规程的行为等。

　　电力安全保障管理是一项全方位、多层级、全员参与的工作,有效的监督管理机制是其中不可缺少的一环。传统的监督管理完全依靠人力,近年来随着人工智能在社会各个层面的应用,机器视觉技术也逐步加深了与电力行业的融合,由此涌现出了多种智能监控平台系统。智能监控平台通常依靠多种传感设备实现外部信息获取,然后采用人工智能算法对信息进行提取和计算,最后实现分析结果自动化输出。其中,由于与人眼观测信息最为接近,基于视频传感器的智能监控平台在电力安全保障领域的应用最为广泛。

　　基于视频传感器的智能监控平台系统的核心算法依靠机器视觉技术实现。目前,中国是世界机器视觉业发展最快的地区之一。2018年中国机器视觉市场规模首次超过100亿元。随着行业技术提升、产品应用领域拓展,未来机器视觉市场将进一步扩大,预计2023年市场规模将达到155.6亿元。

　　本书涉及电力施工、生产及操作行为的安全管理先进技术手段,介绍了如何通过安装在施工或作业现场的各种监控装置,利用人脸识别、姿态识别、目标识别、运动轨迹检测等理论,构建智能监控和识别防范体系。此外,本书还从智能区域监控、人员情绪评估、电力设施异常分析、人员安全装备佩戴识别,以及事故状态下的自动引导等几个方面,对机器视觉算法在电力安全领域的应用成果进行了详细阐述,列举的应用实例为电力协调实现安全生产运行提供了参考。

限于作者水平和实践经验,本书的缺点和不足之处还望读者多多批评指正。

编者

2021 年 12 月

目　录

电力安全保障的机器视觉技术概述

国家电网有限公司于 2019 年正式提出"打造全业务泛在电力物联网"的战略目标,其实质在于将先进物联网(internet of things,IoT)、人工智能、大数据存储与分析等现代信息技术,与"坚强智能电网"深度融合,实现在能源生产、输送、调配、消费各环节中人与人,乃至人与物、物与物的信息互联共享,全面提升电力系统优化运行水平,促进电力系统由原先单一电能供应商向智慧综合能源服务提供商的角色转变。在当今世界,人工智能技术正以前所未有的速度转化为现实生产力,并深刻改变着全球的经济格局、安全格局和战略格局。当前,电力系统最紧迫、最重要的任务就是加快推进泛在电力物联网建设,实施电网和用户的全面感知是泛在电力物联网的基础和关键。基于智能语音、机器视觉、自然语言理解等人工智能技术,结合电力行业大数据,为泛在电力物联网建设打造包括人工智能基础能力平台在内的一系列人工智能电力解决方案,是今后一个阶段的研究重点。对于电力安全保障而言,泛在电力物联网将极大程度地提升电力安全运行状态的全面感知能力,实现异常情况的及时预警,满足多样性的需求。当前,对于泛在电力物联网建设、发展及与电网的融合研究仍处于探索阶段,还存在诸多亟待解决的问题。本章节基于当前的研究成果,对电力安全保障的范畴、机器视觉的概念及关键技术、两者融合的现状和未来发展规划进行了梳理和综述。

1.1 ≫ 电力安全保障的定义

电网运行系统包括了发电、输电、配电和用户,任何一个环节出了事故,都会影响整个电网的安全稳定运行。从电力企业自身角度考虑,安全管理对企业的持续和谐发展和效益提高有重大的影响,同时也直接与每一位员工的家庭幸福息息相关。从国家和社会的层面考虑,电力企业的严重事故将导致电网运行中断,甚至崩溃,造成大面积、长时间的停电,进而影响工业生产和人民生活的正常运转,造成重大的社会、经济损失。因此,电力工业发展的客观规律决定了其必须坚持"安全第一,预防为主"的方针[1]。

近年来,随着国民经济的飞速发展,电网规模不断扩大,电网运行呈现出了点多面广、专业综合性强、从业人员专业技能要求高等特点。同时,电力生产也面临较大的安全风险。电网运行安全风险是指电网安全运行的不确定性,包括了可能影响电网安全运行的因素、事件或状态发生的可能性及后果。电网安全风险管理的相关研究涵盖电网事故的潜在风险的辨识与分析手段,对风险加以控制或化解的科学有效的措施,以及实现电网安全稳定运行的管理行为分析等。通过针对电网的安全风险控制,依照安全生产的目标和宗旨,在危害辨识和电网风险评估的基础上,选择最优的控制方案,可降低风险发生概率、减轻风险造成的损失[2]。

电网安全管理包括:安全职责、日常安全活动、危险点辨识与控制措施、现场安全措施及作业安全要求、反事故措施和安全技术劳动保护措施,以及事故应急处理等。

首先,在日常生产活动中,需要考虑自动化设备的运维管理和缺陷管理、备品备件管理、隐患排查治理和交接班制度等。以自动化设备缺陷管理为例,自动化设备缺陷是指在生产过程中,运行或备用设备存在异常状况但还未影响到自动化系统的安全性、稳定性、可靠性,以及信息准确性。缺陷管理的目的一方面是为了掌握正在运行的自动化系统存在的问题,以便按轻重缓急消除缺陷,提高自动化系统的健康水平,保障其安全运行;另一方面,对缺陷进行全面分析,总结其变化规律,可以为今后的设备大修、更新改造自动化系统提供依据。一般来说,运行中的自动化调度系统和设备出现异常情况,均被列为缺陷,根据它们威胁安全的程度,可分为3类:一般缺陷,指设备状况不符合规程要求,但近期内不影响设备安全运行的缺陷;重大缺陷,指设备有明显损坏、变形,近期内可能影响设备安全运行的缺陷;紧急缺陷,指设备缺陷直接影响设备安全运行,随时有可能发生事故,必须迅速处理的缺陷[2]。

其次,在调控运行的日常工作中常见的危险源有很多,可分为运行设备与作业对象、作业环境与安全设施、作业机器及防护用具、人员素质与行为、安全管理5个方面。其中,属于运行设备与作业对象的危险源非常多,例如500 kV电网不完善,220 kV电网合环运行短路容量受限,110 kV变电站电源供电可靠性差,110 kV电网局部网架结构不完善等。作业环境与安全设施中存在的危险源有调度大楼失火,自然灾害危及调度场所人员安全,调度门禁系统故障或损坏,计算机病毒入侵等。作业机器及防护用具相关危险源包括:安全帽工作服等防护用品不符合规程要求,现场调度人员劳动防护用品使用不当,电话录音未按照要求保存,调度专用通信中断等。人员素质与行为相关危险源包括:调度人员疲劳工作,调度业务知识与技能不过关,误判断、误操作,习惯性违章违纪等。最后,安全管理相关的危险源有安全活动开展不到位导致的人员安全意识淡薄,工作责任心不强产生的违纪违章现象,以及相关的人身伤害、设备损坏和电网事故等。

在现场安全措施及作业安全要求中很重要的一个环节是执行工作票制度。在电气设备上作业,应填写工作票或事故应急抢修单,针对不同对象进行运维工作时应填写不同的工作票。

反事故措施和安全技术劳动保护措施包含防止人身伤亡事故、防止系统稳定破坏事故、防止机网协调事故、防止枢纽变电站全停事故、防止电气误操作事故、防止继电保护事故、防止电网调度自动化系统事故等。

最后，一旦发生事故，还需要有事故应急处理预案，包括应急处理机制、典型事故应急处理预案、电网重要用户保电预案、系统大面积停电应急处理预案、调度自动化系统故障处理应急预案、电网紧急拉闸限电序位表、通信系统现场处置方法、所辖变电站失电预案、所辖各站站用失电后的应急处置预案、城镇电力系统突发事件调度应急处置预案、系统出力不足引起系统频率或电压降低等各种系统事故处理预案、电力系统突发事件应急抢修处置预案、电力调度控制中心对突发事件的应急处理预案、网络型供电网络的负荷转接预案等。常见事故有线路跳闸、发电机事故、变压器故障、互感器异常、母线故障、开关故障、安控装置通道异常运行、系统潮流异常、电缆网故障等。

综上，电力安全保障包含两个方面的内容，一方面是电力企业对内的安全管理；另一方面是电力设施对外的安全防控。电力企业对内的安全管理包括安全生产法律法规的教育、电业安全工作规程、电气操作行为规范、现场急救知识和消防安全知识等。电力设施和电力施工区域的安全防控主要包括保护主体周边区域的入侵检测、电力设施的安全性检测及门禁安防等。

1.2 » 机器视觉技术的概述

1.2.1 人工智能

"人工智能(artificial intelligence)"这一术语于 1956 年被首次提出，以麦卡赛、明斯基、罗切斯特和申农等为首的一批年轻科学家共同研究和探讨了机器模拟智能的一系列有关问题，这标志着"人工智能"这门学科的正式诞生。人工智能是研究、开发用于模拟、延伸和扩展人的智能的理论、方法、技术及应用系统的一门新的科学技术，其目的是用机器智慧实现与人类智慧相似的行为判断。它是计算机科学的一个分支，但还涉及了信息论、控制论、自动化、仿生学、生物学、心理学、数理逻辑、语言学、医学和哲学等多门学科。其研究领域包括机器人技术(robotics)、自然语言处理(natural language processing, NLP)、图像处理(image processing)等。这些研究领域的应用交互融合，实现对人的意识、思维的信息过程的模拟。1997 年，IBM 公司研制的深蓝(Deep Blue)计算机战胜了国际象棋大师卡斯帕罗夫就是人工智能技术在部分领域超越人脑的经典案例。计算机不仅能够代替人脑的部分功能，而且在速度和准确性上还大大超过了人脑。计算机能够模拟人脑部分分析和总结的功能，并且还可以实现某种意识特性，成为人脑的延伸。近十几年中，对计算智能、机器学习、深度学习研究的深入开展，极大地推动了人工智能研究的进一步发展[3]。

模拟人的意识和思维离不开信息的获取，人的信息获取途径包括视觉、听觉、触觉等，其中视觉获得的信息最为丰富。机器视觉就是利用机器代替人眼来做各种测量和判断。其采用的视觉系统包括各种机器视觉产品,如 CCD 摄像机、红外相机等等。被摄取的信息先转换成图像信号,传送给专用的图像处理系统,根据像素分布和亮度、颜色等信息,转变成数字化信号;再采用专用图像处理分析算法抽取目标特征,进而获得判别结果,控制现场的设备动作。

1.2.2 机器视觉

机器视觉是人工智能正在快速发展的一个分支,机器视觉系统被广泛地用于天文、医药、交通航海、工业生产、安全保障以及军工等领域。比如,在军工领域,机器视觉被应用于航空着陆姿势、起飞状态分析,火箭喷射、子弹出膛、火炮发射弹道分析,炮弹爆炸、破片分析,爆炸防御、撞击、分离以及各种武器性能测试分析,点火装置工作过程分析等;在生物领域,被应用于步态分析、康复物理治疗、生物运动分析等;在医疗领域,用于细胞、瓣膜运动检测,体内出血观察,吞咽、呼吸道鞭毛运动观测等;在体育领域,应用于赛事广播、体育运动辅导和训练,跑步、跳远、跨栏、体操、跳水等姿势动作分析和评估;在工业领域,机器视觉的应用更加广泛,包括:①引导和定位,视觉定位要求机器视觉系统能够快速准确地找到被测零件并确认其位置,上下料使用机器视觉来定位,引导机械手臂准确抓取等,在半导体封装领域,设备需要根据机器视觉取得的芯片位置信息调整拾取头,准确拾取芯片并进行绑定,这类视觉定位是机器视觉工业领域最基本的应用;②外观检测,如检测生产线上产品有无质量问题,该环节也是取代人工最多的环节,此外,机器视觉也涉及医药生产领域,包括尺寸检测、瓶身外观缺陷检测、瓶肩部缺陷检测、瓶口检测等;③高精度检测,有些产品的尺寸精度很高,达到 $0.01 \sim 0.02$ mm,甚至微米级,这种精度超出了人眼检测的范围;④识别,即利用机器视觉对图像进行处理、分析和理解,自动将各种不同模式的目标和对象分类,可以用于数据的追溯和采集,在汽车零部件、食品、药品等领域应用较多。

人工智能的发展初期,经历了通过赋予机器逻辑推理能力,使机器获得智能的“推理期”,以及将人类的知识总结出来教给机器,使机器获得智能的“知识期”。在这两个发展阶段,机器都只是按照人类设定的规则和总结的知识完成特定任务,无法超越其创造者,这需要很高的人力成本。因此,很多学者想到要教会机器自我学习,由此产生了“机器学习”的概念。20 世纪 80 年代,连接主义较为流行,产生了感知机(perceptron)和神经网络(neural network)这些概念。20 世纪 90 年代,统计学习方法开始占据主流舞台,代表性方法有支持向量机(support vector machine, SVM)。进入 21 世纪,深度神经网络被提出,连接主义卷土重来,随着数据量和计算能力的不断提升,以深度学习(deep learning)为基础的诸多人工智能技术趋向成熟。

1.2.3 机器学习

机器学习(machine learning)是一类算法的总称,这些算法通过研究大量历史数据,总结出其中隐含的规律,用于预测或者分类。更具体地说,机器学习可以看作是寻找一个函数,输入的是样本数据,输出的是期望的结果,只是这个函数过于复杂,以至于不易通过少量表达式展现。需要注意的是,机器学习的目标是使学到的函数更好地适用于新样本,而不仅仅是在训练样本上表现很好。这种学到的函数适用于新样本的能力,被称为泛化(generalization)能力。

机器学习有下面几种定义[4]:①机器学习是一门人工智能的科学,该领域的主要研究对象是人工智能,特别是如何在经验学习中改善具体算法的性能;②机器学习是对能根据经验自动改进的计算机算法的研究;③机器学习是用数据或以往的经验优化计算机程序的性能标准。

机器学习的理论和方法已被广泛应用于解决工程应用和科学领域的复杂问题。2010年的图灵奖获得者为哈佛大学的莱斯利·瓦利安特(Leslie Valiant)教授,其获奖工作之一是建立了概率近似正确(probably approximately correct,PAC)学习理论。2011年的图灵奖获得者为加州大学洛杉矶分校的朱迪亚·珀尔(Judea Pearl)教授,其主要贡献是建立了以概率统计为理论基础的人工智能方法。这些研究成果促进了机器学习的发展和繁荣。

目前,传统机器学习的研究方向主要包括决策树、随机森林、人工神经网络、贝叶斯学习等。决策树是在已知各种情况发生概率的基础上,通过构成决策树来求取净现值的期望值大于等于零的概率。评价项目风险及判断其可行性的决策分析方法是直观运用概率分析的一种图解法。由于这种决策分支画成图形很像一棵树的枝干,所以称为决策树。在机器学习中,决策树是一种预测模型,它代表的是对象属性与对象值之间的一种映射关系。决策树的进一步发展,产生了随机森林算法,它是一种利用多个决策树分类器进行分类和预测的方法。不同于决策树和决策森林,人工神经网络(artificial neural network,ANN)是一种模拟人脑神经元网络的算法模型,它是由大量的类似神经元的节点相互连接构成的,每个节点代表一种特定的函数,称为激励函数。第一家神经计算机公司的创立者与领导人赫克特·尼尔森(Hecht Nielsen)给人工神经网络下的定义是:"人工神经网络是由人工建立的以有向图为拓扑结构的动态系统,它通过对连续或断续的输入做状态响应而进行信息处理。"人工神经网络的特点和优越性主要体现在3个方面:①具有自学习功能,例如实现图像识别时,只需要把许多不同的图像样本和对应的识别结果输入人工神经网络,网络就会通过自学习功能,慢慢学会识别类似的图像,这对于预测有特别重要的意义;②具有联想存储功能,用人工神经网络的反馈网络就可以实现这种联想;③具有高速寻找优化解的能力。随着计算机计算性能的提高,神经网络的加深、加宽,结构复杂化开始具有普及的实用意义。由此发展得到的算法类型,统称为卷积神经网络(convolutional neural network,CNN),人工神经网络进入了深度学习时代。

1.2.4 深度学习

近年来,深度学习作为先进的机器学习技术之一,在计算机视觉,语音识别和自然语言处理等不同研究领域中取得了巨大成功[5]。深度学习可以追溯到20世纪40年代,而神经网络是实现机器学习的必要条件。传统的多层神经网络训练策略往往只会产生局部最优解,或不能保证结果收敛。因此,尽管已经意识到多层神经网络可以实现更好的特征描述和学习性能,但是这种算法模型依然没有被广泛使用。2006年,Hinton等[6]提出了一种贪心无监督逐层学习策略,将深层结构分解为逐层初始化参数,然后使用有监督的反向传播算法来微调模型参数,有效的深度学习训练在学术界引起了巨大的反响。此外,计算能力的升级和数据样本的增加也有助于深度学习的普及。随着大数据时代的到来,可以收集大量样本来训练深度学习模型的参数。同时,训练大规模深度学习模型需要高性能计算系统。2012年,Hinton团队的深度学习AlexNet模型在著名的ImageNet图像识别大赛中赢得了冠军。他们采取ReLU激活函数策略从根本上解决了梯度消失问题,并使用GPU大大提高了模型的训练速度。同年,由著名的斯坦福大学吴恩达教授和世界顶级计算机专家杰夫·迪恩(Jeff Dean)共同主导的深度神经网络技术在图像识别领域上取得了惊人的成果。在ImageNet评估中把错误率从26%成功降低到了15%。随着深度学习技术的不断进步和数据处理能力的不断提高,2014年,Facebook公司研发出基于深度学习的DeepFace项目,其人脸识别准确率已经超过97%,与人类识别的准确率几乎没有差异。该项目利用9层神经网络获得脸部表征,神经网络处理的参数高达1.2亿。除此之外,在2016年人工智能围棋比赛中,基于深度学习的谷歌AlphaGo以4∶1的比分击败了国际顶尖围棋高手李世石。深度学习在很大程度上促进了机器学习的发展,并受到了世界各国相关领域的研究人员和高科技公司的密切关注。

在过去几年中,深度学习在大数据特征学习方面取得了很大进展。与传统的浅层机器学习技术(如支持向量机、K最近邻分类和朴素贝叶斯)相比,深度学习模型可以利用许多样本来提取高级特征,并通过更组合低级输入来学习数据的分层表示,具有种类繁多,准确性高的特点。目前,深度卷积神经网络、深度置信网络、栈式自编码网络和递归神经网络是一些最广泛使用的深度学习算法。以下是对经典深度学习网络的简单介绍。

1. 深度卷积神经网络

深度卷积神经网络(deep convolutional neural network, DCNN)是大规模图像分类和手写数字识别的特征学习中应用最广泛的深度学习模型。深度卷积神经网络由3层组成,卷积层、池化层和完全连接层。卷积层使用卷积运算来实现权重共享,而池化层用于减小维度。完全连接层则部分连接特征提取和输出计算损失,并完成识别和分类功能。深度卷积神经网络通常包括几个卷积层和子采样层,用于大规模图像上的特征学习。

2. 深度置信网络

深度置信网络(deep belief network, DBN)是由无监督的受限玻尔兹曼机(restricted boltzmann machines, RBM)概率模型堆积而成的。受限玻尔兹曼机是一种随机生成的神经网络结构,它本质上是一个无向图模型,由随机的一些可见层单元和隐藏层单元构成。

只有可见层单元和隐藏层单元之间才会有连接,可见层单元之间以及隐藏层单元之间都没有连接。此外,隐藏层单元和可见层单元通常采用二进制并服从伯努利分布。深度置信网络具有很高的灵活性且易于扩展,解决了传统神经网络随着层数的增加陷入局部最优解的问题。

3. 栈式自编码网络

栈式自编码网络(stacked autoencoder,SAE)是由多层稀疏自编码器组成的分层深度神经网络结构。自编码器是一种无监督的隐藏层神经网络,其前一层自编码器的输出层作为后一层自编码器的输入层。当隐藏层维度大于输入层维度时,自动编码器可以通过无监督贪婪逐层训练得到每层自编码器的权重,对隐藏单元施加稀疏性来学习关于输入数据的有用结构。它通过学习获得一个代表输入的特征,以最大程度上表示原来的输入信息。通过一层一层的特征学习,得到特征之间的层次结构,让其具备强大的表达能力。

4. 递归神经网络

递归神经网络(recurrent neural network,RNN)是典型的顺序学习模型。它通过存储在神经网络内部状态的先前输入来学习系列数据的特征。递归神经网络通常被用来描述动态时间序列,以时序序列结构作为其输入,通过不断更新网络的内部状态,来研究输入对象的时间特征。与前馈深度神经网络不同,递归神经网络更注重网络的反馈作用。递归神经网络具有一定的记忆功能,能够将先前的信息关联到当前的任务中。

1.3 电力领域机器视觉技术发展现状

近年来,随着深度学习技术的迅猛发展,机器视觉技术在人脸识别、智能驾驶、场景分类等任务中获得了非常广泛的应用。除此之外,电力安全领域的机器视觉技术也是时刻在人们身边,且极具价值与挑战性的应用领域,其具体应用方向有电力系统自动故障检测、异常入侵检测、变电站远程监控、输电设备安全隐患检测等。

空中飞行平台(如直升机、无人机等)巡检具有高效、准确和安全等特点,近几年已成为输电线路巡检的重要方式。这种方式可以利用平台上装载的摄像头获取大量航拍图像,包括有效的绝缘子、电力线路等目标信息。若采用肉眼判读对这些海量视频数据进行图像分析的话,易发生严重的检测误判或漏判情况,难以准确发现目标存在的安全隐患,且人工读图极大地增加了检修成本。利用图像处理技术不仅可提高绝缘子表面缺陷的准确性,还可使空中飞行平台巡线系统更为高效和智能。基于航拍图像的绝缘子缺陷检测已有相当数量的研究成果,但其中很多是在实验室环境下进行的,且没有进行大规模的数据库图像验证,具有很大局限性,并没有考虑绝缘子可能存在的复杂背景等因素。输电线路相关的航拍图像具有如下特点:①绝缘子与导线、开关、杆塔、金具等相连,或相互遮挡;②图像分辨率相对较低;③图像背景复杂,经常包含森林、山川、田地、房屋、河流、道路等不同的自然景物,且随着四季的更迭,背景外观会随时改变;④在巡检过程中,目标物体的相对运动以及摄像设备的"振动"导致绝缘子目标在图像中可辨识度不高,增加了后期目标提取的难度,很难获得适用性强的自动检测方法。目前已有的方法包括:基于先验形状的绝缘子定位、基于中层特征构建的红外图像中绝缘子定位、基于深度特征的绝缘子状态检测等。

机器视觉在电力安全领域的另一大应用是巡检机器人的普及。电力巡检机器人安装具有可见光成像和热成像的摄像头,通过建立巡检机器人在各个停靠点的各种典型情况下的图像数据库,并在人工标定各个设备的前提下,只利用图像配准技术,通过对前端摄像头采集的可见光成像和热成像视频流信息进行实时监视和分析,就可以进行视野内各种相关设备的准确定位和温度异常检测,从而实现设备的远距离状态监控。虽然巡检机器人能够对异常温度信息进行报警,但是无法指出设备的位置信息,更难以区分设备和非设备因素的异常温度。此外,可见光摄像头在光线差时无法正常工作,导致在人工检测时无法将热成像图像与可见光成像图像进行比较,难以判定红外热成像图像的准确位置。因此,后期课题应通过其他标定手段改进方法,如建立巡检机器人在各停靠点处的可见光图像库,并标定相关设备位置,建立设备类别的唯一编号等。变电站巡检机器人的产业化还带动了相关产业的发展,国家电网公司在近十年,已将巡检机器人推广到全国大部分的变电站,目前已更新到了第三代产品。

此外,基于视频的智能监控平台能够实现对高压电力设备的远程智能分析。智能监控平台包括:入侵检测,用于判断线塔周围是否有大型机械设备靠近作业;异物检测,用于监控是否有风筝等其他异物飘挂线路;线路舞动检测,监控大风天气导线的舞动情况;安全距离检测,用于检测线路或铁塔周围的树木是否长得太接近线路和铁塔;铁塔倾斜检测,用于在铁塔倾斜超过一定阈值时报警;线路覆冰检测,用于报警线路上有覆冰的情况,防止覆冰把线路压断;线路弧垂检测,用于检测线路在高负荷状态时出现的弧垂。针对不同的任务特点,智能监控平台可以采用不同的算法。比如,入侵检测、异物检测和线路舞动检测需要采用目标跟踪的方法;安全距离检测选取特征提取结合分类器的方法进行是否存在树木的判定;铁塔倾斜检测采用边缘检测和边缘直方图的计算;线路覆冰检测采用图像直方图均衡化和二值化方法;线路弧垂检测则可以用最小二乘法拟合二次曲线和曲线曲率的计算。

1.4 » 电力领域机器视觉技术发展规划

与坚强智能电网不同,泛在电力物联网更侧重能源(电力)的社会元素,将努力实现电力系统各个环节的万物互联、人机交互。在此背景下,2019 年 10 月 14 日,国家电网有限公司发布了《泛在电力物联网白皮书 2019》,进一步向社会各界明晰泛在电力物联网建设的背景意义、目标与发展方向、价值作用、关键技术与标准创新、能源生态,瞄准 7 个方面的子生态,带动产业链上下游共同发展。

具体而言,建设泛在电力物联网,通过对全社会能源电力生产、消费信息的全息感知和汇聚整合,支撑政府开展企业能效、环保生产、税务稽查等方面的监测评估;促进能源电力行业生产成本、服务质量等信息透明化,推动行业监管质效提升。

建设泛在电力物联网,将以电为中心向电力生产和消费两端延伸价值链,有效汇聚各类资源,创新引领能源服务业务动态。截至目前,国家电网公司已发起成立了综合能源服务产业创新发展联盟、中国电力大数据创新联盟,将发挥成员单位在科技、市场、数据等方面的资源优势,搭建合作共享平台,共同打造"共创共建、互惠互利"的能源生态"朋友圈"。如国网电商公司通过"国网小 e"项目,带动上下游 180 余家中小微企业共同创业,新增1000 多个就业岗位,全年可转化约 1000 个项目,累计转化交易金额突破 10 亿元,有效激发企业发展的新动能。同时,建设泛在电力物联网,通过打造电工装备智慧物联体系,将电工装备企业及其设备有机连接,电表检测数据、设备运行缺陷数据及时反馈到招标采购和生产制造环节,从源头提升设备采购和生产质量,帮助供应商提升设备产品质量,助力电工装备企业产能升级、高效发展。

另一方面,建设泛在电力物联网,还将使服务响应更快捷,如国网浙江电力推广应用"网上国网"平台以来,用户已达 719 万户,减少用户上门次数 90 余万次,高压、低压业扩接电平均时长同比缩短 27 和 10 个百分点,降低企业办电成本超过 4700 万元;通过停电信息主动通知、可视化抢修等主动服务,实现停电自动判断、故障精准定位、主动派发工单、跟踪抢修轨迹、回传抢修情况,提升协同效率和服务质量,并推动办电、交费等用电行为全过程在线;及时向客户提供用电提醒、节能分析等个性化、多元化增值服务。

在这样的大环境下,2020 年,人工智能、大数据、3D 成像和机器人过程自动化等领域取得了空前的发展。接下来,机器视觉技术应用还将蓬勃发展,在电力工业领域有5 大发展趋势:3D 成像和智能分拣系统;云端深度学习;机器人;高光谱成像;热成像工业检测。

1. 3D 成像和智能分拣系统

工业自动化正在使工厂变得更加智能,并可以取代人工减少劳动力。机器视觉用于质量控制检查已经得到了广泛的应用,随着 3D 传感器和机械手拾取集成解决方案的出现,新的市场正在开拓。不管零件的位置和方向如何,机器人拾取系统都可以随机抓取物体。3D 视觉系统可以大量识别随机放置的部件,如手提箱和零件盒。由于机器人的动态处理,可以在不同方向和堆栈中选择复杂的对象。将 AI 与拾取操作相结合可以实现零件自主选择,提高生产效率,减少循环时间,降低过程中人机交互的次数。

2. 云端深度学习

5G 数据网络的到来为汽车自动驾驶提供了执行基于云计算的机器视觉计算的能力。海量机器类型通信允许在云中处理大量数据,用于机器视觉应用程序。使用卷积神经网络分类器的深度学习算法可以快速进行图像分类、目标检测和分割。未来,这些新的人工智能和深度学习系统的开发将会大大增加。

3. 机器人

传统意义上的工业自动化是指工业机器人在控制系统的指挥下,重复特定的动作流程。但是在加工过程中产生随机误差在所难免,诸如不可预测的震动、产品在工位间传送发生的偏移等。此外,机械结构随着长期使用,精度下降带来的系统误差还会导致产品批量报废。当工业机器人拥有了机器视觉赋予的"慧眼",上述问题便迎刃而解。工业机器人在"看到"目标之后,经准确分析定位后引导动作,避免了产品传送中的偏差,增强了不同产品的生产适应性,同时大幅提升产品的加工精度。此外,机器视觉还能检测成品的精度,免除人工抽检带来的低效、误差与漏检。在未来,工业机器人将更容易、更快地使用直观的界面编程。人机协同还可能支持小批量、高复杂性的柔性生产。使用复杂性的降低使得机器人和视觉系统在中长期内得到广泛使用。

4. 高光谱成像

下一代模块化高光谱成像系统提供了工业环境中的化学材料性能分析。化学色彩成像通过不同颜色的结果图像,实现了材料的分子结构可视化。这使得化学成分可以在标准的机器视觉软件中进行分析。典型应用包括在肉类生产中的塑料检测、不同可回收材料的检测和泡丸检验质量控制。这类系统发展的主要障碍是大规模的数据量和速度限制,但如今更快的处理、更好的算法和相机校准的发展,仍使其成为 2019 年的热门话题。

5. 热成像工业检测

热成像相机传统上用于国防、安全和公共安全。如今,热成像技术广泛应用于热异常探测。在许多工业应用中,例如汽车或电子工业的零部件生产,热数据是至关重要的。虽然基于可见光的机器视觉可以看到生产问题,但它不能检测热异常。热成像与机器视觉相结合是趋势,这使得制造商能够发现肉眼或标准相机系统无法看到的问题。热成像技术提供非接触式精密温度测量和无损检测,这是机器视觉在自动化控制领域的重要发展方向。

与工业 4.0 相关的技术正在推动制造业发生更多变化。机器视觉适用于所有行业,特别在食品饮料、制药和医疗器械制造等高规格、高监管行业中显得尤为重要。企业转向工厂自动化生产有多方面原因,包括提高生产线效率、更有效地利用资源和提高生产率。根据推测,预计在 2021 年机器视觉相关技术在各个领域的需求还将不断增长。随着智能电网建设进一步深化,利用无人机、机器人等手段对输电线路进行智能巡检将得到更广泛的应用。由于电力行业的特殊性,对于智能化水平要求的进一步提高,也对设备识别准确性与实时性提出了更高的要求,所以深度学习在电力系统自动故障检测中必将大有可为。

参考文献

[1] 许庆海. 电力安全基本技能[M]. 北京:中国电力出版社,2012.

[2] 王抒祥. 电网运行安全[M]. 成都:电子科技大学出版社,2013.

［3］李屹,李曦.认知无线网络中的人工智能[M].北京：北京邮电大学出版社,2014.

［4］陈海虹,黄彪,刘锋,等.机器学习原理及应用[M].成都：电子科技大学出版社,2017.

［5］张军阳,王慧丽,郭阳,等.深度学习相关研究综述[J].计算机应用研究,2018,35(7)：1921－1928.

［6］HINTON G E, OSINDERO S, TEH Y W. A fast learning algorithm for deep belief nets [J]. Neural Computation, 2006,18(7)：1527－1554.

2

机器视觉技术在电力设施表面检测的应用

现代社会中，电力设施的正常运行是工业生产和居民生活的保障。因此，无论在使用前还是使用期间，电力设施都需要经过仔细检测以确保其可靠性。能够通过外观对其可靠性进行判别的常见电力设备有绝缘子、开关设备、电力电缆线、风力发电机叶片等。这些电力设备一旦发生故障，或者因为某种缺陷需要进行检修时，就极易导致故障所在的地区停电。有时，由于难以及时判定故障所在的准确位置，在维修中还可能对相邻的区域，甚至整个变电站进行停电操作。鉴于故障类型的多样性和复杂性，设备停电的时间可能很长，并严重影响电网的安全稳定运行。除此之外，还有很多电力电气设备分布在电力系统中负荷相对集中的地区，例如，重要的工业枢纽、商业中心以及城市居民中心等，如果这些设备发生故障导致停电，将对工业生产以及人们的生活造成极大不便。近年来，我国曾发生过几次重大设备事故，这些事故不但给人们的生活带来不便，还给电力公司带来严重的经济损失。

与国外的检修技术相比较，国内的电力设备状态检修技术还处于发展阶段。近20年来，随着工业技术迅猛的发展和电网规模的日益扩大，对电力设备的安全性和可靠性的要求也日益提高，对电气设备状态检修技术也越来越重视，国家不断加大对输变电工程建设的投入。例如：1997年11月，国家电网公司就组织并召开了关于全国发、供电企业电力设备实施状态检修的研讨会，在这次会议上主要针对电力设备状态检测的相关问题进行了讨论，这次会议对国内设备状态检测检修的发展起到了很大的推动作用。

到2006年初，国家电网公司总部又提出要全面准备并开展电气设备的状态检修，建设完善的规章制度体系，以保证状态检修事务标准正常的开展，并在会上确定于2009年底完成国家电网所辖省网公司的状态检修和验收，在公司内全面推行设备检修。

2008年6月，南方电网公司下属的云南电网公司启动了设备状态检修试点工作，并于2010年在部分供电局试点，2011年后在电网全面推广。

2010年起，国家电网公司推出了电气设备状态监测技术导则，并针对不同的电气设备先后提出了相应标准，这在很大程度上保障了状态监测技术在电网中的应用。

2019 年，国家电网董事长兼党组书记寇伟首次提出了"三型两网、世界一流"的全新目标，并努力推进泛在电力物联网建设。我国的一些企业联合各大高校纷纷推出了针对电气设备状态监测的智能装置，以重点打造"状态感知"功能，即通过多种在线监测和远程控制手段，不仅实现对主设备运行状况的全感知，还能够完成对辅助设备和消防设备的监视和控制功能，大大提高了设备检测的智能化水平。

2.1» 常见设备表面视觉检测概述

2.1.1 绝缘子

绝缘子在输电线路中被大量使用，是电网中的重要电气部件。据不完全统计，截至 2009 年 10 月，我国在线运行绝缘子共 23 亿片。绝缘子具有电气绝缘及机械支撑的作用，但也是故障多发类的元件。绝缘子表面的污秽、裂纹、破损等缺陷都对电网的安全运行造成严重威胁。据相关报道统计，目前电力系统故障中所占比例最高的是由绝缘子缺陷引起的事故。绝缘子根据所采用的绝缘材料的不同可以划分为玻璃绝缘子、复合绝缘子、瓷绝缘子 3 类。虽然玻璃绝缘子和复合绝缘子在电网中的使用越来越广泛，但由于瓷绝缘子的投入时间较早，目前仍是电网中覆盖范围最广的绝缘子类型[1]。传统的绝缘子检测方法有分布电压法、泄漏电流法、敏感绝缘子法和紫外成像法等。这些方法存在劳动强度高、安全风险大、检测准确性低以及检测成本高等缺点。随着红外热像技术的进步及便携式热像仪的使用，基于红外热像的故障诊断技术在变压器、绝缘子、高压断路器等故障识别中获得了越来越广泛的应用。目前，利用红外成像设备结合日臻成熟的计算机图像处理技术和机器视觉算法，开发基于红外热像的瓷绝缘子在线智能劣化检测方法，被广泛应用在瓷绝缘子非接触式带电检测中。

近 10 年来，随着无人机的技术发展，越来越多的电力企业开始采用无人机对输电线路巡检。根据国家电网出台的相关规定和要求，电力巡检无人机的操作人员对输电线路上的不同元器件进行拍摄。在地面作业的电力工作人员，则根据拍摄到的图像评估电力元器件的状态，包括绝缘子是否存在较大污秽，能否正常工作，是否需要替换和维修等。传统的绝缘子检测的视觉图像分析方法：①利用基础图像处理手段和动态阈值二值化结合实现绝缘子的掉串检测；②利用图像色彩变化、最大类间方差法等对绝缘子自爆故障进行检测；③使用 SIFT 和 PCA 对绝缘子进行故障识别；④利用改进霍夫（Hough）变换判断绝缘子是否掉串；⑤基于稀疏表示的绝缘子掉串缺陷检测等。近 5 年来，深度学习的迅猛发展，又将各种机器学习领域的研究成果向高精度实用化推进了一大步。例如 Zhao 等[2]使用基于卷积神经网络的多模块（multi-patch）特征对绝缘子状态进行分类；白万荣等[3]使用深度学习的方法实现绝缘子的增强检测等。然而，由于目前的深度学习算法大多要求大量的数据标注，也就意味着会产生大量的图像建库和人力标注的成本。因此，弱监督和无监督的深度卷积神经网络学习算法是今后的发展趋势之一。潘哲[4]提出一种利用弱监督细粒度分类的绝缘子故障识别算法,将绝缘子故障识别转换成一个二分类问题,提出绝缘子故障识别网络 MFIFIN。实验结果表明:MFIFIN 网络对绝缘子故障数据集有很强的拟合能力,比常见的弱监督细粒度分类模型和同类研究的方法效果都好。但是,目前该网络训练较复杂,无法实现端到端的训练。这些都是今后在绝缘子智能视觉检测中需要解决的主要问题。

2.1.2 气体绝缘金属封闭开关设备和控制设备

气体绝缘金属封闭开关设备和控制设备(gas insulated metal enclosed switchgear and controlgear, GIS)是 20 世纪 60 年代出现的一种高压电器装置。与绝缘子类似,GIS 设备由于具有受外界影响小、占地面积少、配置灵活、维修简单、检修周期长等优点,在电力行业得到了广泛应用。GIS 缺陷检测方法有很多种,最常用的检测方法有超声波法、脉冲电流法、化学检测法等[5]。除了采用上述传统检测方法检测外,还可采用内窥镜对超高压、特高压 GIS 设备内部状态进行观测以获得 GIS 内部缺陷图像,然后通过人工判断设备缺陷的类型。然而基于人工的缺陷类型分析不仅效率低、主观性强,还不能实现缺陷类型的系统归类。因此,基于计算机视觉的缺陷检测被广泛应用于工业领域,其直观、便捷的优势极大地提高了检测效率。一种可行的视频检测模式是将视频传感器安装在 GIS 壳体上,通过观察窗采集 GIS 内部视频信号,然后利用电缆把视频模拟信号送入视频服务器,再把模拟视频数据转换为数字信号,并通过交换机使用 TCP/IP(网络通信协议)把视频数据送入视频监测后台系统,后台系统通过解码和图像分析把监测画面及分析结果展现出来,并提供触头位置异常报警[6]。

通过对 GIS 设备典型缺陷案例的分析,可将缺陷发生最频繁、最常见的绝缘故障分为突出物缺陷、自由金属微粒缺陷和表面裂纹 3 种类型。赵晓迪[5]通过故障图像和正常状态图像的特征提取比较,分析计算了图像的 5 个纹理特征和 6 个形状特征,并从中选取逆差矩和对比度,采用 2 个纹理特征和 6 个图像不变矩组成识别图像的特征向量。在此基础上,最终采用了基于 BP 神经网络和基于卷积神经网络的图像分类方法进行特征识别,测试结果验证了所提方法的有效性。

2.1.3 电力架空线路

电力输电线路的特点是点多、线长、面广。尤其是高压、特高压输电线路,其输送容量大、输电距离远,线路沿途通道状况、环境条件、天气状况等对线路安全运行的影响非常大。根据 2010—2017 年运行统计,雷电、大风、雨雪冰冻、大雾等恶劣天气以及山火、施工碰线等外力破坏是导致线路故障跳闸的最主要因素,占全部故障跳闸总数的 80% 以上。输电线路的基层运检人员的缺失是长期存在的,影响电网安全的风险因素,输电线路规模的快速扩大与人工运检效率提升缓慢的矛盾日益突出,传统的运检模式已无法适应电网发展与体制变革的要求。因此,为了保证线路走廊的气象条件监测、杆塔倾斜、绝缘设备污秽程度、电晕放电现象检测等大量运检工作的顺利完成,构建智能运检体系是破解线路运检发展难题的必由之路。

输电线路视觉检测任务按传感器获取数据与进行检测的时间间隔,可以分为在线视觉检测和离线视觉检测。在线视觉检测利用可见光传感器、红外传感器、紫外传感器等设备对输电线路运行状态进行实时的监督。这种检测方式对设备的安装要求、运行成本和维护成本要求相对较高。离线视觉检测通过周期性的单次测量获取输电线路的视觉数据,在整体检测完毕后再进行数据清洗与数据分析。对于覆盖面积广泛的输电线路而言,离线视觉检测的灵活性更高,适用范围更广,且在大范围区域的检测中成本相对较低。1990 年,美国开始将智能电网技术应用到电力系统的控制和监测中去。国内清华大学、西安交通大学等也陆续开始对输电线在线监测系统进行研究[7]。2010 年,在上海世界博览会上展示的输电线线路状态检测模型极大地提高了电网的智能化程度[8]。南瑞集团有限公司通过研发输电线路防外破、线路缺陷识别、漂浮物和覆冰检测等图像分析算法,解决了传统人工线路巡视效率低、高空作业风险大的问题,提升了工作效率,保障线路本身的安全,实现了标准化、规模化、智能化的作业。其研发的输电线路在线监测系统通过安装在杆塔上的智能微拍摄像机抓拍现场图片,并进行智能分析检测。当检测到车辆、施工机械或树木等外物接近输电线路(超过允许距离),或者输电线路本体出现缺陷、附着异物、舞动和覆冰等重大隐患时,系统会主动预警,并通过短信通知相关巡视人员,保障线路安全运行。王孝余等[9]研究的基于输电线路的无人机巡检图像,利用滑动窗口的思想,通过对每个窗口提取方向梯度直方图结合支持向量机(SVM)分类器实现杆塔的判别;周筑博等[10]基于输电线航拍图像,构建了 5 层卷积神经网络,对图像中的绝缘子、塔材、防震锤等进行检测;赵振兵等[11]利用 Faster CNN 网络实现对正常螺栓和缺陷螺栓的检测,这在一定程度上改善了由于人工疲劳等原因导致人力巡检效率低下的情况。

2.1.4 风力发电机桨叶

风力资源是世界上公认的绿色能源之一,风力发电没有任何污染物的产生,发电过程安全可靠,是目前最清洁可靠的能源利用方式。但是,风电场大都处于环境复杂、风沙大的内陆,或者存在大量海风、烟雾腐蚀的沿海地区,在恶劣环境中与环境直接接触的风机桨叶面临巨大挑战。在长期运行过程中,风机桨叶可能承受潮湿空气的腐蚀、雨水与沙粒的冲击、雷电的闪击等。因此,风机桨叶容易因腐蚀、风化、冲击而出现多种故障,主要故障表现为裂纹、砂眼、鼓包、表皮脱落、雷击脆化等。因此,加强风机桨叶日常巡检,确保桨叶处于健康状态,才能延长风机叶片的寿命,这是风电检修维护日常管理过程中的重要环节。目前可采用的无损检测手段不需要让机组停止运行,并且检测成本相对较低,因此实际应用非常广泛。常见的无损检测方法有红外检测技术、声发射检测技术和光纤光栅检测技术等。

基于计算机视觉的风力机叶片缺陷诊断研究逐步受到关注,就目前的研究成果而言,华北电力大学、华中科技大学、武汉理工大学等多个院校均有相关方面的研究成果。华中科技大学的研究人员[13]在实验室内对分割好的桨叶缺陷局部图片进行识别诊断,使用改进的流形学习方法实现了风力机叶片故障图像的特征提取,最后训练 SVM 完成故障识别。华北电力大学翟永杰副教授的团队基于形态学和连通域的方法对风机桨叶进行定位、分割,并通过模型匹配得到叶片的故障判断[14]。此外,他们还提出了基于显著性检测与连通域原理相结合对风机叶片的裂纹进行提取的方法[15]。天津科技大学研制了一套基于计算机视觉的风力机叶片在线状态监测与故障诊断模型系统,包括风力发电机模型、基于 PLC 的控制子系统、基于相机的视觉监测子系统和利用以太网、RS485 通信的数据传输子系统[16]。

目前,基于视觉的风机叶片智能检测方法的研究还存在一些实用化的问题,如算法耗时较长、准确率不高、对图片分辨率要求较高等。但是,随着机器学习算法的发展,图像处理检测技术将会越来越广泛地应用于这一领域。

2.1.5　电力设备表面锈迹

电力设备长期运行,如果缺乏及时的维护检修,设备容易出现锈蚀缺陷问题,存在安全隐患。一旦设备发生故障,就会影响整个电力系统的正常运行,由此影响社会生产、人民生活,并造成不可估量的经济损失。如能及时发现设备上的锈蚀缺陷并进行处理,将大大降低危害,保障电网安全稳定运行。目前设备表面的锈迹检测手段主要依靠无人机和巡检机器人对输变电设备的运行进行全天候巡检,并同时进行视频图像数据采集。然而,采集的图像数据依旧依靠人工观测,逐张查找问题。采用人工观测的方式虽然能够发现设备上的锈蚀,但检测效率低下、成本高,且造成了人力资源浪费。因此,研究一种用于电力设备锈迹检测的智能识别具有重要意义。

在研究过程中发现:无人机和巡检机器人采集到的图片,有锈蚀的设备数量较少,由此导致训练样本库较小,在采用机器学习等相关算法训练的过程中容易出现过拟合现象。但采用数据增强的方法,如图像水平或竖直翻转、图像缩放、图像旋转等从现有的样本中生成更多的训练样本,可以达到增加样本的目的,降低过拟合现象发生的概率。中国石油大学在这一领域有一定的研究成果,他们使用 Mask RCNN 完成目标检测,并采用全卷积网络(fully convolutional network,FCN)实现语义分割功能,达到像素级别的锈迹分类识别,较好地解决了不规则锈迹的检测问题[17]。在与山东省电力公司的合作中,他们还针对电力设备锈迹的检测提出一种区域建议网络(region proposal network,RPN)和全卷积网络相结合的新型网络 RPN-FCN,使用 RPN 得到目标的候选区域,从而降低背景对图像分割的影响,实现对电力设备上的锈迹进行精准分类定位的目的,并用采集的带有锈蚀的电力设备样本数据集对算法进行训练测试。实验结果显示:该算法在无规则锈蚀检测领域中具有较高的检测效果[18]。

2.2 » 电缆表面破损检测应用

除了上述提及的绝缘子、GIS、架空线路和电力设备表面锈蚀外,地下电力电缆也是一种常见的可采用视觉智能检测表面缺陷的电力设施。

电力电缆是保障电能正常传输的重要载体。它由线芯(导体)、绝缘层、屏蔽层和保护层 4 部分组成,在生产、运输和铺设环节中可能会出现生产质量缺陷、划痕或破损等诸多问题。任何程度损伤都会在电缆长期工作中发展成为故障点,导致电力系统故障,是电力安全运行的重大安全隐患。电缆良好的绝缘性是保证电缆安全运行的重要保障。对电缆绝缘表面破损情况进行及时有效检测,保证电缆良好的绝缘性,对产品质量评估、责任明确和生产生活安全都具有非常重要的意义[19]。

近年来,随着电力电缆在电力系统应用比例的增加,大规模的电缆铺设工作持续进行,亟须采用高效实时的批量检测方法。传统的高压电力电缆检测方法为离线检测,需在电缆一端施加一定电压,再通过测量相关参数确定电缆的运行状态和损伤位置,常见方法有经典电桥法、时域行波反射法、恢复电压法、等温松弛电流法、局部放电法、直流漏电流检测法和绝缘耐压法等[20]。这些方法需要将待测电缆放置于专用检测环境下,并且只能实现电缆铺设前的抽检,或对已铺设电缆的疑似故障点实施检测确认,费时费力,更无法做到电力电缆的大规模整体检测。

基于图像处理方法的工件表面异常检测是一种新的表面异常检测研究方向,具有非接触地实现物体表面异常实时采集和检测过程无损等优点。如宋迪等[21]提出的基于 Gabor 滤波和纹理抑制的手机配件划痕检测;李哲毓等[22]采用的基于形态学知识对零件表面划痕的形态特征进行比较分析的管壳表面划痕检测技术;孙波成[23]提出的基于小波分析的沥青路面裂缝识别算法等。然而,这些方法都只能针对工件表面的某一种类型的损伤进行无损实时检测,而电力电缆在生产、运输和铺设各个环节中,导致的电缆表面异常有穿刺类、化学腐蚀类、机械损伤类(如擦伤、撞伤、划伤等)和工艺拙劣(如外皮塌陷等)等多样化损伤[24]。如何研究一种方法能同时检测多种破损,具有非常重要的工程意义。近几年,随着大数据时代的发展和计算机信息处理能力的提升,深度卷积神经网络在计算机视觉和人工智能领域中广泛应用。颜伟鑫[25]将基于卷积神经网络模型的快速区域定位网络结构模型(Faster R-CNN)成功应用到各种工件缺陷的自动检测中,取得了较快的检测速度和较高的检测率,解决了缺陷区域分割检测的难题。李腾飞等[26]也将迭代深度卷积神经网络应用到工件多样缺陷检测,在提高检测识别率的同时降低了数据过拟合。深度学习方法因本身没有内置的人为干预特征提取器,所以能够将提取和分类模块组合成一个整体系统[27-28],并且通过区分图像中的表示和基于监督数据对特征进行学习提取和分类[29],具有很强的建模与表征能力,有效性和鲁棒性高。

因此,本节针对电缆破损多样化且实时性要求高的需求,将深度学习方法应用于电缆大规模破损图片的检测中,提出了一种基于深度学习的电力电缆破损无接触检测方法。该方法创新性地设计了残差和深度可分离的卷积模块结构,建立了一种适用于快速运算和工业应用的轻卷积神经网络,和以往的卷积网络相比[30-31],该网络极好地平衡了系统的识别时间和识别精度,满足了检测的实时性和精确性要求,能实现高效、无损、快速的大规模电缆外表面状态检测。和传统的学习方法相比,实验结果进一步证实了本节算法具有良好的识别率、实时性和鲁棒性。

2.2.1 图像采集硬件设备及预处理

1. 图像采集硬件设备

光照射物体一般存在反射、折射和吸收3种现象,而电缆的表面光滑容易产生镜面反射现象,如果直接采用开放式的光源系统,获取的图像亮度分布不均匀容易产生过曝光或过饱和的情况。同时,镜面反射还会使得周围物体容易映射到采集图像中,造成检测误差。

因此,设计采用一种用于电力电缆破损检测的图像获取装置,暗箱箱体构造一种封闭的照明系统,将左右两面开设电缆穿孔,穿过待测电缆,将图像采集设备CCD相机固定安装在其他4个面的中心,均通过信号线与检测预警平台连接,CCD相机可以实现对电力电缆无死角捕捉,当CCD相机检测到电力电缆表面破损等异常时,通过信号线传递到检测预警平台,实现声光报警。暗箱箱体内设置有2个LED环形光源,光源机构环绕在所述待测电缆周围,采用视觉成像的原理,科学合理地利用图像采集设备和光源机构,360°无死角地对电力电缆表面的瑕疵缺陷进行精确获取,可以无盲区地检测到电力电缆的细小缺陷,即使缺陷小而且高速也能检测到。

如图2.1(a)所示,电缆牵引机从电缆绞盘上牵引电缆经由支撑滑轮进入电缆井,同时拍摄图像通过信号线连接图像处理显示平台。暗箱箱体中的具体构造如图2.1(b)所示。待测电缆水平穿过箱体两侧电缆穿孔,电缆穿孔上设置有橡胶圆框和挡板。在箱体电缆

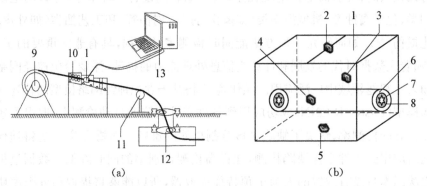

1—暗箱箱体;2~5—CCD相机;6—橡胶圆框;7—电缆内芯;8—挡板;9—电缆绞盘;10—电缆牵引机;11—支撑滑轮;12—电缆井;13—图像处理显示平台

图2.1 电缆检测图像获取装置

(a)检测装置整体架构;(b)暗箱内部结构

穿孔圆环的光源盘上,安装了环形多 LED 光源灯点阵组,如图 2.1 数字 6 所指位置,构成光源的散射效果,避免在待测电缆表面形成亮斑,影响检测效果。

图像采集设备由 4 台 CCD 相机和两组环形 LED 光源组成,两组环形 LED 光源构成均匀亮场,每台 CCD 相机可分别覆盖超过待测线缆的 1/3 区域,对待测线缆进行 360°环绕扫描,可无盲区地采集到均匀清晰的图像。待测电缆通过 CCD 相机的扫描区域,多台 CCD 相机根据编码器采集到的生产线速度信号进行同步拍摄,然后系统将采集到的图像传给图像处理显示平台,通过后台图像处理算法对图像进行分析,从而有效地发现并判定瑕疵不良的图像,图像处理显示平台可自动声光报警,提醒现场的工作人员。

2. 原始图像缺陷特征

质量合格的电力电缆表面无缺陷、光滑均匀。出现概率较高的表面缺陷样例有塑化不良,指塑料层表面有蛤蟆皮样的现象;疙瘩,即塑料层表面有小晶点和小颗粒;电缆外径粗细不均和竹节形;机械损伤,即擦伤、撞伤等;穿刺类损伤;工艺拙劣,例如出现外皮塌陷。由于电缆自然损伤的图像较少,因此数据库中的部分缺陷样本为人工产生。检测图像和训练样本如图 2.2 所示。图 2.2(a)为表面完好的电缆图像;图 2.2(b)为采集的表面完好的电缆样本图像;图 2.2(c)为存在表面破损的电缆图像;图 2.2(d)为表面破损的电缆样本图像。从图 2.2(b)中可以看出:完好电缆表面可能存在白色絮状的灰尘、电缆本身的白色印字,以及由于光照产生的颜色不均、阴影等区域,这些都大大增加了识别难度。从图 2.2(d)中可以看出:采样的破损样本包含电缆表面刻痕、刮痕、擦痕、破洞等多种类型。

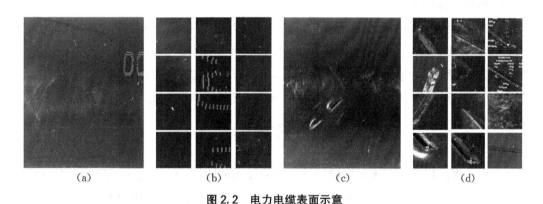

图 2.2 电力电缆表面示意
(a) 表面完好; (b) 完好样本; (c) 表面破损; (d) 破损样本

3. 电缆表面破损检测的预处理

以一根视频采集线采集到的图像信息为例,图 2.3(a)为原图灰度化后的电缆检测图像。从图 2.3(a)中可以看出,采集到的图像信息中除电缆外还包括箱底铺设的视频采集线,如果直接采用边缘检测算法提取电缆边缘将会同时提取到视频采集线。因此,这里通过去噪、二值化及数学形态学的方法进行电缆定位。首先,采用均值滤波对灰度化原图进行去噪。其次,采用 OSTU 算法得到二值化后的电缆图像,如图 2.3(c)所示。二值化后,图像中黑色部分为电缆区域,白色部分为背景。由于光照影响,部分电缆和图像边缘区域分割存在毛刺。再次,进一步采用膨胀和腐蚀算法对图像进行处理,去除毛刺后得到比较平滑的电缆边缘。最后,再次去噪,去除电缆中微小的噪声点。

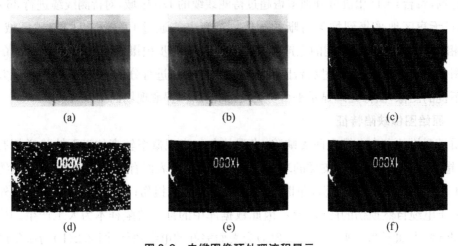

图 2.3　电缆图像预处理流程显示

（a）原图；（b）均值滤波；（c）OSTU 算法；（d）膨胀；（e）腐蚀；（f）再去噪

2.2.2　卷积神经网络在检测中的应用

1. 卷积神经网络

卷积神经网络(convolution neural network, CNN)是一种在深度学习中具有局部连接、权值共享及池化操作等特性的结构。主要包含 3 个部分:卷积层、池化层(pooling)和全连接层。这种结构更类似于生物神经网络,提供了一种端到端的学习模型,经过训练的模型能够学习到图像中的特征,可以完成对图像特征的提取和分类,卷积层为

$$X_j^l = \text{ReLU}\left[\left(\sum_{i \in M_j} W_i^l \cdot X_i^{l-1}\right) + b_j^l\right] \tag{2.1}$$

其中,l 表示当前层数;X_j^l 表示采样层第 j 个神经元的输出;X_i^{l-1} 为上一层第 i 个神经元的输出;W_i^l 为上一层第 i 个神经元与当前层第 j 个神经元之间的连接权重;b_j^l 表示当前层的附加偏置;ReLU 为激活函数;M_j 为输入特征图集合。

池化层紧跟在卷积层之后,目的是减少特征图,从而实现特征维数的降低,其计算公式为

$$X_j^l = f\left[\left(\frac{1}{n}\sum_{i \in M_j} X_i^{l-1}\right) + b_j^l\right] \tag{2.2}$$

其中,n 表示从卷积层到采样层的窗口宽度;$f(\cdot)$ 为池化函数,常使用最大池化或中值池化。

全连接层是指本层每个神经元与其前一层进行全连接,但本层神经元之间不连接的结构,相当于多层感知器(multilayer perceptron, MLP)的隐含层。

2. 残差和深度可分离的卷积模块

基于神经网络本身的特性,网络层数的增加将带来更好的性能。因此,经典 CNN 网络从 7 层的 AlexNet 到 16 层的 VGG,到 22 层的 GoogLeNet,再到 152 层的 ResNet,更有上千层的 ResNet 和 DenseNet。虽然网络性能得到了提高,但带来了效率问题,即模型的存储问题和预测的速度问题。数百层网络有着大量的权值参数,保存大量权值参数对设备的内存要求很高;实际应用往往是毫秒级别,为了达到实际应用标准,需要提高处理器性能。而在工业应用中,几乎不可能提供满足"深"层神经网络所需的硬件条件。因此,将深度学习理论引入工业应用,在目前条件下,不能采用"深"层神经网络。基于以上分析,本节提出了一种残差和深度可分离卷积模块。

残差和深度可分离卷积模块源自两个概念:一个是可分离卷积,另一个是残差网络。其中,深度可分离的卷积模块由两个不同的层组成:深度卷积和逐点卷积。这些层的主要目的是将空间交叉相关与信道互相关分开,将原来一个卷积层分成两个卷积层,其中,前面一个卷积层用 M 个 $D \times D$ 卷积核在 M 个输入通道中一对一卷积,不求和,生成 M 个结果;后面一个卷积层则负责用 N 个 1×1 卷积核正常卷积前面生成的 M 个结果并求和,最后生成 N 个结果,即将上一层卷积的结果进行合并。采用这种算法,计算量减少了 $\frac{1}{N} + \frac{1}{D_K^2}$,假设卷积核大小为 3×3,卷积计算的时间能降到原来的 1/9 左右。

大多数网络模型随着深度的增加,准确率会趋于饱和,并且快速下降。这种"退化"问题的原因在于网络深度的增加。通过比较标记数据和预测值来改变网络末端产生的权重所需的信号在较浅的层中变得非常小,随机梯度下降的优化变得更加困难,导致模型达不到好的学习效果。为了解决卷积神经网络中梯度衰落的问题,叠加一个 $y = x$ 的层(identity mapping,恒等映射),将原始所需要学的函数 $H(x)$ 转换成 $F(x) + x$,计算层到层的残差,这样的模块称为残差网络模块。这个简单的加法并不会给网络增加额外的参数和计算量,同时却可以大大提高模型的训练速度和效果,并且当模型的层数加深时,这个简单的结构能够很好地解决退化问题。

本章将深度可分离卷积模块和残差网络模块结合,设计得到一种残差和深度可分离卷积模块,其结构如图 2.4 所示。虚线框中为残差和深度可分离卷积模块,本章提出的轻卷积神经网络包含 6

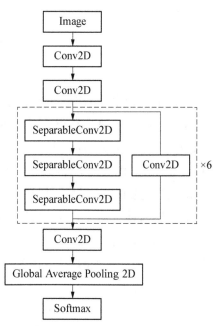

图 2.4 残差和深度可分离卷积模块结构

个结构相同但参数不同的残差和深度可分离卷积模块。每个残差和深度可分离卷积模块包含 3 个可分离卷积层(SeparableConv2D)和 1 个普通卷积层(Conv2D)。其中,第 1 个可分离卷积层中包含 16 个 1×1 卷积核,第 2 个可分离卷积层包含 16 个 3×3 的卷积核,第 3 个可分离卷积层包含 16 个 1×1 卷积核,并加入了最大池化运算。每个残差和深度可分离卷积模块内部采用一个普通卷积层将模块输入输出直接相连,实现残差网络的功能。此外,在每个残差和深度可分离卷积模块后面,即两两残差和深度可分离卷积模块之间加入了 ReLU 激活层。

3. 轻卷积神经网络架构

基于深度残差和可分离卷积模块结构,本节提出了一种适用于工业场景、运算消耗低的轻卷积神经网络(LightNet),以实现电力电缆破损表面和正常表面的识别。LightNet 网络结构如图 2.5 所示。

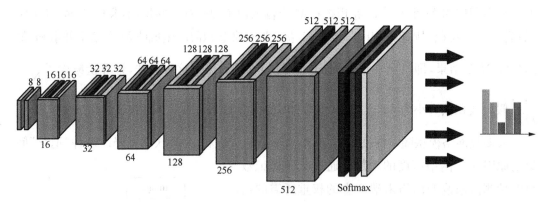

图 2.5　LightNet 网络架构

LightNet 网络结构是一个全卷积神经网络,它包含 6 个残差和深度可分离的卷积,如图 2.4 所示,其中每个卷积后跟一个 Batch Normalization 函数和一个 ReLU 激活函数。输入层接受大小为 64×64×1 像素的多角度表情图像,第一层是两个 2D 卷积层(Conv2D),采用大小为 3×3 的 8 个卷积核进行滑动窗卷积,此层提取图像低级边缘特征,保留了图像的细节。最后一层用 Global Average Pooling 2D 层,为空域信号施加全局平均值池化,替换了传统的全连接层,减少参数的数量,对整个网络在结构上做正则化处理,以防止过拟合。输出层则是用 Softmax 分类器来产生预测。Softmax 分类器是逻辑回归模型在多分类问题上的推广,在多分类问题中,可预测 k 种可能(k 为样本标签的种类数),假设输入特征为 $x^{(i)} \in \mathbf{R}^{n+1}$,样本标签为 $y^{(i)}$,即构成的分类层的监督学习的训练集 $S = \{(x^{(1)}, y^{(1)}), (x^{(2)}, y^{(2)}), \cdots, (x^{(m)}, y^{(m)})\}$,那么假设函数 $h_\theta(x)$ 和代价函数 $J(\theta)$ 形式分别如下:

$$h_\theta(x^{(i)}) = \begin{bmatrix} p(y^{(i)}=1 \mid x^{(i)};\theta) \\ p(y^{(i)}=2 \mid x^{(i)};\theta) \\ \vdots \\ p(y^{(i)}=k \mid x^{(i)};\theta) \end{bmatrix} = \frac{1}{\sum_{j=1}^{k} e^{\theta_j^T x^{(i)}}} \begin{bmatrix} e^{\theta_1^T x^{(i)}} \\ e^{\theta_2^T x^{(i)}} \\ \vdots \\ e^{\theta_k^T x^{(i)}} \end{bmatrix} \tag{2.3}$$

其中，$\theta_1,\theta_2,\cdots,\theta_k \in \mathbf{R}^{n+1}$ 是模型参数，$\dfrac{1}{\sum_{j=1}^{k} e^{\theta_j^T x^{(i)}}}$ 为对概率分布进行归一化项，使得所有

概率之和为 1。

$$J(\theta) = -\frac{1}{m} \left[\sum_{i=1}^{m} \sum_{j=1}^{k} 1\{y^{(i)}=j\} \log \frac{e^{\theta_j^T x^{(i)}}}{\sum_{l=1}^{k} e^{\theta_l^T x^{(i)}}} \right] \tag{2.4}$$

其中，$1\{\cdot\}=1$ 是一个示性函数，其取值规则为当大括号内表达式为真时，该函数的结果为 1；否则其结果为 0。

4. 电缆破损检测算法

电缆破损检测算法分为训练和破损检测两个步骤。

（1）训练流程：首先建立样本数据库，对电缆表面的破损部位和完好部位采样，采样前无须对原始图像进行预处理，采样图像大小为 224 pixel×224 pixel×3 pixel。采样时，破损区域可位于样本图像的任意区域，不限定其处于图像中心。采样图像如图 2.2(b) 和图 2.2(d) 图所示。最终样本数据库中共包含正样本（无破损完好图像）1197 个，负样本（包含破损部位图像）1183 个。之后利用样本数据库对 LigntNet 网络模型进行训练。

训练完成的网络第一层卷积算子为 64 个 3×3×3 大小的矩阵，其可视化模型如图 2.6 所示。

（2）电缆破损检测流程：输入一段如图 2.2(a)、2.2(c) 所示电缆表面图像。以 224 pixel×224 pixel×3 pixel 为模板大小，从左到右在输入图像上依次提取图像块，提取步长为 112 pixel，即水平方向图像块与块间在 x 轴重叠 112 pixel 大小，垂直方向图像块与块间重叠 112 pixel 大小。将图像块从左到右从上到下依次输入训练完成的网络，得到识别结果。一旦出现有破损图像块，则停止扫描，判定该段电缆存在破损，同时输出该图像块的坐标 (x,y) 作为破损定位。

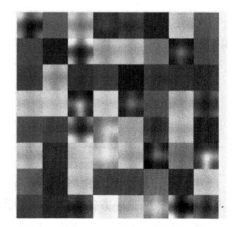

图 2.6 网络第一层卷积算子输出示意

5. 实验结果与分析

实验硬件环境为 AMD Core CPU R5 1600X，GPU 为 GTX1080，内存 16GB DDR5，

软件环境为 Matlab 2018a。实验参数设定如下：训练样本采用随机选择的 1000 个完好样本和 1000 个破损样本，另有 380 个其他样本用于验证。训练和验证前对样本进行增强处理，即通过水平翻转、0～359°随机旋转，保证样本特征的方向无关性。每批次训练样本数 minibatchsize＝5，因此训练中每个 epoch 进行 400 次迭代。本节实验取 epoch＝4。最终测试样本识别正确率为 99.47%。完成训练即建立了电缆检测神经网络模型，1080 pixel ×976 pixel 大小的原始电缆表面图像检测时间为约 1.5 s。

为了验证算法的有效性，表 2.1 展示了本算法和传统图像处理算法及其他卷积神经网络的识别正确率比较结果。传统图像处理算法使用 HOG 特征输入，测试了 4 种经典分类器的识别结果。包括具有 10 层隐含层的 BP 神经网络、KNN、袋装树模型（bagged tree，一种决策树模型）和 SVM。训练样本统一采用正负样本各随机 1000 个，测试 5 次，取平均值的正确率计算模式。深度卷积神经网络包含一个简单卷积神经网络、经典 ALexnet 和本节采用的 LightNet 网络，简单卷积神经网络仅包含 3 层卷积层，每层采用 3×3 卷积核。从表 2.1 中能够看出：传统特征提取加分类器架构的算法识别正确率在 80%～90% 之间，采用基于深度学习的算法能够明显提高电缆的正确检测率，即使仅包含 3 层卷积层的简单卷积神经网络也能够达到 90% 以上的正确率。而本节提出的算法的测试样本识别正确率大大高于其他几种算法，将识别正确率提高到 99% 以上。

表 2.1　本章提出的算法和多种算法的识别正确率比较

	特征	分类器	正确率/%
传统算法	HOG	BP 神经网络（10 层）	82.30
	HOG	KNN	84.70
	HOG	Bagged trees	87.10
	HOG	SVM	89.70
	网络结构	Epoch/次	正确率/%
深度卷积神经网络算法	简单卷积神经网络	10	92.00
	Alexnet	6	98.42
	LightNet	4	99.47

本章提供了一种基于轻卷积神经网络的电缆表面图像破损的检测方法。区别于传统电缆检测方法，这一方法以电缆表面图像为分析对象，对测试条件要求低，能够实时、实地、随时无介入地实施，且能够对大规模电缆进行整体检测。实验结果表明：相对基于特征算子和经典分类器的传统图像处理方法，本章采用的基于卷积神经网络的方法无须预处理，就能够极大程度地抑制光线、阴影、灰尘、水渍等其他因素的干扰，同时具有稳健性，对电缆表面各种异常损伤均能正确地检测，具有实用价值。

参考文献

［1］ 彭子健.基于红外热像的瓷绝缘子劣化识别技术研究［D］.长沙：湖南大学电气与信息工程学院,2018.

［2］ ZHAO Z, XU G, QI Y, et al. Multi-Patch deep features for power line insulator status classification from aerial images［C］//2016 International Joint Conference on Neural Networks. IJCNN 2016.

［3］ 白万荣,张驯,朱小琴,等.基于 E - FCNN 的电力巡检图像增强［J］.中国电力,54 (05),179 - 185.

［4］ 潘哲.基于深度学习的航拍巡检图像绝缘子检测与故障识别研究［D］.太原：太原理工大学,2019.

［5］ 赵晓迪.基于图像特征的 GIS 内部典型缺陷识别方法研究［D］.北京：华北电力大学,2018.

［6］ 张永强,郭诚,张豪俊,等.基于图像识别技术的气体绝缘金属封闭开关设备中开关触头位置监测系统［J］.电气技术,2019(5)：51 - 54.

［7］ 丁道齐.现代电网的发展与安全［M］.北京：清华大学出版社,2012.

［8］ 唐良瑞,吴润泽,孙毅,等.智能电网通信技术［M］.北京：中国电力出版社,2015.

［9］ 王孝余,李丹丹,张立颖.一种基于监督学习的输电线监测中杆塔的检测方法［J］.东北电力技术,2017,38(11)：12 - 19.

［10］ 周筑博,高佼,张巍,等.基于深度卷积神经网络的输电线路可见光图像目标检测［J］.液晶与显示,2018,33(4)：318 - 325.

［11］ 赵振兵,齐鸿雨,聂礼强.基于深度学习的输电线路视觉检测研究综述［J］.广东电力,2019(9)：11 - 23.

［12］ 岳大皓,李晓丽,张浩军,等.风电叶片红外热波无损检测的实验探究［J］.红外技术,2011(10)：614 - 617.

［13］ 张磊.基于计算机视觉的风力机叶片缺陷诊断研究［D］.武汉：华中科技大学,2013.

［14］ 丛智慧.基于巡检图像的风机桨叶故障诊断系统研究［D］.北京：华北电力大学,2018.

［15］ 翟永杰,张木柳,张木柳,等.基于显著性检测的风机叶片裂纹提取研究［J］.南方能源建设,2016,3(2)：136 - 140.

［16］ 申振腾.风力机叶片在线视觉监测与故障诊断系统研究［D］.天津：天津科技大学,2018.

［17］ 薛冰.基于 Mask R-CNN 的电力设备锈迹检测［J］.计算机系统应用,2019,28(5)：248 - 251.

［18］ 沈茂东,周伟,宋晓东,等.基于 RPN 和 FCN 的电力设备锈迹检测［J］.计算机与现

代化,2018(12)：96－100.

[19] 周远翔,赵健康,刘睿,等.高压/超高压电力电缆关键技术分析及展望[J].高电压技术,2014,40(9)：2593－2612.

[20] 袁燕岭,李世松,董杰,等.电力电缆诊断检测技术综述[J].电测与仪表,2016,53(11)：1－7.

[21] 宋迪,张东波,刘霞.基于Gabor和纹理抑制的手机配件划痕检测[J].计算机工程,2014,40(9)：1－5.

[22] 李哲毓,高明,马卫红.基于计算机视觉的管壳表面划痕检测技术研究[J].应用光学,2007,28(6)：802－805.

[23] 孙波成.基于数字图像处理的沥青路面裂缝识别技术研究[D].成都：西南交通大学,2015.

[24] 刘蓉.基于超声法的XLPE电力电缆绝缘缺陷检测诊断技术研究[D].西安：西北工业大学,2015.

[25] 颜伟鑫.深度学习及其在工件缺陷自动检测中的应用研究[D].广州：华南理工大学,2016.

[26] 李腾飞,秦永彬.基于迭代深度学习的缺陷检测[J].计算机与数字工程,2017,332(6)：1133－1137.

[27] KRIZHEVSKY A, SUTSKEVER I, HINTON G E. ImageNet classification with deep convolutional neural networks [J]. Communications of the ACM, 2017, 60(6)：84－90.

[28] SIMONYAN K, ZISSERMAN A. Very deep convolutional networks for large-scale image recognition [C]. The 3rd International Conference on Learning Representations ICLR, 2015.

[29] YU Z, SHEN C, CHEN L. Gender classification of full body images based on the convolutional neural network [C]. 2017 International Conference on Security, Pattern Analysis, and Cybernetics：SPAC, 2017.

[30] SZEGEDY C, LIU W, JIA Y P, et al. Proceedings of the IEEE Conference on Computer Vision and Pattern Recognition, 2015 [C]. Los Alamitos：IEEE Computer Society Press, 2015：1－9.

[31] HE K, X ZHANG, S REN, et al. Deep residual learning for image recognition [J]. Computer Vision and Pattern Recognition, 2016：770－778.

3

机器视觉技术在电力设施周边视频监控的应用

电力设备的正常运行需要安全的外部环境,这和电力设备正常运行需要稳定的内部参数配合同等重要。为了保障其运行环境的安全,就需要对电力设备周边加以监控。目前,基于传感器的电力设备运行环境智能监控已成为电力系统发展的主要趋势之一。

监控系统中的传感器包括温度、湿度、磁场强度等类型,但如果希望对电力设备运行环境中人的异常行为进行检测,仅仅有温、湿度传感器是不够的。例如,在电力设施运行环境中,存在易引起人员触电伤亡的高压区域,还有一些安置重要电力设备的区域。一旦有人员闯入,不仅可能发生人身伤亡事故,还会引起电力系统跳闸,造成巨大的经济损失。目前,大多数电力设备运行环境图像监控是依靠人工完成的,监控人员能够全神贯注关注场景的时间是有限的,可能无法及时发现所有运行环境中发生的异常情况,导致异常情况处理遗漏或延误。所以使用具有图像传感器的电力设备运行环境监测系统,监控上述异常情况更具有实际意义。本章结合计算机视觉处理的相关算法,介绍了建立智能视觉感知监控系统的几种常见方式,用于实现对电力设备运行周边环境异常情况监控和预警。

3.1 传统的机器视觉目标检测方法

3.1.1 静态场景的目标检测与跟踪方法概述

静态场景的目标跟踪通常以目标检测算法为基础,分为前景建模和最优估计两个步骤。前景建模的目标是选择合适的特征表述模型。在跟踪算法中最常用的特征是目标的位置和大小,这些特征不仅简单而且在通常情况下很有效。位置特征的主要缺陷是提供的目标匹配信息单一,因此在实现多目标跟踪时常常会张冠李戴,混淆前后帧的跟踪目标团块。另一个缺点是无法修正目标检测算法的错误,比如遮挡造成的团块粘连问题。颜色信息在目标建模中也常常被用作特征。比如,文献[1]将颜色信息和空间信息相结合,利用核彩色直方图完成跟踪过程中的目标匹配。为了提高目标前景的正确定位能力,还可为每个目标设定一个较大的预测观察窗作为团块位置和大小的最优迭代空间,这为目标团块体积的自适应调整提供了一条可行的途径,但这一方法也大大增加了计算量。同样以颜色为主要特征,还有一种区域权重中心漂移算法(area weighted centroid shifting),用于解决使用 mean shift 聚类算法时产生的团块漂移问题,但其实验结果仅仅包含了单目标跟踪场景,而无法确定其在多目标跟踪中的应用效果。利用色彩模型能够实现背景去除中的阴影辨识,还能在跟踪过程中从前景区域中提取团块密度。这一算法的缺点是在目标外表相似的情况下效果较差。此外,还有文献提出了多模块彩色直方图的概念[2],这一概念弥补了颜色特征缺乏空间信息这一弱点,同时对计算速度的影响较小。将梯度作为特征同样有很广泛的应用。比如基于几何结构,融合多个视点信息的方向梯度直方图(HOG)法,不仅能够提供目标团块内指定模块间的梯度大小信息,而且能够记录总的梯度方向概率。利用 HOG 特征实现目标建模的研究很多,这里不再一一列举。值得一提的是,Mckenna 等[3]提出将梯度和颜色信息相结合,建立了特征模型,在跟踪过程中可以有效地消除阴影的影响。

贝叶斯滤波理论在控制领域被广泛用于动态系统分析和系统参数估计,并为动态系统估值提供了严密的综合结构。对于视频跟踪问题来说,滤波的目的就是根据当前时刻获得的图像以及之前所获得的图像,对目标当前时刻的运动状态进行估计。

卡尔曼滤波(Kalman filter)是贝叶斯滤波方法的一种,它对动态系统的状态序列进行线性最小方差估计,其数学模型不是高阶微分方程,而是一阶的,适合计算机处理。卡尔曼滤波把待估计的随机变量作为系统的状态,利用系统状态方程来描述目标状态的转移过程。由于采用了状态转移矩阵来描述实际的动态系统,其适用面更加广泛。卡尔曼滤波的估计值递推利用了所有的观测数据,但每次运算只要求得到前一时刻的估计值以及当前时刻的观测值,而不必存储历史数据,降低了对计算机的存储要求。这种算法在满足系统为线性、噪声高斯分布、后验概率的条件下是最优算法之一。

以卡尔曼滤波为基础,多假设跟踪算法(multiple hypothesis tracking,MHT)能够实现在高杂波背景下的多目标跟踪,这种算法根据帧间数据匹配形成所有可能的轨迹,并构造假设对轨迹进行分析评价。但 MHT 算法所产生的假设数目与目标数及所处理的数据帧数呈指数关系。因此,之后产生的基于轨迹的多假设跟踪算法[4]对于原始的 MHT 算法进行了改进,大大降低了计算量,增加了其在计算机上实时处理的可能性。然而,这一算法过分依赖目标检测的结果,无法纠正团块粘连、丢失和分裂的情况。因此本章提供了一种分段式的多目标跟踪方法,将算法流程分为粗匹配和细修正两个步骤,在粗匹配中基于 MHT 算法实现多目标匹配,在细修正中实现对跟踪错误的检测和修正。

3.1.2 目标检测方法

视觉感知是指人眼通过接收外部视像,组成知觉,以辨认物象的外貌和所处的空间、距离,以及判断该物体在外形和空间上的改变。因此,智能视觉感知监控系统希望利用视频传感器模仿人眼接收图像,实现目标辨别、记忆,区分物体空间关系,提取形态特征,完成视觉统合,直至最终根据一定准则作出反应。为了完成以上这些功能,智能视觉感知算法至少应包含 3 个基础步骤:目标检测、目标跟踪和目标识别。目标检测完成目标辨别、空间定位的功能;目标跟踪实现目标特征提取、记忆和视觉统合的功能;目标识别表现为对目标运动轨迹进行分析,以得到最终的状态判断。

在摄像头固定架设条件下,目标在相对静止的背景中进行运动,在此状态下捕获的画面被称为静态场景。针对静态场景的目标感知通常由基于背景去除的目标检测和目标跟踪两部分组成。若在空间中建立 z 轴方向垂直地平面的三维坐标系,则当摄像头处于不同 z 坐标,其中心光轴与 z 轴间为不同角度时,拍摄到的图像序列会表现出不同的特点。高空俯视图像表现出目标小但几乎无目标相互遮挡的特点,但仍可能存在景物遮挡(如树对人的遮挡)的情况。摄像头低角度采集的图像则表现出物体几何形变较大,目标大小根据距离拍摄地远近存在明显变化的特点,同时目标间的互遮挡情况非常普遍。因此,在处理静态场景多角度、多目标感知时主要存在 3 个方面的困难:①如何将运动斑块正确地从静态背景中剥离;②如何将斑块与目标正确匹配;③在正常捕获目标运动状态过程中,如何保证多目标同时处理的实时性需求。

主要的目标检测方法可以分为 3 类:特征点检测方法、基于背景去除的目标检测方法和监督学习法。

1. 特征点检测法

特征点检测法通过寻找模板与图像区域中的匹配特征点获取目标位置。特征点处于具有代表性纹理分布的区域,且好的特征点不随亮度和摄像机视角变化而变化。目前存在的主要特征点检测方法包括:Harris 检测法、KLT 检测法、尺度不变特征(SIFT)检测法以及快速稳健特征(SURF)检测法。其中,SIFT 和 SURF 检测法在旋转和光照变化条件下更适合复杂背景。

SIFT 特征点的检测共包含 4 个步骤:①对不同尺度下的高斯滤波图像进行卷积计算,得到尺度空间,在不同尺度高斯差分图像中选择最小或最大点作为候选特征点;②利用相邻像素内插值更新候选特征点的位置;③排除低对比度和边缘位置的候选特征点;④特征点描述。虽然这一方法在大量的实验中表现优秀,但其计算效率制约了其在实时系统中的应用。SURF 特征点检测方法采用 3 步进行检测:①采用 box 滤波代替高斯滤波计算尺度空间,再利用积分图的方法计算 Hessian 矩阵,以此获得候选特征点;②利用相邻限速内插值更新候选特征点位置;③利用 Haar 小波描述候选特征点变化。

2. 基于背景去除的目标检测方法

基于背景去除的目标检测方法中,第一步为构造背景模型,第二步是通过计算前、背景运动差提取前景。最直接的背景模型法假设背景静止不变,再从当前帧中减去背景模型获得差分图像,在差分图像中的非零像素对应前景目标。这一类检测方法中最经典的是混合高斯模型法,在这一方法中,每个像素点都由多个高斯模型表示。但其实现在过程中存在 3 个主要问题：①如何确定高斯模型的个数；②模型初始化问题；③计算复杂度较高。

3. 监督学习法

监督学习法的学习过程是为了产生一个具有普适意义的分类函数，当函数的输入为待分类图片的特征时，函数的输出则是对该图片区域的分类判决。它可以是一个连续的实数，代表该图片区域归属于某类的置信值；也可以是离散数值，作为标志位代表对该区域判决后的归属。当前主要的监督学习方法包括如下几类：判决树算法[5]、神经网络算法[6]、支持向量机[7]检测算法、基于 Haar 特征的自适应 Boosting 算法，又叫 AdaBoost 算法[8]等。

3.1.3 常见目标跟踪方法

在获取目标团块后，跟踪是目标感知过程中另一个极其重要的环节，通过目标跟踪可以得到目标的运动轨迹，为后续的智能分析提供依据。

根据被跟踪目标信息使用情况的不同，跟踪算法分为基于模板匹配的目标跟踪、基于核的目标跟踪、基于运动检测的目标跟踪和基于分类器的目标跟踪。基于匹配的跟踪通过前后帧之间的特征匹配实现目标的定位。基于运动检测的跟踪根据目标运动和背景运动之间的差异实现。基于分类器的目标跟踪与监督学习目标检测法相对应。基于模板匹配的跟踪方法需要在帧与帧之间传递目标模板信息，而基于运动检测的跟踪则需要利用运动检测结果对多帧图像进行处理。除此之外，还有一些算法不易归类到以上几类中，如工程中的弹转机跟踪算法、多目标假设跟踪算法或其他一些综合算法。

1. 基于模板匹配的目标跟踪算法

基于模板匹配的目标跟踪算法需要事先提取目标模板特征，并在新一帧图像中寻找该特征。寻找的过程就是特征匹配的过程，也可以看作是一个模板匹配的过程。特征提取的实质是将数据从高维的原始特征空间通过映射，变换到低维空间表示的编码过程。根据马尔(Marr)的特征分析理论，有 4 种典型的特征计算理论：神经还原论、结构分解理论、特征空间论和特征空间的近似论。神经还原论源于神经学和解剖学的特征计算理论，它与生物视觉的特征提取过程最接近，其中最具代表性的是 Gabor 滤波器和小波滤波器等。结构分解理论是到目前为止唯一能够为新样本增量学习提供原则的计算理论，目前从事该理论研究的有麻省理工学院实验组的视觉机器项目组等。特征空间论中的主要方法为主成分分析(PCA)、独立分量分析(ICA)、稀疏分量分析(SCA)和非负矩阵分解(NMF)等。特征空间的近似论属于非线性方法，适合解决高维空间上复杂的分类问题，主要采用流形、李代数、微分几何等理论。

在目标跟踪中，常用的建模方法使用的特征可分为形状和外观两大类。形状包括点、主几何形状、目标剪影和轮廓等；外观包括概率密度、模板空间等。基于点的目标模型方法适合描述尺寸较小的对象。主几何形状指用一个矩形或者椭圆等形状描述目标，通常用于表示简单的刚性目标。目标轮廓用于描述目标边缘，而剪影表示轮廓的内部区域，剪影和轮廓描述方法可以表示具有复杂外形的非刚性形变目标。目标在运动过程中,其特征(如姿态、几何形状、灰度或颜色分布等)往往随之变化,这种随机变化可以采用统计数学的概率密度方法来描述。直方图是图像处理中天然的统计量,因此彩色和边缘方向直方图在跟踪算法中被广泛采用。由于目标运动往往是随机的,因此很多跟踪算法往往建立在随机过程的基础之上,如随机游走过程、马尔可夫过程、自回归(AR)过程等。如文献[9]和文献[10]采用二阶 AR 模型来跟踪目标的运动,而一阶 AR 模型可以跟踪目标的尺度变化。随机过程的处理在信号分析领域较成熟,其理论和技术(如贝叶斯滤波)可以借鉴到目标跟踪中。在贝叶斯滤波中,最有名的是卡尔曼滤波。卡尔曼滤波可以比较准确地预测平稳运动目标在下一时刻的位置,在弹道目标跟踪中具有非常成功的应用。一般而言,其可以用作跟踪方法的框架,用于估计目标的位置,减少特征匹配中的区域搜索范围,提高跟踪算法的运行速度。但卡尔曼滤波只能处理线性高斯模型,它的两种变形 EKF(Extended Kalman Filter,扩展卡尔曼滤波)和 UKF(Unscented Kalman Filter,无损卡尔曼滤波)可以处理非线性高斯模型。两种变形扩大了卡尔曼滤波的应用范围,但是不能处理非高斯非线性模型,这时就需要用粒子滤波(Particle Filtering)。由于运动变化,目标的形变、非刚体、缩放等问题,定义一个可靠的分布函数是非常困难的,所以在粒子滤波中存在粒子退化问题,于是产生了重采样技术。事实上,在贝叶斯框架下视觉跟踪的很多工作都是在粒子滤波框架下寻找更为有效的采样方法和建议概率分布。这些工作得到了许多不同的算法。如马尔可夫链蒙特卡洛(MCMC)方法、Unscented 粒子滤波器(UPF)、Rao—Blackwellised 粒子滤波器(RBPF)等。此外,文献[11]引入的序列粒子生成方法是一种自适应采样方法,在该方法中,粒子通过重要性建议概率密度分布的动态调整顺序产生。还可以根据率失真理论推导出确定粒子分配最优数目的方法,该方法可以最小化视觉跟踪中粒子滤波的整体失真。此外,文献[12]通过计算最优重要性采样密度分布和一些重要密度分布之间的 Kullback-Leibler(K-L)距离,分析这些重要密度分布的性能。或在粒子滤波框架下,采用概率分类器对目标观测量进行分类,确定观测量的可靠性,通过加强相关观测量和抑制不相关观测量的方法提高跟踪性能。

除了以上两种滤波器外,隐马尔可夫模型(HMMs)和动态贝叶斯模型(DBNs)也是贝叶斯框架下重要的视觉跟踪方法。这两种模型将运动目标的内部状态和观测量用状态变量(向量)表示,动态贝叶斯模型使用状态随机变量(向量)集,并在它们之间建立概率关联。隐马尔可夫模型则将系统假设为马尔可夫过程,推导出相应的状态转换矩阵。

2. 基于核的目标跟踪算法

核方法的基本思想是对相似概率密度函数或者后验概率密度函数采用直接的连续估计。在配合粒子滤波使用时,一方面可以简化采样,另一方面可以采用估计的函数梯度有效定位采样粒子。采用连续概率密度函数可以减少高维状态空间引起的计算量问题,还可以保证粒子接近分布模式,避免粒子退化问题。核方法一般都采用彩色直方图作为匹配特征。

Mean Shift 是核方法中最有代表性的算法,其含义正如其名,是"偏移的均值向量"。直观上看,如果样本点从一个概率密度函数中采样得到,由于非零的概率密度梯度指向概率密度增加最大的方向,从平均上来说,采样区域内的样本点更多地落在沿着概率密度梯度增加的方向。因此,对应的 Mean Shift 向量应该指向概率密度梯度的负方向。Mean Shift 跟踪算法反复不断地把数据点朝向 Mean Shift 矢量方向进行移动,最终收敛到某个概率密度函数的极值点。在 Mean Shift 跟踪算法中,相似度函数用于刻画目标模板和候选区域所对应的两个核函数直方图的相似性,采用的是巴氏系数,将跟踪问题转化为 Mean Shift 模式匹配问题。核函数是 Mean Shift 算法的核心,可以通过尺度空间差的局部最大化来选择核尺度,若采用高斯差分计算尺度空间差,则得到高斯差分 Mean Shift 算法。

Mean Shift 算法特征直方图能够确定目标的位置,并且足够稳健,对其他运动不敏感。该方法可以避免目标形状、外观或运动的复杂建模,能建立相似度的统计测量和连续优化之间的联系。但是,Mean Shift 算法不能用于旋转和尺度运动的估计。为克服以上问题,人们提出了许多改进算法,如多核跟踪算法、多核协作跟踪算法和有效的最优核平移算法等。文献[13]则针对可以获得目标多视角信息的情况,提出了一种从目标不同视角获得多个参考直方图,增强 Mean Shift 跟踪性能的算法。

3. 基于运动检测的目标跟踪算法

基于运动检测的目标跟踪算法,通过检测序列图像中目标和背景的不同运动来发现目标存在的区域,实现跟踪。这类算法不依赖帧间的模板匹配,也不需要在帧间传递目标的运动参数,只需要突出目标和非目标的时空信息差别,能够同时实现多个目标的跟踪。这类方法主要有帧间图像差分法、背景估计法、能量积累法、运动场估计法等。

在基于运动检测的目标跟踪算法中具有代表性的是光流算法。光流指空间运动物体在成像面上的像素运动的瞬时速度和方向,光流矢量是图像平面坐标点上的灰度瞬时变化率。光流利用图像序列中的像素灰度分布的时域变化和相关性来计算各自像素位置的运动,研究图像灰度在时间上的变化与景象中物体结构及其运动的关系。将二维速度场与灰度相联系,引入光流约束方程,得到光流计算的基本算法。根据计算方法的不同,可以将光流算法分为基于梯度的方法、基于匹配的方法、基于能量的方法、基于相位的方法和基于神经动力学的方法。文献[14]提出一种基于摄像机光流反向相关的无标记跟踪算法,该算法利用反向摄像机消除光流中的相同成分,得到有效的跟踪效果。文献[15]将光流算法的亮度约束转化为上下文约束,把上下文信息集成到目标跟踪的运动估计里,仿照光流算法,提出了上下文流算法。文献[16]引入了几何流的概念,用于同时描述目标在空间和时间上的运动,并基于李代数推导了它的矢量空间表示。几何流在几何约束条件下,将复杂运动建模为多个流的组合,形成一个随机流模型。该算法在运动估计中集成了点对和帧差信息。此外,还有使用互相关的对光照稳健的可变光流算法,基于三角化高阶相似度函数的光流算法——三角流算法等。三角流算法采用高阶条件随机场进行光流建模,使之包含标准的光流约束条件和仿射运动先验信息,对运动估计参数和匹配准则进行联合推理。局部仿射形变的相似度能量函数可以直接计算,形成高阶相似度函数,用三角形网格求解,形成三角流算法。

4. 基于分类器的目标跟踪算法

利用分类器分离目标和背景,是近年来产生的新的目标跟踪方法,它常常和其他跟踪方法结合使用。如文献[17]利用 AdaBoost 法建立了基于特征向量的像素点置信度映射,再在置信度映射的峰值点利用核匹配法找到目标位置。文献[18]同样利用级联式 AdaBoost 分类器检测目标,但由于分类器得到的目标检测结果存在错误,可再进一步结合基于运动检测的目标跟踪法,利用粒子滤波的方法跟踪目标。在对低帧率视频中的人脸跟踪研究中,由于每秒帧数过少,视频不能流畅播放,这会导致目标运动不连续,加大跟踪的难度。除此以外,文献[19]还根据像素点运动方式获取目标的候选范围。若运动方式和目标一致,则相应像素点属于目标的可能性更高,基于这一假设能够对图像中的像素区域进行分类。

3.2 » 基于运动反馈的目标检测方法

3.2.1 多高斯混合模型目标检测算法

在静态背景目标检测过程中,可以简单假设一段时间内视频序列图像中每一个像素点的变化服从均值为 μ,方差为 σ^2 的高斯分布。如果静止场景中发生了光照改变或物体运动,则图像中对应于该物体未移动前位置的像素点将被归类为前景点。因此,只有高斯模型在每帧的物体运动中响应这些变化,即利用每帧图像提供的信息对高斯模型的参数进行更新,才能保证图像背景相对于当前帧的有效性。

在光照不变的单模态背景中,用像素点的单高斯模型就可以有效地估计出图像背景。但当发生光照变化,或存在树木晃动、水面反射等多模态背景时,固定位置的像素值在不断改变中显示出非单峰分布的特点,此时简单假设的单峰模型就不能准确地模拟背景变化。因此,考虑到背景像素值在一段时间内的分布是多峰的,则可以借助于单模型的思想,利用多个单模型的集合来模拟场景中单个像素值的变化,即多高斯混合模型目标检测算法。

多高斯混合模型目标检测算法是重要的背景去除算法。假设 $\eta(X, \mu, \Sigma)$ 为均值 μ 协方差矩阵 Σ 的高斯分布概率密度函数,像素序列为 $\{X_1, \cdots, X_t, \cdots, X_K\}$,用来描述每个像素点分布的单高斯函数为

$$\eta(X_t, \mu_{i,t}, \Sigma_{i,t}) \quad i \in [1, M] \tag{3.1}$$

其中,下标 t 表示当前帧数,X_t 为当前帧像素点值,其可能存在 M 种不同的高斯分布。为了计算方便,假设协方差矩阵为

$$\Sigma_{i,t} = \sigma_{i,t}^2 I \tag{3.2}$$

假设每个像素点的 RGB 值是相互独立的,且分别服从单高斯分布 $\eta(X_t, \mu_{i,t}, \Sigma_{i,t})$,则当前像素值 X_t 的分布概率为

$$P(X_t) = \sum_{i=1}^{M} \omega_{i,t} \cdot \eta(X_t, \mu_{i,t}, \sigma_{i,t}^2) \tag{3.3}$$

其中,M 作为高斯分布的个数,体现了像素多峰分布的峰的个数,算法选择 M 值的大小不仅依赖于像素值的分布情况,也与算法的运算速度有关,一般取 3 ~ 5 之间。$\omega_{i,t} (\sum_{i=1}^{M} \omega_{i,t} = 1)$ 表示 t 时刻混合模型中第 i 个高斯分布的权值,$\mu_{i,t}$ 和 $\sigma_{i,t}^2$ 是其均值和方差,当 $M=3$ 时,可分别利用 RGB 各颜色空间值对其进行初始化。$\mu_{i,t}$ 体现为像素变化单峰的中心,$\sigma_{i,t}^2$ 为此单模型的单峰分布的宽度,其值越大像素值变化越剧烈。为了使多峰模型能不断贴近当前像素值的分布规律,需要依照每一帧新的像素值更新这个模型的参数。

参数更新的方法采用以下两个步骤:

(1) 检查每一帧的新像素值是否匹配于原模型:

$$\begin{cases} 匹配 & |X_t - \mu_{i,t}| < \lambda \sigma_{i,t} \\ 不匹配 & |X_t - \mu_{i,t}| \geqslant \lambda \sigma_{i,t} \end{cases} \quad i = 1, 2, \cdots, M \tag{3.4}$$

其中,λ 为常数,用于调节两者的相似程度。

(2) 针对前一步骤可能产生的两种情况分别采用不同的参数更新方法。针对匹配像素值 X_t 的已有高斯分布 i,对其权值进行更新:

$$\omega_{i,t} = (1-\alpha)\omega_{i,t-1} + \alpha \tag{3.5}$$

其中,α 是与背景更新快慢相关联的权值更新率,取值为 $[0, 1]$。当 α 值较小时,背景更新速度较慢,同时背景噪声也相对较小。依照这种更新方法,当一个新的像素值与原始分布中某一个或几个高斯模型相匹配时,说明此模型较为符合当前像素值的变化分布,因此增大其权值,使整个多高斯混合模型的分布与当前像素变化更为接近。同时,需要更新与此新像素值匹配的高斯模型的参数 $\mu_{i,t}$ 和 $\sigma_{i,t}^2$,以保证当前估计的概率分布的正确性:

$$\mu_{i,t} = (1-\rho)\mu_{i,t-1} + \rho X_t \tag{3.6}$$

$$\sigma_{i,t}^2 = (1-\rho)\sigma_{i,t-1}^2 + \rho(X_t - \mu_{i,t})^T(X_t - \mu_{i,t}) \tag{3.7}$$

$$\rho = \alpha \eta(X_t, \mu_{i,t-1}, \sigma_{i,t-1}) \tag{3.8}$$

反之,其他与新的像素值 X_t 不匹配的高斯分布的权值将被降低:

$$\omega_{i,t} = (1-\alpha)\omega_{i,t-1} \tag{3.9}$$

当此像素对应的混合模型中没有与新像素值相匹配的高斯分布时,说明已有的分布模型已经不适合新的像素变化,因此需要加入新的单高斯模型,同时去除已有模型集合中权值最小的一个。新的单高斯模型以新像素值 X_t 为均值,给定某一固定较大常数为初始方差,并赋予此新模型较小的权值。完成新模型创建后再对所有 M 个单模型的权值进行归一化处理。

以上过程保证了建立的多高斯混合模型能够较为正确地对像素值变化进行模拟,此后如果要判断当前帧的像素点属于目标区域还是背景区域,还需要考虑以下两个方面的因素:①混合模型中是否有单模型权值 ω 较大;②此单模型方差 σ^2 是否足够小。由于不能定量地决定以上两个因素的重要性,因此只需考虑以上两者的相对大小,即采用相对值 ω/σ 的大小决定多个高斯分布满足以上条件的前后次序。当将这 M 个高斯分布按照以上条件从高到低排列后,取前 B 个高斯分布使之满足:

$$B = \arg\min_b \left(\sum_{i=1}^{b} \omega_{i,t} > T\right) \tag{3.10}$$

其中,T 是判定为背景的最小阈值,即当存在 $B(B < M)$ 个高斯分布权值和大于 T 时,当前帧此像素点为背景,否则为前景。这里可以看出,T 的大小影响了算法对前、背景判别的敏感度。如果 T 值选取较小,背景模型通常对应单模态变化;T 值选取较大,则此模型更适用于描述背景重复变化造成的多模态情况。这对估计同一像素上具有两个甚至更多不同颜色的背景有明显的效果。

根据不同更新率 α 和判别阈值 T,针对同一帧图像得到的实验结果如图 3.1 所示。图 3.1(a)为原始图像帧;图 3.1(b)为本文算法得到的最优背景检测结果;图 3.1(c)~3.1(e)对应参数 T 值分别为 0.8,0.5 和 0.2,学习率不变($\alpha = 0.010$)。图 3.1(c),3.1(f),3.1(g)则为保持 T 值不变($T = 0.8$),$\alpha = 0.010$,0.005 和 0.002。

利用高斯混合模型法提取前景目标后得到的是大量离散的像素点。完成目标检测还需要对这些像素点应用腐蚀、膨胀等形态学方法,去除单个离散点,合并聚集或靠近的像素点使其成为团块。应用形态学方法后得到的行人检测效果,如图 3.2(b)所示。

基于多高斯混合的目标检测算法经过大量的实验证实,不仅能通过学习适应缓慢的光线变化,而且能够应对阴影、反射光、摇晃的树枝等其他困难的实际场景。算法提出之后,又有大量的文章对其进行了研究性拓展,其中不仅包括针对静态图像分割的文献,也包括利用移动摄像头拍摄场景的目标检测。

尽管如此,多高斯混合模型法依然存在很多不足:首先,多高斯背景模型的创建非常复杂,它需要考虑 M 值,即模型个数的选取,对于实时系统来说,选取的模型如果过多,计算量会非常大,那么计算耗时就会很长,严重影响系统的工作效率;其次,多高斯模型各种

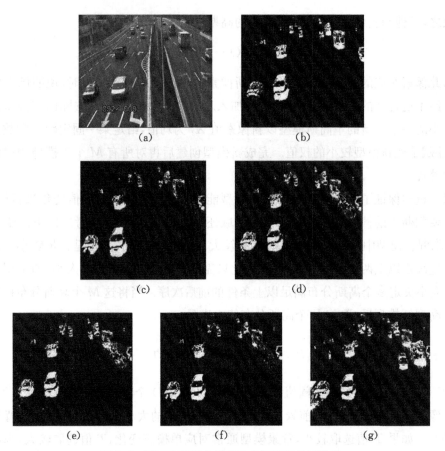

图 3.1 基于高斯混合模型的车辆检测效果比较

(a) 原始灰度图像；(b) 最优背景检测结果；(c) $T = 0.8$，$\alpha = 0.010$；(d) $T = 0.5$，$\alpha = 0.010$；(e) $T = 0.2$，$\alpha = 0.010$；(f) $T = 0.8$，$\alpha = 0.005$；(g) $T = 0.8$，$\alpha = 0.002$

图 3.2 基于高斯混合模型的行人检测效果

(a) 原图；(b) 行人检测效果

参数的计算耗费很多系统资源，模型越多、参数越多，所需要的内存也就越大；最后，还要对各个高斯模型分配不同的权值，进行排序以及选取合适的阈值，然而针对图像中的不同位置、甚至同一位置的不同时间帧段，对阈值的要求往往是不同的。这些都将背景估计问题变得复杂化。

3.2.2 目标运动状态估计

多高斯混合模型法实现目标检测的方式是总结前景、背景的相对运动引起的像素变化规律,再根据每两帧间的变化程度进行对单个像素的判别。算法在判别过程中引入了像素模型在线学习和多模型的 K 均值估计,避免了单纯以像素存在变化为前景的检测方法,对环境变化的过度敏感的缺点。然而,算法在统计图像中任意位置像素点的变化规律时采用了相同的判别和更新参数,导致不同运动规律的像素点发生机械的一致性判别,简而言之,即像素前后两帧变化程度较大则属于前景,变化程度小则属于背景。事实上,如果能够将像素所处区域在一段时间内的运动规律加入算法中去,就能够有效地避免这种机械化判断的产生。也就是说,如果能够预知这一区域的像素点在一段时间内一直处于较慢的变化中,则可以提高其判别为前景的概率,而不仅仅以其变化的剧烈程度为判别的依据。预知一定区域像素点的运动规律可以通过前景目标的运动状态获得,而目标跟踪正是获取前景目标运动状态的有效途径。基于以上思想,本节提出了基于运动状态反馈的目标检测算法,将前一帧的跟踪结果作为反馈值输入当前帧的目标检测中,实现对不同区域像素点检测的参数自适应调节。这一方法成立的基础是假设背景中仅存在无规律的轻微运动,且前景目标在检测初期存在一定程度的运动。也就是说,在视频的最初几帧中,如果能够正确区分前景、背景区域,将大大提高目标检测整体的正确性。

目标的运动状态与目标观测模型相关,在本节中,采用中心点加面积的方式表示目标位置与大小。因此,目标运动状态可以标识为点的动态模型,即环绕中心像素点的一定面积内的像素均符合此动态模型。目标运动可能出现的最简单的动态模型服从高斯概率密度估计分布,即前一帧的状态与一已知矩阵相乘,再加上一个均值为零,协方差确定的正态分布随机变量噪声,即可得到目标状态

$$x \sim N(\mu, \Sigma) \tag{3.11}$$

则某一时刻 t 目标状态对应的动态模型为

$$x(t) \sim N(\boldsymbol{D}_t x(t-1); \Sigma_t) \tag{3.12}$$

尽管在帧与帧之间,式(3.12)中的协方差和矩阵 $\boldsymbol{D}_t$ 的值都可能不相同,但在通常情况下,将它们的值归类后,常见的目标运动状态有 3 种:静态、恒速和加速运动。

1. 静态运动

假设 p 表示一个点的位置。如果 $\boldsymbol{D}_t = I$,那么表示这个点进行随机的漂移运动,即它的原位置加上高斯噪声便得到新的位置。在目标运动中表现为轻微的晃动、极慢速的非匀速运动,或观测误差造成的位置移动。整个模型可以表示为

$$x(t) = p_t, \quad \boldsymbol{D}_t = I \tag{3.13}$$

2. 恒速运动

假设向量 $\boldsymbol{p}$ 表示点的位置,$\boldsymbol{v}$ 表示点移动的恒定速度,则:$p_t = p_{t-1} + (\Delta t) v_{t-1}$, $v_t =$

v_{t-1}。在这个模型中将目标的运动速度加入一个单独的状态向量中。在目标运动过程中，精确的匀速运动是不存在的，但一般将一定速度变化范围内的运动都看作匀速状态。整个动态模型表示为

$$x(t) = \begin{Bmatrix} p_t \\ v_t \end{Bmatrix}, \quad \boldsymbol{D}_t = \begin{Bmatrix} I & (\Delta t)I \\ 0 & I \end{Bmatrix} \tag{3.14}$$

3. 加速运动

假设向量 $\boldsymbol{p}$ 表示点的位置，v 表示点移动的恒定速度，a 表示恒定的加速度。在这种情况下 $p_t = p_{t-1} + (\Delta t)v_{t-1}$，$v_t = v_{t-1} + (\Delta t)a_{t-1}$，$a_t = a_{t-1}$。与上一个恒速状态相同，实际运动中的加速状态也以近似值归入恒加速中。加速运动的动态模型为

$$x(t) = \begin{Bmatrix} p_t \\ v_t \\ a_t \end{Bmatrix}, \quad \boldsymbol{D}_t = \begin{Bmatrix} I & (\Delta t)I & 0 \\ 0 & I & (\Delta t)I \\ 0 & 0 & I \end{Bmatrix} \tag{3.15}$$

3.2.3 基于运动状态反馈的目标检测算法

在 3.2.1 节和 3.2.2 节中分别介绍了基于高斯混合模型的目标检测算法和本节采用的描述目标运动状态的动态模型。在此基础之上，本节提出了基于运动状态反馈的目标检测算法的流程（见图 3.3）。由于提出的算法是以前一帧的目标跟踪结果为基础得到相关区域的运动状态，因此在实现运动状态反馈前需要首先介绍基本的跟踪方法，并由此引出选取的反馈变量。

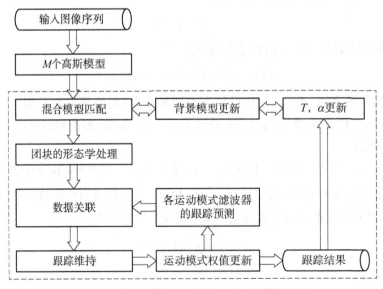

图 3.3 基于运动状态反馈的目标检测算法流程

在已知前一帧跟踪结果的前提下,由于目标预测状态和观测状态均存在不置信因素,因此可以把跟踪当成一个概率推理问题进行解决。假设物体在第 t 帧的状态为 $x(t)$,观测结果为 $y(t)$,则 $p(x(t)/y(1)$,$\cdots$,$y(t))$ 越大表示根据已有观测,t 帧状态为 $x(t)$ 的概率越大。由于跟踪问题可以被假设为一个隐马尔可夫模型,因此,

$$p(x(t)/x(1), \cdots, x(t-1)) = p(x(t)/x(t-1)) \tag{3.16}$$

如果为目标运动建立线性动态模型,则相应的状态模型 $x(t)$ 和观测模型 $y(t)$ 为

$$x(t) \sim N(\boldsymbol{D}_t x(t-1), \Sigma_{d_t}), \ y(t) \sim N(\boldsymbol{M}_t x(t), \Sigma_{m_t}) \tag{3.17}$$

基于以上条件,可以采用卡尔曼滤波的方法实现对当前帧目标状态(跟踪位置)的最优估计。为了更加清楚地表示卡尔曼滤波的估计过程,采用 $x(t/t)$ 表示 t 时刻目标的最优估计状态(跟踪位置);$x(t/t-1)$ 表示根据 $t-1$ 帧的结果预测得到的 t 帧的状态(跟踪位置);$x(t)$ 表示 t 帧的目标状态(跟踪位置);$y(t)$ 表示 t 帧的目标观测值。则式(3.17)可以写成如下形式

$$x(t) = \boldsymbol{D}_t x(t-1) + \Sigma_{d_t}$$
$$y(t) = \boldsymbol{M}_t x(t) + \Sigma_{m_t} \tag{3.18}$$

首先利用上一帧的最优跟踪结果 $x(t-1/t-1)$ 预测当前帧的目标位置,并计算这一预测的协方差矩阵 $\boldsymbol{p}(k \mid k-1)$ 的大小为

$$x(t \mid t-1) = \boldsymbol{D}_t x(t-1 \mid t-1) + \Sigma_{d_t} \tag{3.19}$$

$$\boldsymbol{p}(k \mid k-1) = \boldsymbol{D}_t \boldsymbol{p}(k-1 \mid k-1) \boldsymbol{D}_t^{\mathrm{T}} + Q \tag{3.20}$$

下一步是将当前帧的测量值和预测值相结合,得到最优估计值

$$x(t \mid t) = x(t \mid t-1) + Kg(t)(y(t) - \boldsymbol{M}_t x(t \mid t-1)) \tag{3.21}$$

$$Kg(t) = \boldsymbol{p}(t \mid t-1) \boldsymbol{M}_t^{\mathrm{T}} / (\boldsymbol{M}_t \boldsymbol{p}(t \mid t-1) \boldsymbol{M}_t^{\mathrm{T}} + R) \tag{3.22}$$

$$\boldsymbol{p}(t \mid t) = (I - Kg(t) \boldsymbol{M}_t) \boldsymbol{p}(t \mid t-1) \tag{3.23}$$

其中,$Kg(t)$ 称为卡尔曼增益,R 为误差值。

将式(3.19)至(3.23)不断迭代可以得到所有帧的目标跟踪结果。然而利用卡尔曼滤波进行目标跟踪中涉及的状态方程的形式只有一种,即目标的运动状态只能有一种动态估计模型,这无法适用于在3.2.2节中讨论的3种基本运动模型的情况。因此,在卡尔曼滤波的基础上,算法引入了交互式多模型估计器(IMM)的思想。交互式多模型估计器是一个次最优混合型滤波器,经过大量的实验验证是最为有效的混合状态估计方法之一。这一方法的特点是能够通过寻找当前时刻最优行为模型,来估计一个包含多行为模型的动态系统的状态。除此之外,IMM算法还能够实现状态的在线学习和参数自适应,这些优点使其更加适合运动状态变化的目标跟踪。

IMM 算法可以看成是多个卡尔曼滤波器的混合系统形式。根据本算法定义的 3 种目标运动状态模型：静态模型、恒速模型和加速模型，可以在跟踪过程中为每种模型定义一个卡尔曼滤波器，因此适用于本算法的 IMM 混合估计器在同一帧存在 3 个滤波器的最优估计值 $x_j(t/t)$ 及相应的协方差矩阵 $p_j(t/t)$，这里 $j=1,2,3$，分别对应 3.2.2 节的 3 种运动状态类型。将 3 种运动状态估计的 $t-1$ 帧最优值分别代入式(3.19)和式(3.20)得到如下预测方程：

$$x_j(t/t-1) = \boldsymbol{D}_t x_{0j}(t-1/t-1) \tag{3.24}$$

$$p_j(t/t-1) = \boldsymbol{D}_t p_{0j}(t-1/t-1)\boldsymbol{D}_t^{\mathrm{T}} + \boldsymbol{Q}_j \tag{3.25}$$

其中，$x_{0j}(t-1/t-1)$ 和 $p_{0j}(t-1/t-1)$ 分别表示 $t-1$ 时刻滤波器 j 的初始混合条件最优值及其协方差。式(3.26)和(3.27)给出了其计算方法，其中，i 和 j 均为滤波器编号，对应一种运动状态：

$$x_{0j}(t-1/t-1) = \sum_i x_i(t-1/t-1)\mu_{i/j}(t-1/t-1) \tag{3.26}$$

$$p_{0j}(t-1/t-1) = \sum_i \big[p_i(t-1/t-1) + (x_i(t-1/t-1) - x_{0j}(t-1/t-1)) \cdot$$
$$(x_i(t-1/t-1) - x_{0j}(t-1/t-1)^{\mathrm{T}})\big] \cdot \mu_{i/j}(t-1/t-1)$$
$$\tag{3.27}$$

为了能够完成最优跟踪结果的判别，每个卡尔曼滤波器 j 在 t 帧的权值记为 $\mu_j(t)$。在已知 $t-1$ 帧最优跟踪结果符合 i 模型后，在 t 帧跟踪开始前，依照此跟踪结果，各滤波器 j 的混合概率权值

$$\mu_{i/j}(t-1/t-1) = \frac{p_{ij}\mu_i(t-1)}{\sum_i p_{ij}\mu_i(t-1)} \tag{3.28}$$

由于假设跟踪过程符合隐马尔可夫模型，则 p_{ij} 为模型中状态 i 到 j 的转移概率。尽管隐马尔可夫模型中各参数的获取在通常情况下是一个学习的过程，但由于本节在跟踪中定义的运动状态较少，可以采用预估值，或针对某一个具有代表性的视频学习后应用到其他视频中。

在通过 3 个卡尔曼滤波分别得到预估值后，将其代入式(3.21)~式(3.23)中，分别求出各运动模型估计最优值

$$x_j(t/t) = x_j(t/t-1) + Kg_j(t)(y(t) - \boldsymbol{M}_{j,t}x_j(t/t-1)) \tag{3.29}$$

$$Kg_j(t) = p_j(t \mid t-1)\boldsymbol{M}_{j,t}^{\mathrm{T}} / (\boldsymbol{M}_{j,t}p_j(t \mid t-1)\boldsymbol{M}_{j,t}^{\mathrm{T}} + R_j) \tag{3.30}$$

$$p_j(t/t) = p_j(t/t-1) - Kg_j(t)\boldsymbol{M}_{j,t}p_j(t/t-1) \tag{3.31}$$

此时，根据 t 帧观测值与各滤波器预测值的差值

$$r_j(t) = y(t) - \boldsymbol{M}_{j,t}x_j(t/t-1) \tag{3.32}$$

对各滤波器权值进行更新：

$$\mu_j(t) = \frac{1}{c}\Lambda_j(t)\sum_i p_{ij}\mu_i(t-1) \tag{3.33}$$

其中，c 是归一化参数；$\Lambda_j(t) \sim N[r_j(k); 0, (\boldsymbol{M}_{j,t}p_j(t/t-1)\boldsymbol{M}_{j,t}^{\mathrm{T}} + R_j(t))]$。

最终跟踪结果为各运动模型最优估计结果的加权和

$$x(t/t) = \sum_j x_j(t/t)\mu_j(t) \tag{3.34}$$

其协方差

$$p(t/t) = \sum_i [p_j(t/t) + (x_j(t/t) - x(t/t)) \cdot \\ (x_j(t/t) - x(t/t)^{\mathrm{T}})] \cdot \mu_j(t/t) \tag{3.35}$$

在利用 IMM 估计器计算当前帧最终最优跟踪结果 $x(t/t)$ 的过程中，运动模式的权值 $\mu_j(t)$ 起到了举足轻重的作用，权值大小代表了目标在当前帧处于该运动模式的概率大小，并且随着权值的更新，其不仅能够在目标运动状态改变时随之改变，还能够在目标保持一定运动模式时相应不断增大。为了进一步测试权值和目标运动模型关系的紧密度，选择某一段视频，实现对一辆车的运动跟踪，并记录车辆运动与 $\mu_j(t)$ 的关系。对应 3 种运动模式：静止、恒速和加速度模型，其初始值 $\mu_j(t)$ 分别设为 0.25，0.50 和 0.25。这一设定一方面考虑到 3 种模式中恒速运动的概率最大，另一方面测试在初始概率不均等的情况下权值的自适应修正能力。图 3.4 显示了随着车辆运动速度变化，3 种运动模型

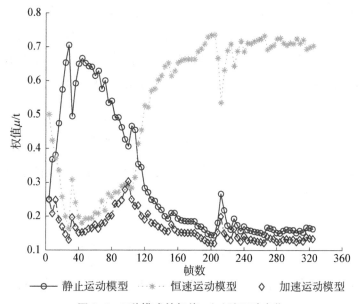

图 3.4　3 种模式的权值 $\mu(t)$ 随运动变化

权值的变化曲线,其中,横轴表示帧数,纵轴表示权值大小。测试视频中,车辆从静止状态开始,逐步启动,缓慢前行,行进一段后便进入匀速状态。同时可以观察到如图3.4所示的3条曲线的变化规律。蓝色圆形符号线代表静态运动模式权值,绿色星号线代表恒速运动权值,红色菱形线表示加速运动权值。在初始阶段,由于车辆刚启动,在前几十帧中系统检测到的速度很低,近似于静态运动,因此静态运动权值陡然增加,恒速运动权值降低,说明权值对目标运动变化很敏感。一段时间后,车辆速度增加,静态运动权值开始下降,相应恒速运动和加速运动权值都开始增加。由于车辆仅行驶在一个较低的速度就开始近匀速运动,所以加速权值并未到达高峰就落下,而恒速权值则继续增大到0.7~0.8之间。

这一实验结果说明,运动状态权值的大小和运动速度变化有紧密的联系,因此,通过权值的大小可以反映出当前目标区域内像素点在当前帧的运动模式。由此可以将权值与高斯混合模型进行目标检测时的参数相关联,以调节针对不同像素的检测敏感度。

基于以上的分析,本算法选择 $\mu_0(t)$,即静止运动模型权值作为运动状态的反馈信号,其原因有3点:①$\mu_0(t)$ 的变化大小是与目标的细微运动相关的,而对前、背景的细微相对运动的忽视正是导致一般算法检测错误的主要原因;②$\mu_0(t)$ 能够随着视频中目标运动不断更新,适应当前运动变化;③当速度更加稳定地保持在一定大小时,$\mu_0(t)$ 的值降低至接近0,则可以利用一定的数学方法在这种情况下让 $\mu_0(t)$ 对目标检测参数的影响变为最小。

此时,重新考虑多高斯混合模型目标检测算法,目的是使算法能够自适应地根据像素区域的运动规律修正其前、背景判别参数。在算法中最重要的参数为学习率 α 和阈值 T,它们分别控制了混合模型更新速度和前、背景判别值。因此,这里根据3.2.2节介绍的不同运动区域像素检测区别对待的思想,实现 α 和 T 的自适应更新。

首先,α 的大小根据相邻两帧间的目标区域距离,即速度 v_t 进行更新,$v_t =$ $|\text{position}(t) - \text{position}(t-1)|$。 $\text{position}(t)$ 代表了 t 帧中目标像素团块的中心点位置,这里假设属于目标团块内的所有像素点的变化速度都等于 v_t,因此 α 的值仅在不同目标团块间有所区别,而在团块内部保持一致。定义 t 帧像素点 i 的 $\alpha_i(t)$ 值为

$$\alpha_i(t) = \begin{cases} \alpha_B & \text{背景} \\ \alpha_F \cdot \log(v_t + 1) & \text{前景} \end{cases} \tag{3.36}$$

其中,α_F 和 α_B 均为固定常数,分别为前、背景区域的初值。同理,t 帧像素点 i 的阈值 $T_i(t)$ 通过 $\mu_0(t)$ 修正,定义为

$$T_i(t) = \begin{cases} T_B, & \text{背景} \\ T_F \exp(-\mu_0(t-1)) & \text{前景} \end{cases} \tag{3.37}$$

同样采用 T_F,F_B 分别设定前景和背景初值,而前景又依据其运动模式进一步实现自适应修正。

3.3 » 电力设施周边场景目标观测模型

为了能够实现高正确率的目标跟踪,首先需要给前景目标建立观测模型。建立观测模型需要综合考虑很多因素,才能适应跟踪过程中可能遇到的富有挑战性的各种条件,比如部分遮挡、低清晰度,或是观测视角的改变、目标尺度变化等等。

观测模型的第一要务是挑选合适的特征。虽然一般来说,特征越多,匹配精确度越高,但多特征的协调同样会造成困扰;除此之外,同一特征尽管维数越高,匹配可靠性越高,但过高的维数也会造成信息爆炸,减缓算法速度,大大降低算法的实用性。而在几乎所有目标跟踪算法中,位置和大小都是重要的目标观测特征。

目标检测后得到的是像素团块,所以首先需要在四连通环境下对团块进行分析。所谓四连通,是指一个像素点的上下左右方向 4 个紧邻的点与这个点是相邻关系,而左上、左下、右上、右下 4 个点与这个点不属于相邻关系。团块信息越丰富,车辆检测和跟踪就越精确。

在本章的算法中,将采用矩形块表示目标模块,因此以矩形的中心点表示目标位置 (p_x, p_y),矩形的面积表示目标大小(width, height)。为了记录目标的运动情况,其速度 (v_x, v_y) 和加速度 (a_x, a_y) 同样作为特征量保留。

在多目标跟踪中,前后帧目标的匹配对跟踪的成功与否起了重要的作用,而判断相邻两帧同一目标的关键不仅需要考虑两者位置的远近,还更依赖外表的一致性。描述外表信息的特征量很多,其中以颜色信息、纹理信息和特征点提取最常见。在交通场景中,目标大多较小,即使摄像头摆放位置较低,近距离的物体较大,远处也往往存在很小的目标。因此强调细节的纹理信息和特征点提取并不适用于很多交通监控场景,本算法选择颜色信息表示外部特征。

颜色信息的优点是能够捕捉大量的大块颜色区域,并且可以通过 RGB 直方图分布统计目标整体色彩分布。其缺点是缺乏像素点的位置分布信息。如图 3.5 所示,左右两张图用颜色直方图法计算出的特征向量的值是完全一致的,但显然两者是完全不同的两个图案。为了解决这样的问题,需要保存更多关于像素点位置的信息,由此引入多模块彩色直方图的概念。

 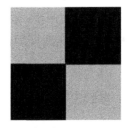

图 3.5 颜色直方图相同的不同图案

如图 3.6 所示,将每个目标矩形表示成 7 个模块,分别为整个矩形目标区域,矩形区的四等分区域,以及矩形由中心向边缘根据面积大小相等划分的两块区域。在第 t 帧针对目标团块 i 的 7 个划分模块分别计算彩色直方图可以得到特征向量组 $\boldsymbol{H}^i(t) = \{h_n^i(t), n \in [1, 7]\}$。

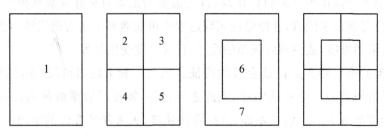

图 3.6 多模块彩色直方图表示法图示

通过对目标建立观测模型,可以得到第 i 个目标团块状态,表示为 $x^i = \{P_i, (\text{width}_i, \text{height}_i), v_i, a_i, \boldsymbol{H}^i\}$。

3.4 » 分段式多目标跟踪算法研究

观测模型的建立实现了将图像信息转化为数字信息,为利用数学方法解决跟踪问题提供了基础。在目标观测模型中包含的多个与目标特征相关的量,都将按照其不同特点在跟踪过程中按不同顺序代入。

一个典型的多目标跟踪系统的流程经过了接收图像,数据关联,已有轨迹维持、结束,或新轨迹产生,再目标预测,回到数据关联的循环过程。当前,多目标跟踪的难点主要来源于这样几个方面:①突发性物体运动;②运动目标和运动场景同时变化;③目标结构运动过程中的形变;④目标间或目标与背景间产生遮挡;⑤摄像机移动状态下的运动跟踪。

具体来说,就是如何实现目标团块的正确辨识。在任意时刻,图像帧中都可能出现新的目标,或已有目标靠近、离开画面等特殊事件。这些事件带来的直观结果是图像帧中团块数量增加或减少,但难点在于判断团块增加的原因是出现了新的目标还是由于目标检测错误,将一个已有团块分裂成了两个;或团块减少是因为已有目标消失,还是由于目标过于接近而被检测成同一团块;甚至目标消失的原因是目标离开了拍摄画面,还是速度缓慢或暂时停止,未被检测出等等。为了更好地解决以上问题,本章提出了分段式多目标跟踪算法,将多目标跟踪过程分为两步:第一步实现以目标定位为基础的粗匹配,采用多假设跟踪算法;第二步根据目标观测模型修正由于目标检测导致的各种团块丢失、团块粘连、团块分裂等错误。

3.4.1 粗匹配:多假设跟踪算法

目前,能够实现多物体跟踪的算法主要有最近邻法(GNN)、多帧数据跟踪(MFT)、联合概率数据关联算法(JPDAF)等。与这些方法相比,多假设跟踪算法(MHT)同时具有实现对多目标场景下的物体进入、离开、被短暂遮挡等特殊情况下保持跟踪的能力,同时易于实现程序优化。目前,国外许多多目标跟踪系统都广泛采用了 MHT 作为核心算法。

MHT 是一种在数据关联发生冲突时,形成多种假设以延迟做决定的逻辑。但随着假设数量的增加,计算量将成指数增长,因此本章选择优化后的基于轨迹的多假设跟踪算法。其流程可以大体分为两个步骤:数据关联与轨迹维护。实现步骤如图 3.7 所示。

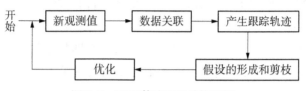

图 3.7 MHT 算法实现结构流程

多假设跟踪算法实现跟踪的方式以图 3.8 为例,过程如下:假设当前视频第 $t-1$ 帧已有 2 个跟踪目标,分别为 x_1,x_2,如图 3.8 所示的 P_1,P_2 分别为 x_1、x_2 在第 t 帧根据卡尔曼滤波中式(3.19)和式(3.20)得到的预测位置;O_1,O_2,O_3 为第 t 帧经由目标检测算法观测到的 3 个物体位置。根据当前情况,可能出现的匹配假设有 10 个,分别为 $W_1 \sim W_{10}$;定义 $T_i(P_1, O_1)$ 表示跟踪轨迹 T_i 来自 P_1 和 O_1,根据式(3.21)~(3.23)得到的最优估计;$T_i(O_3)$ 表示根据观察,新产生的跟踪路径;$T_i(P_1)$ 表示无观察物体与之匹配,以假设值延续跟踪路径 T_i;以下列举可能的 10 种情况中的 3 种。

W_1:$T_1(P_1, O_1)$,$T_2(P_2, O_2)$,$T_3(O_3)$;

W_2:$T_1(P_1, O_2)$,$T_2(P_2, O_1)$,$T_3(O_3)$;

W_3:$T_1(P_1)$,$T_2(P_2)$,$T_3(O_1)$,$T_4(O_2)$,$T_5(O_3)$;

……

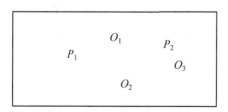

图 3.8 视频跟踪场景示例 1

基于以上的分析,多假设跟踪算法需要从可能的多种情况中找出最优匹配组。假设视频第 $t-1$ 帧图像已有跟踪轨迹数目为 N_{t-1},第 t 帧观测到物体数目为 m_t,则将已有轨迹的预测值和观测值一一匹配,得到的相关性矩阵

$$\boldsymbol{\Omega}(W^t) = \begin{bmatrix} \omega^t_{1,1} & \omega^t_{1,2} & \cdots & \omega^t_{1,N_{t-1}} \\ \omega^t_{2,1} & \omega^t_{2,2} & \cdots & \omega^t_{2,N_{t-1}} \\ \vdots & \vdots & \omega^t_{j,i} & \vdots \\ \omega^t_{m_k,1} & \omega^t_{m_k,2} & \cdots & \omega^t_{m_t,N_{t-1}} \end{bmatrix} \tag{3.38}$$

式中,行标号 j 对应当前帧的测量向量 $\boldsymbol{O}_j$,列标号 i 对应已有跟踪轨迹预测位置 P_i,$\omega^t_{j,i}$ 用于判断测量值和轨迹的相关性。计算两目标间相关性的方法很多,通常采用一定的相似性度量算法,如欧氏距离(Euclidean distance)、巴氏距离(Bhattacharyya distance)和马氏距离(Mahalanobis distance)等。在跟踪过程的粗匹配中仅根据二维的图像坐标进行匹配,因此以轨迹中心点和检测到的物体中心点间的欧氏距离定义 $\omega^t_{j,i}$。在求得相关性矩阵后,采用求解线性分配问题(LAP)的数学方法化简矩阵 $\boldsymbol{\Omega}(W^t)$,得到 $\widehat{\boldsymbol{\Omega}}(W^t)$,实现:

$$\widehat{\omega}^t_{j,i} = \begin{cases} 1 & O_j \in T_i \\ 0 & O_j \notin T_i \end{cases} \tag{3.39}$$

如图 3.8 所示,可以得到:$\widehat{\boldsymbol{\Omega}}(W^t) = \begin{bmatrix} 1 & 0 \\ 0 & 1 \\ 0 & 0 \end{bmatrix}$。

相关性化简矩阵 $\widehat{\boldsymbol{\Omega}}(W^t)$ 的结果在某些情况下需要经过修正,如图 3.9 所示,将会得到:$\widehat{\boldsymbol{\Omega}}(W^t) = \begin{bmatrix} 1 & 0 \\ 0 & 1 \end{bmatrix}$。事实上,在这种情况下,可能 P_2 对应的目标 x_2 已离开视频画面或在第 t 帧未被检测到,而 O_2 是刚进入视频或在第 t 帧刚被检测到的物体位置。所以,需要加入检验条件:

$$\begin{cases} T_i(P_i, O_j) \text{ 成立} & \text{Distance}(P_i, O_j) < D \\ T_i(P_i, O_j) \text{ 不成立} & \text{Distance}(P_i, O_j) \geqslant D \end{cases} \tag{3.40}$$

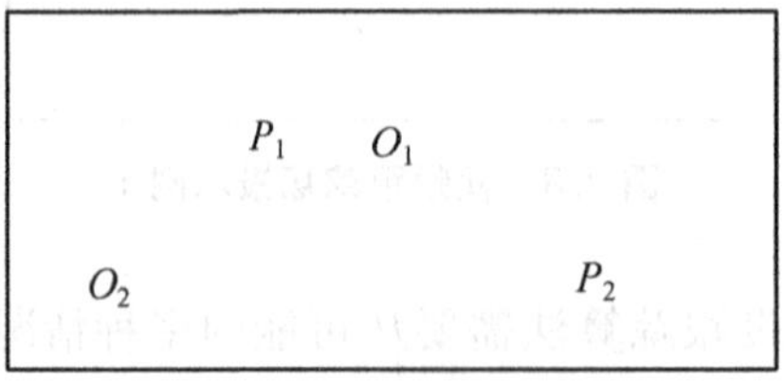

图 3.9 视频跟踪场景示例 2

取 $D = \text{traj\_length} \cdot \max(\text{width}_i, \text{height}_i)/2$,其中,traj_length 表示跟踪轨迹 T_i 累计无观测物体更新的帧的次数,width$_i$ 和 height$_i$ 分别是已有轨迹斑块 x_i 的宽和高。P_i 是

x_i 在当前帧的估计值,O_j 是当前帧观测到的团块位置,$T_i(P_i,O_j)$ 表示 P_i 和 O_j 在同一物体轨迹上。这一修正,即式(3.40)的成立条件:①假设视频中所有物体不会在瞬间突然提速或降速;②物体每秒行进距离小于每秒帧数与其自身长度的乘积的一半,即假设视频为 15 f/s,4 m 长的车辆速度小于 30 m/s。

将数据关联结果代入式(3.21),可求得第 t 帧最优轨迹估计,作为跟踪结果显示。同时,需要对卡尔曼增益和第 t 帧最优估值方差进行更新。

3.4.2 自适应跟踪模块修正方法

在完成跟踪的第一阶段粗匹配后,总结跟踪结果中最常见的 3 种问题:①前景目标丢失;②像素团块粘连造成的跟踪终止(见图 3.10);③像素团块分裂产生的新跟踪项(见图 3.10)。在分段跟踪的第二步细修正中,将着重解决这 3 方面的问题。

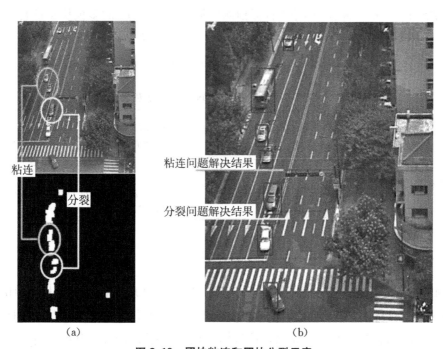

图 3.10　团块粘连和团块分裂示意
(a) 原图与前景检测图像中粘连与分裂对比;(b) 粘连与分裂解决结果

解决这 3 个方面问题分为两个步骤,首先需要检测是否存在跟踪错误及错误的种类,其次是根据具体情况解决问题。细修正跟踪过程中,主要应用了多模块彩色直方图匹配算法。回顾之前建立的目标观测模型中,目标 i 按照图 3.6 被划分成了 7 个模块,通过计算每个模块的彩色直方图,得到多模块彩色直方图特征向量 $\boldsymbol{H}^i(t)=\{h_n^i(t),n\in[1,7]\}$。在实现多模块彩色直方图匹配算法前,需要先将所有直方图进行归一化处理,之后再匹配过程中以跟踪团块 i 在 $t-1$ 帧的团块区域为模板,采用巴氏距离计算模板与 t 帧中待匹配区域的相似性。

$$d_n = d(h_n(t/t-1), h_n(t-1)) = \sqrt{1 - \sum_{j=1}^{3} \sqrt{h_{n,j}(t/t-1) \cdot h_{n,j}(t-1)}} \quad (3.41)$$

$$D(\boldsymbol{H}^i(t/t-1), \boldsymbol{H}^i(t-1)) = \frac{\sum_{n=1}^{7} d_n}{7} \quad (3.42)$$

其中，7 表示跟踪模块的分块个数；j 为彩色空间数，因为这里采用 RGB 颜色空间，因此 j 最大等于 3。假设 Thr 为相似度阈值，则 $D(\boldsymbol{H}^i(t/t-1), \boldsymbol{H}^i(t-1)) < Thr$ 表示两团块区域相匹配。

跟踪过程中的团块丢失来源于目标检测错误，或与团块粘连问题相关，团块丢失的检测和处理算法如表 3.1 所示。检测团块丢失的关键点在于发现已有跟踪的终止，即如果在第 t 帧没有找到与跟踪目标 i 相匹配的观测团块，则说明可能发生了团块丢失的问题。在这种情况下，首先检测第 t 帧第 i 目标预测区域 $x^i(t/t-1)$ 的多模块彩色直方图向量 $\boldsymbol{H}^i(t-1)$，并计算其与第 $t-1$ 帧目标区域的直方图向量 $\boldsymbol{H}^i(t-1)$ 的相似度。只有在两者的相似度小于一定阈值的前提下，才能够根据预测值延续跟踪。

表 3.1　团块丢失检测和修正算法流程表

算法流程	跟踪轨迹 T_i：$t-1$ 帧目标状态 $x^i(t-1)$，t 帧预测状态 $x^i(t/t-1)$ (1) IF 观测值 $O_i(t)$ 通过数据关联和 $x^i(t/t-1)$ 相匹配，THEN 直接输出；ELSE 步骤 2 (2) 计算 $x^i(t-1)$ 的多模块彩色直方图 $\boldsymbol{H}^i(t-1)$，以及 $x^i(t/t-1)$ 的多模块彩色直方图 $\boldsymbol{H}^i(t/t-1)$ (3) 利用公式 2.42 计算 $\boldsymbol{H}^i(t/t-1)$ 与 $\boldsymbol{H}^i(t-1)$ 间关联距离 $D(\boldsymbol{H}^i(t/t-1), \boldsymbol{H}^i(t-1))$ (4) IF $D(\boldsymbol{H}^i(t/t-1), \boldsymbol{H}^i(t-1)) > Thr$，THEN 轨迹 T_i 终止；ELSE $x^i(t) = x^i(t/t-1)$ 输出：$x^i(t) = x^i(t/t-1)$

除此之外，团块粘连造成的丢失将采用另一种方法处理。在交通场景中，团块粘连的成因主要是目标过于接近，或摄像头拍摄角度造成的投影重叠。实现团块粘连的检测和修正算法如表 3.2 所示。如果跟踪目标 j 在第 t 帧没有相匹配的观测值，且另一附近跟踪目标 i 在 t 帧匹配的观测值突然增大，则判定可能发生了团块粘连的情况。其判定标准是：①i 与 j 在 $t-1$ 帧的距离小于一定值；②i 在 t 帧的观测值与其在 $t-1$ 的目标大小相差 β 倍，$(\beta > 1)$；③将 i 在 t 帧的观测值按照 i 和 j 在 $t-1$ 帧先对位置分割后，目标 j 在 $t-1$ 帧的多模块彩色直方图向量与 j 在 t 帧经分割得到的观测区域的直方图向量相匹配。

表 3.2　团块粘连检测和修正算法流程表

算法流程	跟踪轨迹 T_i：$t-1$ 帧目标状态 $x^i(t-1)$，t 帧预测状态 $x^i(t/t-1)$ 跟踪轨迹 T_j：$t-1$ 帧目标状态 $x^j(t-1)$，t 帧预测状态 $x^i(t/t-1)$

（续表）

算法流程	（1）已知观测值 $O_i(t)$ 通过数据关联和 $x^i(t/t-1)$ 相匹配，IF 无观测值和 $x^i(t/t-1)$ 相匹配，THEN 步骤 2；ELSE 步骤 8 （2）IF $size(O_i(t)) > \beta \cdot size(x^i(t-1))$，$(\beta > 1)$ THEN 步骤 3；ELSE 跟踪轨迹 T_j 结束 （3）IF $x^j(t/t-1)$ 的中心位置在 $O_i(t)$ 团块内部 THEN 步骤 4；ELSE 跟踪轨迹 T_j 结束 （4）根据 $x^i(t-1)$ 和 $x^j(t-1)$ 的相对位置，将 $O_i(t)$ 分为两个团块 $\widehat{O}_i(t)$ 和 $\widehat{O}_j(t)$ （5）计算 $\widehat{O}_j(t)$ 的多模块彩色直方图 $\widehat{\boldsymbol{H}}^j(t)$，以及 $x^j(t-1)$ 的多模块彩色直方图 $\boldsymbol{H}^j(t-1)$ （6）利用公式 2.42 计算 $\widehat{\boldsymbol{H}}^j(t)$ 与 $\boldsymbol{H}^j(t-1)$ 间关联距离 $D(\widehat{\boldsymbol{H}}^j(t), \boldsymbol{H}^j(t-1))$ （7）IF $\boldsymbol{D}(\widehat{\boldsymbol{H}}^j(t), \boldsymbol{H}^j(t-1)) > Thr$，THEN 轨迹 T_j 终止，Else $O_j(t) = \widehat{O}_j(t)$ 输出：$x^j(t/t-1)$ 与 $O_j(t)$ 关联后的最优结果 $x^j(t)$

以上描述中，t 帧 i 目标原始匹配的观测团块的分割方法如图 3.11 所示。假设左上角的白色方框表示一个粘连的团块，实际团块 A 和 B 如图 3.11(b)，3.11(c)所示，分别表示为黑色和红色，绿色表示团块中心。因此，在粘连团块中实际团块 A 和 B 的相对位置存在 4 种可能性，如图所示。由于在连续两帧中，团块发生突变的可能性很小，因此在定位团块 A、B 的过程中首先根据目标 i 和 j 在 $t-1$ 帧的相对位置选择以下 4 种情况中的一种，再以 $t-1$ 帧中 i 和 j 的大小定位 A、B 的中心点，最后进行分割。

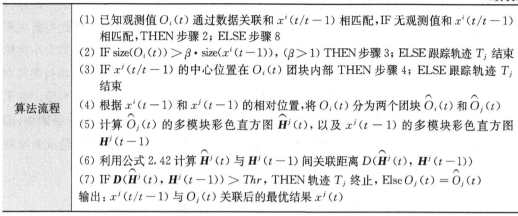

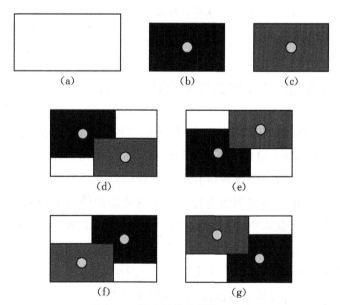

图 3.11　粘连团块分割情况示意

(a) 大团块；(b) 团块 A；(c) 团块 B；(d) 团块粘连 1；(e) 团块粘连 2；(f) 团块粘连 3；(g) 团块粘连 4

团块分裂问题主要由于目标颜色与背景接近，在背景更新过程中将部分前景误作背景，导致前景中其他部分分裂开。由于交通监控场景中目标物体面积通常较小，所以经过形态学处理后,目标团块分裂成两部分以上的情况较少,在后期算法修正中默认团块分裂最多只产生两个子区域。实现团块分裂问题检测和修正算法如表 3.3 所示。某一跟踪目标附近无法寻找到匹配项的观测值极有可能来自分裂的团块,因此一旦发现此类新观测团块,则首先计算其附近目标 i 的新观察值的大小是否发生明显的变化,如果其大小突然小于第 $t-1$ 帧大小的 γ 倍,$\gamma < 1$,则保留此新观测团块为分裂团块的可能,将持续判别因子 times$+1$。为了进一步排除其为新增目标的可能,还需要在下一帧继续判定。如果相同情况连续出现大于 $MAXNUM$ 帧,即 times$>MAXNUM$,则判定其为分裂团块,需将两者合并。在算法中加入持续判别因子 times 的原因是:草率合并团块易造成新增跟踪目标的丢失,直接造成跟踪目标数量的差异,带来后期更大的误差。

表 3.3　团块分裂检测和修正算法流程表

算法流程	跟踪轨迹 T_i:$t-1$ 帧目标状态 $x^i(t-1)$,t 帧预测状态 $x^i(t/t-1)$。新的观测值 $O_i(t)$ 和 $O_j(t)$ (1) IF size$(O_i(t)) < \gamma \cdot$ size$(x^i(t-1))$,$(\gamma < 1)$ THEN times$=0$;ELSE 步骤 5 (2) IF $O_i(t)$ 无匹配项,THEN 步骤 4;ELSE times$=$times$+1$ (3) IF times$>MAXNUM$($MAXNUM>1$),THEN 步骤 5;ELSE 步骤 2 (4) 计算 $O_i(t)$ 和 $O_j(t)$ 间距离 $D(O_i(t),O_j(t))$ (5) IF $D(O_i(t),O_j(t)) <$ max(width of $x^i(t-1)$,height of $x^i(t-1)$),THEN 合并 $O_i(t)$ 和 $O_j(t)$ 为 $\hat{O}_i(t)$,输出;ELSE 步骤 6 (6) $\hat{O}_i(t) = O_i(t)$,产生新的跟踪 j,$x^j(t) = O_j(t)$ 输出:$x^i(t/t-1)$ 与 $\hat{O}_i(t)$ 关联后的最优结果 $x^i(t)$

3.5 电力设施在摄像头组网条件下的异常检测技术

以单视角图像目标运动感知算法为基础,辅以多视角目标匹配技术,实现多视角协作感知是实现智能视觉感知全息化的不可或缺的部分。多视角目标匹配是数字图像配准技术的一个研究方向,也是数字图像拼接和三维重建的预处理阶段。对同一场景图像进行图像获取时,将不同视角拍摄的图像进行匹配可以使图像信息更加完整、丰富,根据这一信息进行目标感知,能够获得更加精确的感知结果。例如文献[20]建立一个多行人跟踪系统,使用多团块跟踪器,并利用行人的头部位置进行定位。当目标过于接近或相互遮挡时会造成多个目标团块粘连,造成系统性能下降。因此,在存在遮挡或场景复杂的情况下采用多视角监控能够有效地提高目标检测和跟踪准确度。

多视角图像的自动匹配方法可分为 3 种:①基于灰度信息的图像匹配。这种方法不需要对图像进行复杂的预处理,而是利用图像本身具有的灰度统计信息来度量图像的相似程度,其特点是简单但应用范围小;②基于变换域的图像匹配方法,其主要实现方法为傅里叶变换法;③基于特征的图像匹配方法,这一方法首先要对匹配图像进行预处理,即图像分割和特征提取,再利用提取到的特征完成两幅图像特征间的匹配。

针对基于图像匹配的多视角协同感知的研究,可以解决两大方面的问题:①获取更广的监控范围,单个智能摄像机即使具有运动镜头功能,仍然会受到拍摄角度的限制,多点监控最直接的效果就是能扩大监控系统的监控范围;②增强监控系统主动跟踪能力,使监控具有智能化特征,如根据智能摄像机对图像的信息分析,实现对系统中其他摄像机的调度。如何管理监控系统中各智能摄像机之间的信息交互、共享、协作是智能视频监控中重要的研究课题。

国内外很多学者都针对多视角协同感知问题进行了大量的研究。如文献[21]采用将各视角图像的平面目标区域投影到世界坐标系中的地平面,再采用粒子滤波器在三维空间进行跟踪的方法。这一方法的思想基础是假设所有行人的脚在任意时刻都站立在地平面上。这一假设在实际场景中某些时刻是不成立的,如跑、跳起的瞬间,因此视频中某些帧会出现人在运动过程中脚离开地面的情况。除此之外,由于脚部面积较小及检测算法的精确度不同,也会造成脚部区域像素没有被完整包含在目标团块中。为了克服这一问题,有学者[22]提出了多层信息交互的概念,以获得更精确的三维场景重建。另一种适用于多摄像头图像的关联方法[23]随机选取多个视角图像中的某一个作为参照视角,将其他视角的图像投影至此参照视角图像中,构建前景概率分布图,由此实现在二维场景中的目标跟踪,避免了三维场景跟踪的数据膨胀问题。还可以通过划定多摄像头之间的视线区域(FOV)界限建立运动目标间的对应关系[24]。

大多数早期多视角场景目标匹配中选择的特征向量为基于颜色或特征点分布的,然而单纯的颜色分布受光照影响大,目标匹配不稳定。若目标尺寸较小也不适于进行特征点的采集。如 Cai 等[25]采用同属于人体上半身中心轴的多个点作为被跟踪的特征点,根据这些特征点的位置和平均亮度,在图像序列的相邻两帧间实现相似度匹配。Delamarre 等[26]采用各视角图像轮廓与模型投影轮廓进行匹配,采用"力"为单位表示误差大小和方向。Deutscher 等[27]基于粒子滤波算法,引入了模拟退火思想,每一步采用逐步逼近,以减少用于逼近概率分布的采样粒子。在后期算法改进中又采用了层次搜索策略自动分解搜索空间,有效提高了跟踪算法的效率。除此以外,Taj 等[28]也将 mean shift 的概念应用在多摄像头跟踪中。

本章以交通场景固定架设的摄像头组提供的多视角图像序列为基础,提出了一种多摄像头协同的目标感知算法,其流程如图 3.12 所示。在获取多组图像帧序列后,首先利用单摄像头目标检测算法分别获取各视角图像的前景区域,由于不同视角得到的前景团块存在不同程度的遮挡或检测错误,利用基于三维投影的目标定位修正算法计算各视角团块在世界坐标系中地平面的投影位置,并配合 HOG 特征实现前景团块的匹配和修正。在完成目标检测后,采用粒子滤波算法完成各图像平面中的多目标跟踪,并采用分块式模糊投影匹配算法对跟踪结果进行三维空间的匹配修正,提高最终的跟踪正确率。

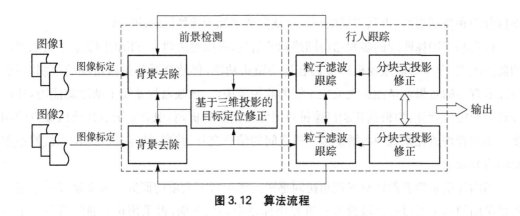

图 3.12 算法流程

3.5.1　摄像头标定方法

利用多摄像头协同实现目标定位的基础是寻找不同摄像头拍摄图像中目标的同一位置像素点的对应关系,这种关系需要通过将各图像平面坐标系中的像素点投影至世界坐标系中,寻找相同投影点获得。而图像坐标系与世界坐标系的关系则需要通过摄像头标定算法解决。摄像头标定算法中涉及 4 种坐标:摄像机坐标系 (X_C, Y_C, Z_C)、图像坐标系 (u, v)、像平面坐标系 (x, y) 和世界坐标系 (X_w, Y_w, Z_w)。

1. 建立摄像机坐标系和像平面坐标系的关系

假设三维场景中一点 p 通过摄像头光心投影到像平面中的 m 点,首先定义光轴为来自光心垂直平面的一条射线,光轴与像平面的交叉点为 C,f 是摄像头的焦距,即光心到 C 点的距离。以光心 O_c 为原点,以经过光心且相互垂直的 3 条直线 $O_c X_c$,$O_c Y_c$,$O_c Z_c$ 为坐标轴建立摄像头坐标系 O_c-$X_c Y_c Z_c$。其中 Z_c 和光轴重合,取经过像平面中心 O_i 且相互垂直的两条直线为坐标轴建立像平面坐标系 O_i-$X_i Y_i$,坐标关系如图 3.13 所示。

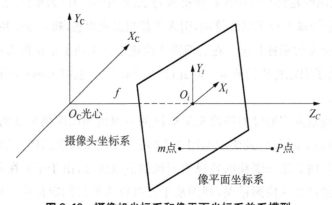

图 3.13 摄像机坐标系和像平面坐标系关系模型

如果 C 点与 O_i 点重合,且若 p 点在摄像机坐标系下的坐标为 (X_C, Y_C, Z_C),则对应 m 点在像平面坐标系下的坐标定义为 (x, y)。

$$
\begin{cases}
x = \dfrac{fX_{\mathrm{C}}}{Z_{\mathrm{C}}} \\[2mm]
y = \dfrac{fY_{\mathrm{C}}}{Z_{\mathrm{C}}}
\end{cases}
\tag{3.43}
$$

将 (x, y) 用齐次坐标系 $(x, y, 1)$ 表示，则式 (3.43) 可以写成如下形式：

$$
Z_{\mathrm{C}}
\begin{bmatrix} x \\ y \\ 1 \end{bmatrix}
=
\begin{bmatrix} f & 0 & 0 \\ 0 & f & 0 \\ 0 & 0 & 1 \end{bmatrix}
\begin{bmatrix} X_{\mathrm{C}} \\ Y_{\mathrm{C}} \\ Z_{\mathrm{C}} \end{bmatrix}
\tag{3.44}
$$

然而，由于摄像头的光轴与像平面的交点 C 不可能正好在像平面的中心，而存在一定偏移量 (x_0, y_0)，因此式 (3.44) 可以写成

$$
Z_{\mathrm{C}}
\begin{bmatrix} x \\ y \\ 1 \end{bmatrix}
=
\begin{bmatrix} f & 0 & x_0 \\ 0 & f & y_0 \\ 0 & 0 & 1 \end{bmatrix}
\begin{bmatrix} X_{\mathrm{C}} \\ Y_{\mathrm{C}} \\ Z_{\mathrm{C}} \end{bmatrix}
\tag{3.45}
$$

2. 图像坐标系与摄像机坐标系间的关系

由于图像的显示方式为像素的组合，即将图像存储为 $M \times N$ 大小的数组，数组的每一个元素即为像素点。但每个像素点均占有一定大小的面积，像素 (u, v) 只表示像素位于图像数组中的行数与列数，因此可以定义以像素为单位的图像坐标系 O_o-uv 和对应的以毫米为单位的像坐标系 O_i-xy，它们的关系图如图 3.14 所示。

图 3.14 以像素为单位的图像坐标系和以毫米为单位的像坐标系关系

像坐标系原点 O_i 定位为摄像头光轴与图像平面的交点，一般位于图像的中心，O_i 对应图像坐标系 O_o-uv 中的坐标为 (u_0, v_0)。假设每个像素点在 x 轴与 y 轴方向上的物理尺寸为 $\mathrm{d}x$，$\mathrm{d}y$，则图像中任意一个像素点在两个坐标系下的坐标有如下关系：

$$
\begin{cases}
u = \dfrac{x}{\mathrm{d}x} + u_0 \\[2mm]
v = \dfrac{y}{\mathrm{d}y} + v_0
\end{cases}
\tag{3.46}
$$

用齐次坐标系与矩阵形式将式(3.46)表示为

$$
\begin{bmatrix} u \\ v \\ 1 \end{bmatrix} = \begin{bmatrix} \dfrac{1}{\mathrm{d}x} & 0 & u_0 \\ 0 & \dfrac{1}{\mathrm{d}y} & v_0 \\ 0 & 0 & 1 \end{bmatrix} \begin{bmatrix} x \\ y \\ 1 \end{bmatrix} \tag{3.47}
$$

式(3.47)两边乘以 Z_C,再将式(3.45)代入可得

$$
Z_\mathrm{C} \begin{bmatrix} u \\ v \\ 1 \end{bmatrix} = \begin{bmatrix} \dfrac{1}{\mathrm{d}x} & 0 & u_0 \\ 0 & \dfrac{1}{\mathrm{d}y} & v_0 \\ 0 & 0 & 1 \end{bmatrix} \begin{bmatrix} f & 0 & x_0 \\ 0 & f & y_0 \\ 0 & 0 & 1 \end{bmatrix} \begin{bmatrix} X_\mathrm{C} \\ Y_\mathrm{C} \\ Z_\mathrm{C} \end{bmatrix} = \boldsymbol{K} \begin{bmatrix} X_\mathrm{C} \\ Y_\mathrm{C} \\ Z_\mathrm{C} \end{bmatrix} \tag{3.48}
$$

其中,矩阵 $\boldsymbol{K}$ 为摄像机内部参数,可以采用张正友的标定方法获得。

3. 摄像机坐标系与世界坐标系的关系

摄像机可能安放在环境中的任何位置,因此需要在环境中选择一个基准坐标系来描述环境中任何物体的位置,该坐标系称为世界坐标系 $O_\mathrm{w} \text{-} X_\mathrm{w} Y_\mathrm{w} Z_\mathrm{w}$。摄像机坐标系与世界坐标系之间的关系可以用旋转矩阵 R 与平移向量 t 描述。因此假设空间中某一点 p 在世界坐标系中的齐次坐标为 $(X_\mathrm{w}, Y_\mathrm{w}, Z_\mathrm{w}, 1)$,在摄像机坐标系下为 $(X_\mathrm{C}, Y_\mathrm{C}, Z_\mathrm{C}, 1)$,则两者存在如下关系:

$$
\begin{bmatrix} X_\mathrm{C} \\ Z_\mathrm{C} \\ 1 \end{bmatrix} = \begin{bmatrix} \boldsymbol{R} & t \\ 0 & 1 \end{bmatrix} \begin{bmatrix} X_\mathrm{w} \\ Y_\mathrm{w} \\ Z_\mathrm{w} \\ 1 \end{bmatrix} \tag{3.49}
$$

为了将图像坐标系和世界坐标系联系起来,将式(3.49)代入式(3.48),得到

$$
Z_\mathrm{C} \begin{bmatrix} u \\ v \\ 1 \end{bmatrix} = \boldsymbol{K} \begin{bmatrix} \boldsymbol{R} & t \end{bmatrix} \begin{bmatrix} X_\mathrm{w} \\ Y_\mathrm{w} \\ Z_\mathrm{w} \\ 1 \end{bmatrix} \tag{3.50}
$$

其中,$\boldsymbol{R}$ 为 3×3 正交单位矩阵,表征旋转量;t 为三维平移向量,两者由摄像机相对于世界坐标系的方位决定。

3.5.2　多摄像头协作目标检测方法

实现多摄像头目标感知的第一步为目标检测,本章采用图像平面的背景去除算法,结

合基于三维投影的目标定位修正算法实现。基于运动反馈的目标检测算法也适用于本章中分别针对各视角图像的目标检测。然而,在以人为主要目标的场景中,人的行为较车辆更为复杂、随机,身体区域的纹理和颜色信息也更加丰富。因此,多目标间的互遮挡和团块粘连情况更为常见,且持续时间更长,单纯利用单视角图像信息已无法解决这一问题。将多个不同视角图像信息结合,能够取长补短,达到修正目标检测结果的目的。为了提高匹配效率,这里采用了基于地平面的投影匹配,即假设当前帧目标的脚部区域均在地平面上,且背景去除后的前景团块中正确包含了脚部区域。下文中将不同视角图像中对应的同一目标检测团块称为匹配团块。基于多摄像头的目标检测算法流程为:在完成图像平面背景去除后,首先建立目标特征模型,再进行地平面投影目标匹配。针对地平面投影匹配可能产生的错匹配问题,采用 HOG 特征进行修正。

3.5.3 多图像匹配的目标特征模型建立

目标特征模型建立的基础是前景目标区域的确立,算法通过在背景去除后的图像中进行团块分析来提取前景目标区域。当人作为目标时,其外表组成比车辆更加复杂,因此很难得到前景目标的完整像素集合,尤其在人的部分区域颜色与背景接近时,常常会得到如图 3.15(b)所示的背景去除后图像,画面左侧女士的头部区域不能完整被检出。从图 3.15(b)中明显可以看出,头顶和身体被分离为两个区域。此时,为了能够将这两部分的像素聚合,使用普通开运算时需要将膨胀系数设置为较大值。这一设置的结果可能如图 3.15(d)所示,即虽然实现了有效区域的像素组合,但同时放大了噪声点区域,没有实现利用腐蚀去噪的目的。

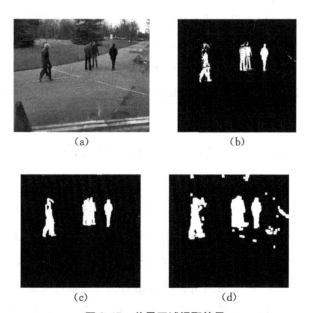

(a)　　　　　　　　　　　　　　　(b)

(c)　　　　　　　　　　　　　　　(d)

图 3.15　前景区域提取结果

(a)原始图像;(b)背景去除后图像;(c)本章算法结果;(d)普通开运算结果

为了能得到如图 3.15(c)所示的结果,需要针对人体团块的特征进行形态学处理。人体轮廓通常为纵向椭圆,因此采用单向的腐蚀和膨胀算法会更加适合人体区域的检测,如横向腐蚀和纵向膨胀相配合的方法。

完成团块分析后,将视角 k 图像中的目标 i 表示为 $x_{\{k\}}^i = \{P_{\{k\}}^i, (\text{width}_{\{k\}}^i, \text{height}_{\{k\}}^i), v_{\{k\}}^i, HOG_{\{k\}}^i\}$,其中包含位置 $P_{\{k\}}^i$,大小信息($\text{width}_{\{k\}}^i$,$\text{height}_{\{k\}}^i$),速度信息 $v_{\{k\}}^i$,和方向梯度直方图(HOG)信息 $HOG_{\{k\}}^i$。

2005 年,HOG(方向梯度直方图)特征由达拉尔(Dalal)等首次提出,首先将其应用于静态图像的行人检测问题,之后又扩展至视频图像中的人的检测。HOG 的核心思想是获取团块中各部分梯度方向和大小的统计信息。算法的预处理步骤不同于其他特征,其计算过程可以省略一些如归一化颜色值的步骤,因为在之后的计算过程中也能达到同样的效果。因此,在将前景团块转化为灰度图像后,首先计算图像的梯度信息。计算图像梯度信息的方法很多,这里使用最简单的卷积核求取,卷积核形式包含横向和纵向两种:

$$\begin{bmatrix} -1 & 0 & 1 \end{bmatrix}, \quad \begin{bmatrix} -1 \\ 0 \\ 1 \end{bmatrix} \tag{3.51}$$

实验证明,3×3 的 Sobel 算子和斜角卷积核的效果在行人检测中都表现很差。所以,结论是:模板越简单,效果反而越好。

在完成基于灰度图像的梯度计算后,第二步是建立单元格直方图。将目标团块分为 $n \times n$ 大小的单元格,每个单元格内的每个像素对方向直方图进行投票。单元格的形状和大小可以按需要给定,方向的取值范围可以为 0~180°或者 0~360°。本章算法将团块分为多个 6×6 大小的矩形单元格,单元格内的像素梯度方向范围为 0~180°,同时将方向分为 9 个通道。像素点 $L(x, y)$ 的梯度大小 $R(x, y)$ 和方向角度 $\text{Ang}(x, y)$ 的计算方法为:

$$R(x, y) = \sqrt{(L(x+1, y) - L(x-1, y))^2 + (L(x, y-1) - L(x, y+1))^2} \tag{3.52}$$

$$\text{Ang}(x, y) = \arccos[(L(x+1, y) - L(x-1, y))/R] \tag{3.53}$$

为了反映照明和对比度在特征中的变化,需要将梯度强度局部归一化,即把单元格集结成更大的空间相连的区域块。由于每个单元格由多个不同的区域块共享,因此每一个区域块被称为重叠块,块与块之间的重叠单元格数为 1。则若前景目标团块大小为 36×36,单元格大小为 6×6,每个重叠块包含 2×2 个单元格,则 HOG 算子的总特征维数为 $N = 5 \times 5 \times (2 \times 2 \times 9) = 900$。

3.5.4 地平面目标投影特征匹配方法

多摄像头监控相较单摄像头的优势在于不同角度观测具有重叠区域的场景时,同一目标均存在遮挡的概率大大减小,即大多数情况下,总能在同一帧图像组中找到任意目标的独立无遮挡团块的图像。采取地平面目标投影特征匹配算法,实现多角度图像帧中的目标匹配,以完成在跟踪前对目标检测结果的修正。如图 3.16 所示,以两个视角图像序列为例,第一和第二行中图 3.16(a),3.16(b)分别对应同一帧不同视角的图像,在两视角重叠观测区域中存在 4 个相同目标。分别对图 3.16(a),3.16(b)进行背景去除后得到相应二值图像。以此二值图像为观测图像,找出两二值图像中对应的两个人并圈出,如绿色箭头圈出的定义为目标 1,红色箭头圈出的定义为目标 2。将两图中的 4 个检测团块放大,可以看出上下两幅图中对应两团块无论在外形或尺寸上都有很大区别。但如果将两个影像还原回世界坐标系中,则是完全吻合的 2 个人。将目标团块向世界坐标系的地平面投影的过程,可以看成将摄像机比作光源,照射到目标后,在不同角度产生的物体的影子。在这种情况下,无论摄像机位置如何,人的脚在地平面的位置是永远不变的。因此,地平面目标投影匹配算法的思想是,计算各团块在地平面的投影区域,找到两个在脚部区域交叉的投影,即为匹配目标。

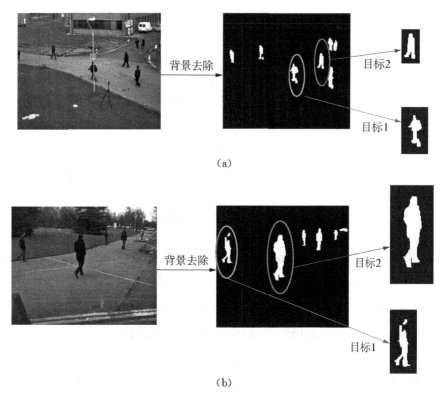

(a)

(b)

图 3.16　两视角图像中相同团块示意

(a) 图像 1;(b) 图像 2

　　根据摄像头标定算法，能够计算出各视角图像中任意目标在世界坐标系中的坐标，为了减小计算量，采用团块分析得到的矩形框表示目标区域，将矩形框的 4 个顶角的图像坐标分别代入式(3.50)，并设定 $Z_w=0$，即假设将目标投影到世界坐标系的地平面，可以求得相应的 (X_w, Y_w)。目标团块投影后得到的是地平面上的不规则四边形区域，则在假设目标脚部区域在地平面上的情况下，同一目标的投影区域必然相交。如图 3.17 所示的平面中，两图像正确匹配的两团块重叠区域为脚部投影区域，但同时也存在错误匹配区域，其原因有两点：①目标检测团块存在误差甚至错误，所以地平面上的投影也并非目标原型的精确投影，造成无法精确判断投影中确切的脚部区域，由此无法判断投影产生交叉的两个团块是否为匹配目标；②因为摄像头假设的位置不同，对近地面假设的摄像机而言，其地平面上的目标投影被无限拉长，造成多目标场景中不同目标的投影在不同区域产生重叠，并由此造成错误的匹配，如图 3.17 中"错误的匹配"箭头所指情况所示。

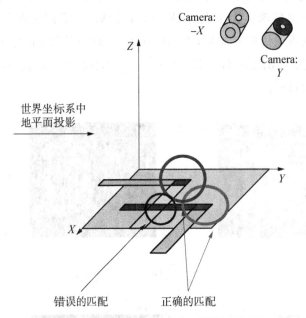

图 3.17　世界坐标系中地平面投影匹配示意

　　为了区别不同视角图像中目标的正确匹配与错误匹配，本算法采用 HOG 特征匹配实现。根据 Bhattacharyya 相似系数，定义视角 k 图像中目标 i 的 HOG 特征 $\mathrm{HOG}^i_{\{k\}}$ 与视角 g 图像中目标 j 的特征 $\mathrm{HOG}^j_{\{g\}}$ 间的距离 $d[\mathrm{HOG}^i_{\{k\}}, \mathrm{HOG}^j_{\{g\}}]$，如公式(3.54)。当 $d[\mathrm{HOG}^i_{\{k\}}, \mathrm{HOG}^j_{\{g\}}]$ 小于一定阈值时，表示 i 和 j 为匹配目标。

$$d[\mathrm{HOG}^i_{\{k\}}, \mathrm{HOG}^j_{\{g\}}] = \left[1 - \sum_{n=1}^{N}(\mathrm{HOG}^i_{\{k\}}(n), \mathrm{HOG}^j_{\{g\}}(n))^{1/2}\right]^{1/2} \quad (3.54)$$

　　目标匹配效果如图 3.18 所示，其中左右两幅图像分别来自不同视角的同一帧图像，每一个被检测出的目标采用不同颜色的矩形框表示,其中两幅图中相同颜色矩形框表示相匹配目标,如图 3.18(a)中路灯下的目标与图 3.18(b)中最左侧目标为同一人,用蓝色框表示。而图 3.18(a)右上角并排行走的两个人在图 3.18(b)中没有匹配目标,因此在图 3.18(b)图中没有相同颜色的矩形框目标。

(a)　　　　　　　　　　　　　　　(b)

图 3.18　实际场景中相同目标匹配效果

(a) 场景 1;(b) 场景 2

寻找不同视角图像中匹配目标的目的不仅仅为了找到同一目标,还为了实现目标检测结果的修正。如图 3.19 所示,根据世界坐标系的地平面投影可以判别,在团块 A 和 B 中包含相同目标。然而根据背景去除后的图像显示,团块 A 和 B 的目标检测结果均存在错误。此时计算团块的宽长比,若 blob_w/blob_h>Threshold,则说明可能存在团块粘连的情况。两团块分割后的效果如图 3.19 中"修正结果"所示。

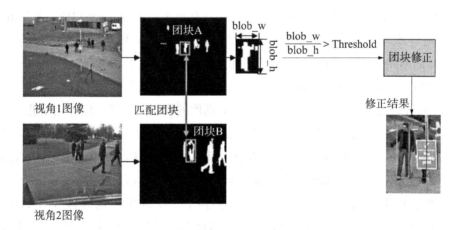

图 3.19　通过三维空间匹配实现的检测团块修正

3.5.5　目标分块匹配跟踪修正方法

目标检测结果经过修正后,仍然在各图像平面中分别进行跟踪。跟踪估计采用粒子滤波完成,得到当前帧目标最优估计位置。然而,由于在实现目标检测算法修正时,对目标团块脚部区域的位置进行了假设,这一假设不一定符合实际情况,因此在跟踪后期需要进行进一步修正,修正采用分块匹配修正算法完成,如图 3.20 所示。

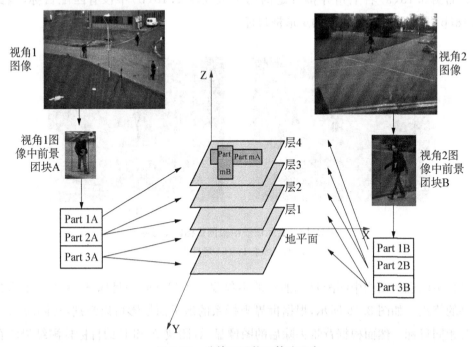

图 3.20　分块匹配修正算法示意

如图 3.20 所示,左右两边分别显示同一帧的两个视角拍摄图像,选择其中同一人的目标区域抠出,分别称为团块 A 和 B。由于人站立在地平面上,即脚底对应三维空间 $Z_w =$ 0 的平面,则当 Z_w 大于 0 小于人的空间高度 Z_{height} 时,不同 Z_w 值对应的 $X_wO_wY_w$ 空间平面均与人体的不同部位区域存在交集,从下到上分别是腿、躯干和头部。分块模糊投影的核心思想是当 Z_w 值小于人的空间高度 Z_{height} 时,同一目标从不同视角投影至世界坐标系中相同 Z_w 的 $X_wO_wY_w$ 平面上时,人体处于 Z_w 高度的横切面区域一定存在重叠。也就是说,若将不同视角图像目标投影至世界坐标系的 $Z_w = z_m$ 平面($0 < z_m < Z_{height}$),则必然在人的 z_m 高度位置,不同视角的投影存在重叠。但是,由于无法得到目标坐标的实际值,也就无法准确得到不同视角图像匹配团块相同位置的准确坐标值。因此,在算法中,采用了模糊匹配的方法,将目标团块分为 3 等分,自上到下 3 个区域分别称为 part 1, part 2, part 3,分别投影至 5 层空间平面。根据人身高可能对应的最大值,按 0 到 Z_{height} 将 Z_w 平均划分为 5 等分,即在世界坐标系中可以得到 6 个不同 Z_w 值的空间平面。去除 Z_{height} 对应的 $X_wO_wY_w$ 空间平面外,包括地平面在内的 5 个平面为待投影空间平面,根据 Z_w 从小到大编号依次为地平面及 1～4 层,如图 3.20 中间区域所示。

按照图 3.20 箭头所指,将目标团块平均划分的自上到下 3 个区域分别称为 part 1, part 2, part 3,其中 part 1 投影至第 4 层,part 2 投影至第 3 和第 2 层。part 3 投影至第 1

层和地平面。根据投影在不同层的重叠情况，可以投票得到任意两个团块的匹配概率。若这一匹配概率大于阈值，则标记为 1，否则为 0。以图 3.21 为例，图中显示了两个摄像机拍摄视频分别在第 395 帧、396 帧和 397 帧的图像，在连续 3 帧中，左侧图像中存在 3 个人，即 3 个目标。右侧图像中有 1 个人和 1 辆车，即 2 个目标。3 帧的匹配结果显示在图 3.21 右侧统计表中，左侧图像称为图像 1，右侧图像成为图像 2。图像中被跟踪目标中心标识的红色数字表示团块标号，如图像 1 中从左至右 3 个人的标号分别为 3，1，2，而图像 2 中人的标号为 1，车的标号为 2。根据统计表显示，仅有图像 1 中团块 3 和图像 2 中团块 1 相匹配，即得到匹配结果为两视角画面中只存在一个相同目标。

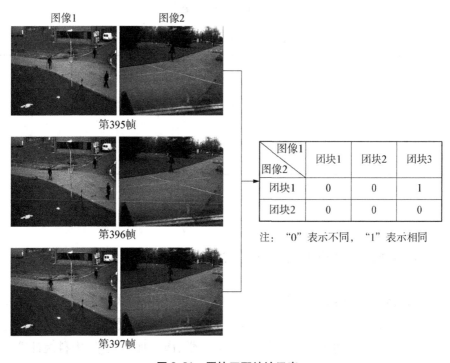

图 3.21　团块匹配统计示意

图 3.22(a) 中显示了目标检测后常见的错误，在这一场景中心处的 3 个人相互间存在遮挡，因此将 3 个目标检测为同一团块。在图像 2 中显示的是另一视角的同一帧图像，在这个角度观察，3 个目标为 3 个独立团块。基于图 3.22 采用本章提出的分块匹配修正算法得到的统计表如表 3.4 所示，最终匹配结果为图像 2 中团块 1，2，3 均对应图像 1 中的团块 3。

在图像 3.22(a) 中还可以观察到：团块 4 同样为粘连团块，但由于两个目标均未出现在图像 3.22(b) 中，所以无法修正。在这里需要说明，团块的标号是按照图像帧中目标出现的顺序标识的，在图像 3.22(a) 序列中标号 2 对应团块已经离开拍摄画面，所以只存在团块 1，3 和 4。

(a)　　　　　　　　　　　　　　　　(b)

图 3.22　团块匹配跟踪效果

(a) 图像 1；(b) 图像 2

表 3.4　团块匹配统计表

图像2 ＼ 图像1	团块 1	团块 3	团块 4
团块 1	0	1	0
团块 2	0	1	0
团块 3	0	1	0

3.6 » 异常检测技术在电力设施智能监控中的应用

目前国内研究智能图像监控的团队有中科院自动化所模式识别国家重点实验室、北京大学视觉与听觉信息处理国家重点实验室及清华大学智能技术与系统国家重点实验室。除此之外,如上海交通大学、北京航空航天大学、南京理工大学、中科院计算所、国防科技大学、西安电子科技大学、中国科学院光电技术研究所、华中科技大学图像识别与人工智能研究所等,都在智能图像监控领域开展了大量的研究工作,并取得了研究成果。目前的研究成果包括:通过对变电站监控图像进行 SIFT 特征匹配,并通过 RANSAC 算法去除错误结果,最后使用 OTSU 算法得到电力铁塔的倾斜角度,来判断变电站监控图像中的电力铁塔是否倾斜,并用 HSV 颜色直方图来检测监控图像中变压器的渗漏油情况;基于模板匹配实现电力变压器的套管识别,通过计算不同图像间的特征相似度得出识别结果,并且使用一次粗匹配和一次精匹配来提高匹配的速度;用颜色直方图作为特征来检测监控图像中的变压器是否存在漏油情况;通过建立光在烟气层内的多散射模型识别发生火灾的建筑物内弯腰捂鼻跑动的人员;以人员区域的颜色直方图特征训练 SVM 分类器来进行人员识别;通过粒子滤波算法跟踪运动的人员区域等。

参考文献

[1] COMANICIU D, MEER P. Mean shift: a robust approach toward feature space analysis [J]. IEEE Trans. on Pattern Analysis and Machine Intelligence, 2002,24 (1): 603 - 619.

[2] MAGGIO E, CAVALLARO A. Accurate appearance-based Bayesian tracking for maneuvering [J]. Computer Vision and Image Understanding, 2009,113(4): 544 - 555.

[3] MCKENNA S. Tracking groups of people [J]. Computer Vision and Image Understanding, 2000,80(1): 42 - 56.

[4] SHAO JIE, JIA ZHEN, LI ZHIPENG, et al. Feedback strategy on real-time multiple target racking in cognitive vision system [J]. Optical Engineering, 2011, 50(10),53 - 57.

[5] GREWE L, KAK A. Interactive learning of a multi-attribute hash table classifier for fast object recognition [J]. Compute Vision Image Understand, 1995,61(3): 387 - 416.

[6] ROWLEY H, BALUJA S, ANDKANADE T. Neural network-based face detection [J]. IEEE Transactions on Pattern Analysis and Machine Intelligence, 1998,20(1): 23 - 38.

[7] PAPAGEORGIOU C, OREN M, POGGIO T. A general framework for object detection [C]//Proceedings of IEEE International Conference on Computer Vision. 1998,1: 555 - 562.

[8] VIOLA P, JONES M, SNOW D. Detecting pedestrians using patterns of motion and appearance [C]//Proceedings of IEEE International Conference on Computer Vision. 2003,1: 734 - 741.

[9] MAGGIO E, TAJ M, CAVALLARO A. Efficient multi-target visual tracking using random finite sets [J]. IEEE Transactions on Circuits and Systems for Video Technology, 2008,18(8): 1016 - 1027.

[10] XU X, LI R. Adaptive rao-blackwellized particle filter and its evaluation for tracking in surveillanee [J]. IEEE Transactions on Image Processing, 2007,16(3): 838 - 849.

[11] PAN P, SCHONFILD D. Dynamic proposal variance and optimal particle allocation in particle filtering for video tracking [J]. IEEE Transaction on Circuits and Systems for Video Technology, 2008,18(9): 268 - 1279.

[12] BOUAYNAYA N, SCHONFELD D. On the optimality of motion-based particle

filtering [J]. IEEE Transactions on Circuits and Systems for Video Technology, 2009,19(7): 1068 - 1072.

[13] LEICHTER I, LINDENBAUM M, RIVLIN E. Mean shift tracking with multiple reference color histograms [J]. Computer Vision and Image Understanding, 2010, l14(3): 400 - 408.

[14] 蔡荣太. 非线性自适应滤波器在电视跟踪中的应用[D]. 北京: 中国科学院,2008.

[15] WU Y, FAN J. Contextual flow [C]//Proc. 2009 IEEE International Conference on Computer Vision. Miami, FL, USA. IEEE Press, 2009: 33 - 40.

[16] LIN D, GRIMSON E, FISHER J. Modeling and estimating persistent motion with geometric flows [C]. CVPR 2010, San Francisco, CA, USA, 2010: 1 - 8.

[17] LEYRIT L, CHATEAU T, TOURNAYRE C, et al. Association of AdaBoost and Kernel based machine learning methods for visual pedestrian recognition [C]. Intelligent Vehicles Symposium, IEEE, 2008: 67 - 72.

[18] OKUMA K, TALEGHANI A, FREITAS D, et al. A boosted particle filter: Multitarget detection and tracking [C]. ECCV, 2004: 28 - 39.

[19] TRAN S, DAVIS L. Robust object tracking with regional affine invariant features [C]. Proc. IEEE ICCV, 2007: 1 - 8.

[20] ZHONG F, QIN X Y, CHEN J Z, et al. Confidence based color modeling for online video segmentation [C]. ACCV09, Xi'an, China, 2009: 697 - 706.

[21] WEI D, JUSTUS P. Multi-camera people tracking by collaborative particle filters and principal axis-based integration [C]. Proc. of the 8th Asian Conference on Computer Vision, 2007: 365 - 374.

[22] ARSIC D, HRISTOV E, LEHMENT N, et al. Applying multi-layer homography for multi-camera person tracking [C]. Second ACM/IEEE International Conference on Distributed Smart Cameras, 2008: 1 - 9.

[23] SAAD M K, MUBARAK S. Tracking multiple occluding people by localizing on multiple scene planes [J]. PAMI, 2009,1(3): 505 - 519.

[24] JAVED O R, ALATAS O. Knight: a real-time surveillance system for multiple overlapping and on-overlapping cameras [C]//Proceedings of the IEEE International Conference on Multimedia and EXPO, 2003,1: 6 - 9.

[25] CAI Q, AGGARWAL J. Tracking human motion using multiple cameras [C]. Proceedings of the International Conference on Pattern Recognition, Vienna, Austria, 1996: 68 - 72.

[26] DELAMARRE Q, FAUGERAS O. 3D articulated models and multi-view tracking with physical forces [J]. Computer Vision and Image Understanding, 2001,81:

328 - 357.

[27] DEUTSCHER J, DAVISON A, REID I. Automatic partitioning of high dimensional search spaces associated with articulated body motin capture [C]. Proceedings of the IEEE Conference on Computer Vison and Pattern Recognition, Kauai, Hawaii, 2001,2: 669 - 676.

[28] TAJ M, CAVALLARO A. Multi-camera track-before-detect [C]//Proc. of ACM/ IEEE Int. Conf. on Distributed Smart Cameras (ICDSC09), Como, IT, 2009: 1 - 6.

4

电力人员安全设备佩戴自动识别

由于施工现场工作环境的缘故，人们经常看到电力、建筑、煤矿、石油、炼钢等行业的作业人员佩戴安全帽来保证人身安全。安全帽可以防止突然飞来物体对头部的打击；防止从 2~3m 以上的高处坠落物体时对头部造成伤害；防止头部遭电击；防止化学和高温液体从头顶浇下时头部受伤；防止头发被卷进机器里；防止头部暴露在粉尘中。小小的安全帽价格便宜但带来的安全作用却是巨大的，也是施工现场必不可少的防护工具，但很多时候却得不到应有的重视。尽管相关企业三令五申要求作业人员增强安全意识，及时佩戴安全帽，但施工现场作业人员依旧由于安全意识不强、追赶进度，导致生产和作业现场事故频频发生。安全的警钟时刻提醒着大家必须进行人员安全素质的教育，但是在人员素质提升的过程中，必要的行为监督仍然不可缺失。由于生产现场分布广、设备多、环境恶劣、交叉作业、生产监督人员有限等原因，很难实现施工现场全方位、全过程的人工监控，因此，有必要采用现代化的技术手段，对施工现场进行视频实时监控[1]。目前主要的管理办法除了现场人工监督，还有在施工现场安装摄像头、管理人员室内监控等，但这都离不开大量人员的投入，不仅造成人力资源的浪费，而且人工监视费时费力，由于场景多变及检测人员自身原因等很容易造成误检和漏检[2]。随着计算机技术、机器视觉和模式识别技术的发展，安全帽佩戴自动监测及预警系统的研究开发成为热点。系统研究的目标：对未佩戴安全帽的违规作业人员自动监测，无须人工参与，自动发出警告并及时提醒，杜绝一切安全隐患，保障人民群众的生命安全和财产安全。整个系统可以包括视频采集、视频分析、人员定位、安全帽未佩戴目标检出与跟踪、报警及记录。

4.1 » 概述

安全帽佩戴视频检测作为目标检测的一种，对于安全生产有着重要的意义和应用价值，目前安全帽检测研究，国内外学者已经做了大量的工作。杜思远[3]在背景差分法提取的前景目标基础上，根据人体长宽比等，采用最小矩形图像分割法对前景目标区域进行分割,实现作业人员安全帽佩戴状态区域的初步定位,然后利用 HOG 特征的可变形部件模型完成安全帽佩戴状态识别判断。Park 等[4]首先通过 HOG 特征提取来检测人体,接着采用颜色直方图识别安全帽。刘晓慧等[5]采用肤色检测的方法定位到人脸区域,然后提取脸部以上的 Hu 矩特征向量,最后利用 SVM 完成对安全帽的识别。赵震[6]提出基于 OpenCV 的图形图像处理技术,在人体识别的基础上,辨别出施工人员安全帽佩戴情况,一定程度上降低了安全隐患。但基于 Haar 级联分类器训练的安全帽检测算法精度低且受环境影响明显,难以区分安全帽是否已经佩戴。李琪瑞[1]提出了基于人体识别的安全帽视频检测系统的理论和算法,包括基于背景减除法的运动目标检测,以及背景减除法的特点与适用场景,研究了如何定位头部区域的方法以及安全帽颜色特征的计算,但该算法的精度过于依赖人体识别的准确性,施工作业现场环境复杂、设备繁多,人体过多被设备遮挡住,因此人体识别的准确度会低于通常状态。贾峻苏等[7]依托可变形部件模型,将 3 类特征(局部二值模式直方图、梯度方向直方图以及颜色特征)组合,完成安全帽的检测,该方法设计过程非常复杂且特征的计算量较大。Rubaiyat 等[8]提取图像的频域信息、方向梯度直方图、圆环霍夫变换(circle hough transform,CHT)特征、颜色特征的 4 种底层特征,2 种特征用于人工检测,再结合后 2 种特征完成安全帽检测,但方法整体的准确率较低且只能检测特定颜色的安全帽。总之,以上算法的实现效果可以在一定程度上满足施工场地安全帽检测的要求,但存在检测精度较低、泛化能力差等问题,且这些方法的共同特点是完全基于提取的人为设计选取的底层特征,采用传统的机器学习算法进行识别分类,对算法设计者要求有较高的图像知识和丰富的实践经验,不但费时费力,而且泛化能力较差,难以适应光照等条件的变化[9]。

近年来,随着神经网络的发展,出现了很多基于卷积神经网络的安全帽检测算法,例如基于 R-CNN 等局部候选框分类算法或者类似于 YOLO 等基于端到端的目标检测算法,相对于前一种基于局部候选框分类的模式,由端到端模式的算法在牺牲部分精度的基础上实现实时速度的提高。

从现在的研究情况和技术进展来看,想要找到一种在任意场景下都能自动识别安全帽佩戴与否的方法还是比较困难的。比如在厂区入口上班期间,集中进入厂区人员较多,要求安全帽检测系统不但准确,而且速度要快。而施工现场人员存在姿势不统一,或站立、或蹲着、抑或互相遮挡。所以在厂区入口处,可以考虑将考勤和安全帽佩戴功能结合在一起,利用工人在进入厂门口时正好是正面照的特点,在基于面部特征进行脸部定位的基础上,利用 VGG 神经网络对安全帽佩戴进行检测[9]。该检测方法可以将动态视频流数据转化为静态检测,且检测效果良好,检测精度大幅度提高,有效减少了参数过多、内存占用过大等问题,具有较强的实际利用价值。算法流程如图 4.1 所示。VGG 神经网络算法可以检测在摄像头前被检测人是否佩戴安全帽并给予提醒警示,并可以嵌入到考勤系统中。

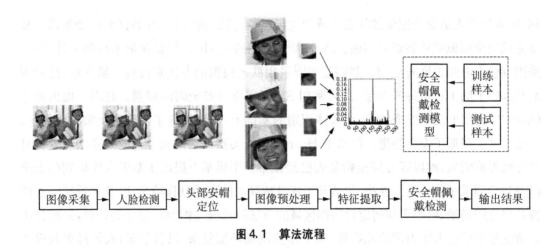

图4.1　算法流程

4.2 » 头部安全帽特征提取算法

4.2.1　人脸检测

　　人脸检测的目标是自动搜索图像中所有人脸对应的位置,并输出人脸框在图像中的坐标。人脸检测与识别技术在人脸考勤、人脸比对、公共安全、智能人机交互、视频会议和固定场所出入等众多应用领域中具有重要的应用价值,也逐渐成为目前计算机技术应用与模式识别等领域中的一大研究热点。人脸检测是后续人脸识别、人脸表情分类等图像分析应用的基础,在图像中如何快速、准确地确定人脸外接矩形的位置是人脸检测的主要工作,也是在人脸相关研究方向中具有挑战性的任务之一[10]。

　　经过国内外大量科研人员的研究,人脸检测技术得到了快速的发展。第一类方法是早期的人脸检测算法,主要采用人脸模板图像对被检图像中的各个位置进行匹配,从而确定搜索位置是否有人脸存在。这种方法往往对正面采集的人脸图像识别效果较好,但是受拍摄角度影响较大,适应范围较窄。第二类方法是基于人为设定的特征提取的检测算法,这种算法主要提取人脸的固有的本质特点,比如人脸包括的眉毛、嘴唇、鼻子等,通常使用肤色特征、纹理特征、边缘特征以及人脸的形状特征,但这种方法由于提取的特征受光照、遮挡、干扰物的影响较大,因此,算法也有极大的局限性。第三类方法就是基于分类器(包括神经网络方法、支持向量机方法和隐性马尔可夫模型算法)的方法,用大量的人脸样本和非人脸样本进行训练,得到一个代替早期人脸模板的二值分类器,用该分类器在待测图像中,从左到右、从上到下进行扫描,对每个扫描图像块进行人脸与非人脸分类,显然这种方法测试较大图像时耗时较大,无法实时使用[11]。目前最为经典的人脸检测技术是由维奥拉(Viola)和琼斯(Jones)设计的一个快速而准确的人脸检测器,在AdaBoost分类算法的基础上采用Harr-Like特征和积分图方法结合实现滑动窗口搜索策略进行人脸检测[12]，然而相当多的研究显示，该算法对有大量视觉影响的人脸图片，检测性能急剧下降。卷积神经网络在图像分类问题上取得成功之后很快被用于人脸检测，在精度上大幅度超越之前的 AdaBoost 框架。本节实验采用多任务级联卷积神经网络（MTCNN）方法对人脸进行检测和关键点的粗略定位[13]。该算法主要有 3 个阶段组成：①浅层的 CNN 快速产生候选窗体；②通过更复杂的 CNN 丢弃大量的重叠窗体，精炼出候选窗体；③使用更加强大的 CNN 实现候选窗体选取，最后保留候选窗口并显示 5 个面部关键点。

4.2.2 头部安全帽定位

强调头部安全帽定位，是因为本节设计的系统不仅仅检测安全帽，还要检测安全帽是否佩戴。如果单独检测安全帽，就无法辨别安全帽是否已经佩戴，比如安全帽只是出现在施工工人手中，基于此类方法便会出现误检现象。因此本设计先检测人脸矩形区域，根据矩形区域计算人脸长度，然后按照安全帽工业标准尺寸与人脸检测区域按比例扩大图片。

4.2.3 安全帽特征提取

当图像数据非常大时，对图像进行直接识别要处理巨大的数据量，导致系统负荷太重，且实时性无法满足工程应用的需求。特征提取实际上就是去除冗余信息，进行图像数据降维的过程，目的是提取能代表图像语义特征的本质属性。良好的特征应具有可区分性、不变性、突出性以及数目小等特点[14]。

1. 传统特征的提取方法

不变矩是图像中具有平移、旋转和比例因子的不变性数学特征，作为图像的几何特征，被广泛使用在模式识别和图像匹配等领域。刘晓慧等[5]采用了 Hu 矩作为安全帽识别的主要特征，图像的边缘可以看作由特定梯度方向的边缘像素点构成。统计每个梯度方向的边缘像素数构造边缘梯度方向直方图，能较好地反映目标的形状、结构和纹理信息，而且运算速度高[15]。纹理是图像重要的视觉特征，其描述方法主要有灰度共生矩阵、Tamura 纹理、小波变换、局部二值模式（local binary pattern，LBP）等。其中 LBP 是目前最有效的纹理特征分析算法之一，它通过比较图像中每个像素与其邻域内其他像素的灰度差异来描述图像局部纹理模式。具有计算简单、对线性光照变化具有不变性等特点，已经广泛应用于人脸和指纹识别、背景提取和图像检索等领域[16-17]。此外，还有应用较为广泛的颜色特征，比如颜色直方图。但大多数都存在计算复杂、冗余度高的问题。而且它是提取图像的局部浅层特征，缺乏提取更重要、全面和抽象特征的能力。

2. 基于深度学习的提取方法

传统特征提取方法需要依靠人的经验知识，对算法设计者要求具有较高的知识背景和丰富的图像知识。深度学习算法通过模拟人脑学习原理自动、客观地提取图像相关特征，根据对训练样本的学习、不断修改和更新网络权值，最终使网络模型提取具有更强描述能力的高层特征，达到较高的检出率。如在目前应用最广泛的卷积神经网络模型中，通过卷积运算产生特征图,每个卷积核就好比一个特征提取器,可以自动提取出输入图片或特征图中的形状,颜色等特征。当卷积核滑动到具有这种特征的位置时,便会产生较大的输出值,从而达到激活的状态。因此卷积神经网络可以根据视觉处理任务的改进,从大量训练数据库中提取未定义的特征,无须人工先验知识,能很好地推广到未被训练的场景。此外,采样池化层的使用还可以降低特征图的数据量,同时卷积神经网络能够拟合大部分的函数问题,将一些关系不明显的隐式关系清晰地表现出来,可以对神经元各层的输出进行特征可视化[12]。正是由于深度学习避免了对图像进行复杂的前期预处理,可以直接输入原始图像,因而得到了更为广泛的应用。

4.2.4 安全帽佩戴识别算法

安全帽佩戴与否实际上是一个两分类的问题,通常采用 SVM 算法、贝叶斯分类和深度学习方法。

(1) SVM 的基本思想是通过非线性变换将输入空间投射到一个高维空间中,以构造最优的线性分类面,将给定的属于两个类别的训练样本分开。在一般非线性问题和小样本的情况下,SVM 具有很强的泛化能力,可以有效地发挥其优势,但需要做合适的参数调试。

(2) 贝叶斯分类器的分类原理是根据待测对象的先验概率,利用贝叶斯公式计算出其后验概率,即该对象属于某一类的概率,选择具有最大后验概率的类作为该对象所属的类,但如果输入变量是相关的,则会出现问题。

(3) 深度学习是一个复杂的机器学习算法,在语音和图像识别方面取得的效果,远远超过先前相关技术。其中最热门的是卷积神经网络,将特征提取和安全帽分类集成于一体,提供端到端的学习方式。在进行安全帽佩戴与否分类中,卷积神经网络可以直接将目标图像作为输入,根据正负训练样本的学习,自动调整网络模型的内部参数,通过反馈迭代实现最优化参数结构,避免了人为设定特征提取的图像预处理部分。

4.3 » 基于深度学习的安全帽佩戴识别算法

随着深度学习的提出和发展,人们越来越感受到它的优越性,尤其是在目标检测领域里,相比于传统通过手工设计特征实现的方法,深度学习无须先验知识的自动特征提取越来越获得学者青睐。相应地,很多研究人员提出了一系列基于深度学习的目标检测算法[18-19]。一类是 2014 年 Girshick 等[20]提出的区域卷积神经网络(R-CNN),将卷积神经网络带入了目标检测领域,但 R-CNN 用 CNN 反复提取图像中每个候选区域的特征信息,而一幅图像通常可能包含上千个候选区域,因此可以推测这种特征提取操作必然导致大量计算。为了解决这个问题,Girshick 等[21]、Ren 等[22]和 Nong 等[23]分别提出了快速区域卷积神经网络(Fast R-CNN)、超快区域卷积神经网络(Faster R-CNN)和 R-FCN。Fast

R-CNN 将整个图像归一化后直接送入 CNN 网络,卷积层不进行候选区的特征提取,而是在最后一个池化层加入候选区域坐标信息,进行特征提取的计算,相对于 R-CNN 速度有极大的提高,但这类算法的检测结果精度较高,但是速度依旧较慢;另一类是以 YOLO (you only look once)[24] 为代表的将检测转换为回归问题求解,如 YOLO,SSD 等[25],这类算法检测速度较快,但是精度较低且对于小目标的目标检测效果不理想[9]。以上这些算法都是先检测行人区域,再设计一个小的分类网络判断区域内是否存在安全帽,由于采用了粗粒度的标准方法,先标注的是包含安全帽的较大的区域,而不是紧紧包含安全帽的那块区域。很多情况下,安全帽虽然在行人区域内,但这时候并不是处于"佩戴"状态,分类效果并不会太好。厂区入口采用多任务级联卷积神经网络(MTCNN)方法对人脸进行检测,在此基础上采用 VGG 网络架构的深度卷积算法对脸部+安全帽区域进行"安全帽佩戴与否"分类。VGGNet 从网络深度角度出发,对卷积神经网络进行了改进,其训练的两个 16 层和 19 层的网络由于其强大的泛化能力,在随后得到了非常广泛的应用。VGGNet 的主要特点:①网络很深;②卷积层中使用的卷积核很小,且都是 3×3 的卷积核。下面首先介绍深度卷积算法的原理和训练模型。

4.3.1 深度卷积神经网络结构

深度卷积神经网络(deep convolutional neural network,DCNN)可以看作一种以卷积运算为主要特征,具有深度结构的前馈神经网络,是深度学习典型算法之一。CNN 的经典结构始于 1998 年的 LeNet,后期陆续出现 AlexNet,ZF-Net,GoogleNet,VGG,ResNet,ResNeXt,DenseNet。深度卷积神经网络由于通过局部感受野、权值共享和下采样减少了神经网络需要训练的个数,从而大大降低了网络的复杂度,整个过程不需要人工干涉,直接输入图像,避免了传统人工特征提取的烦琐,因此也得到大力推广。在分类模式识别任务中,深度卷积神经网络的最后一个全连层将任务形式转化为目标函数,为使目标函数收敛于一个较小的值,将误差反向传播到每一层,通过层层特征的学习和训练,调整模型参数,最后完成分类。深度卷积神经网络具有多层网络结构,其基本结构主要包括:输入层、卷积层、池化层、全连接层、输出层,如图 4.2 所示。

(1)输入层:将人脸+安全帽区域输入深度卷积网络,在样本不足的情况下可以将图片进行样本旋转、平移、剪切,增加噪声、颜色变换等处理,得到新的样本。

(2)卷积层:卷积层(convolution layer)是由多个神经元组成的特征图(feature map)构成的,每个神经元是通过一个可学习的卷积核连接到上一层的特征图,或输入图像进行局部区域卷积运算,卷积核大小一般为 3×3 或者 5×5 的窗口,再经过非线性函数(如 Sigmoid,ReLU)的作用,就可以生成一张卷积特征图。卷积核的本质就是一个权值矩阵,相当于起过滤作用的卷积处理模板。权值不同,过滤的作用就不同,提取的特征也就不同。一个权值矩阵可以用来提取边缘信息,另一个可能用来提取颜色信息,下一个可能对不需要的噪声进行模糊化,比如权值矩阵中的值都是一样的,那么相当于均值滤波操作,

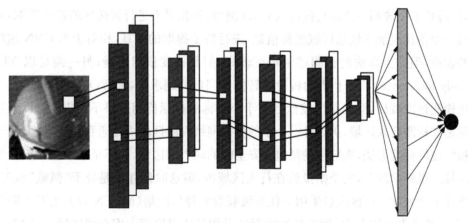

图 4.2　深度卷积神经网络结构

可起到去除噪声的作用;若权值矩阵中取值相差较大,那么相当于锐化作用,会使得部分图像细节突出[26]。有多少卷积核就有多少特征面,特征面的大小为 $N=(W-F+2P)/S+1$,其中,W 为输入的长/宽(输入长宽不一定相等);F 为卷积核的大小;P 为边缘补充个数;S 为步长。卷积过程如图 4.3 所示,计算公式为

$$y_j^l = f\left(\sum_{K_j} w_{m,n}^l \cdot y_j^{l-1} + b_j\right) \tag{4.1}$$

其中,y_j^l 代表第 l 层的第 j 个特征图;$f(\cdot)$ 是激活函数;K_j 是为来自第 $l-1$ 层,作为输入特征图的数量;"$*$"号代表卷积运算;$w_{m,n}^i$ 为卷积核;b_j 是偏置值[27]。

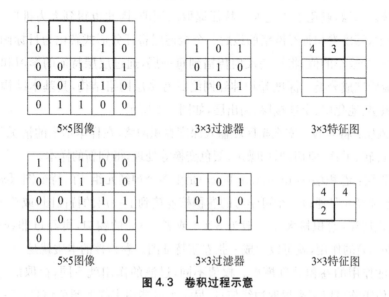

图 4.3　卷积过程示意

对于图像上的每一个点,卷积操作就是把该点的邻近区域数据与模板数据进行"对位乘"后再累加的结果。第一排是步幅为1时的卷积操作,第二排是步幅为2时的卷积操作。从上面运算过程可以看到,整个卷积层中最大的特点是局部连接(又叫稀疏连接)、权值共享(又叫参数共享)。

局部连接:由于图像都具有一定的空间联系,每个像素点都与邻近像素点的相关性强,距离越远相关性越弱。因此,神经元只需连接其前一层局部范围内的像素点,从而学习图像中的局部特征,而不需要连接全局像素点。这些局部信息可以通过更高层综合达到增强信息的目的,从而作为分类任务的基础。如图4.4所示,第 $l+1$ 层的每个神经元

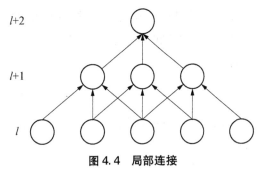

图 4.4 局部连接

只连接 l 层的3个相邻的神经元,而不是所有的5个神经元,因此 l 层只需要 3×3 个权值,而不是 3×5 个权值,意味着 $l+1$ 层只需要训练9个权值,减少 40% 的权值参数训练量。同样在第 $l+2$ 和 $l+1$ 层之间也存在着类似的关系。因此这种局部连接可以大大加快运算速度,也在一定程度上减少了过拟合的可能性。

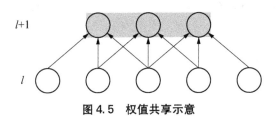

图 4.5 权值共享示意

权值共享:同一特征图上不同的神经元采用的是相同权值矩阵对上一层不同局部感受野进行卷积操作得到的,这样能够大幅度地减少网络运行过程中需要的参数计算量。不同特征图是采用不同的权值矩阵通过卷积获得图片的不同特征,这样不需要特意考虑特征在图片中的具体位置。这种处理方式使得卷积神经网络在分析和处理图片任务上具有显著优势。如图4.5所示的权值共享示意图,同属于第 $l+1$ 层的3个不同的神经元采用相同的参数连接 l 层相邻的神经元。共需要3个权值参数。因此通过局部连接的方法,共需 3×3 个权值参数,再加上权值共享的方法后,现在仅仅需要3个权值,更进一步地减少参数数量,降低网络参数选择的复杂度,并有助于减小过度拟合的风险。

(3)池化层(下采样层):在深度卷积神经网络中,池化层一般在卷积层之后,用来降低各个特征图的维度,压缩数据和参数的量,以提高后续卷积层的处理速度。池化这种下采样操作同时也会降低图像的分辨率,但还是可以保持大部分重要的信息,而且大大降低了网络对图像旋转和平移的敏感性,减少过拟合。池化过程一般采用两种方法,即平均池化(mean pooling)和最大池化(max pooling)。平均池化是选取图像目标局部区域的平均值代替池化后该区域的值;最大池化则是选取图像目标区域的最大值作为池化后的值,计算公式为

$$y_j^l = f(\eta_j^l down(y^{l-1}) + b_j) \tag{4.2}$$

其中,$down(\cdot)$是池化函数;η_j^l是权重系数;$f(\cdot)$是激活函数;b_j是偏置值。

(4)全连接层:卷积神经网络中的全连接层等价于传统前馈神经网络中的隐含层,前期的特征不断进行提取和压缩,最终得到比较高节次的特征,而全连接层上的每一个神经元都与上一层的每一个神经元相连,这就是全连接层和卷积层以及池化层局部连接的根本差异。通过这种方式,把这些高节次的特征综合起来作为输出层的输入,最终通过输出层获得每个类别的后验概率。由于全相连的特性,全连接层参数也是最多的。全连接层的计算公式为

$$y^l = f(w^l y^{l-1} + b_j) \tag{4.3}$$

其中,y^l是神经元的输出;y^{l-1}是神经元的输入;w^l是连接权重;$f(\cdot)$是激活函数;b_j是偏置值。

(5)输出层:全连接层后面就是输出层,对于图像分类问题,输出层使用逻辑函数或归一化指数函数(softmax function)输出分类标签。深度卷积神经网络的训练过程主要是由前向传播和反向传播交替进行。反向传播过程总结如下:

① 池化层的反向传播:已知池化层的 $\boldsymbol{\delta}^l$ 推导上一层的 $\boldsymbol{\delta}^{l-1}$,这一过程一般称为 upsample,推导过程为

$$\boldsymbol{\delta}^{l-1} = \text{upsample}(\boldsymbol{\delta}^l) \odot \sigma'(y^{l-1}) \tag{4.4}$$

② 卷积层的反向传播:

已知卷积层的 $\boldsymbol{\delta}^l$,推导上一层的 $\boldsymbol{\delta}^{l-1}$,公式为

$$\boldsymbol{\delta}^{l-1} = \boldsymbol{\delta}^l \frac{\partial y^l}{\partial y^{l-1}} = \boldsymbol{\delta}^l * \text{rot}180(\boldsymbol{W}^l) \odot \sigma'(\boldsymbol{y}^{l-1}) \tag{4.5}$$

其中,$\text{rot}180(\boldsymbol{W}^l)$ 代表对卷积核进行 $180°$ 翻转操作;$\sigma'(y^{l-1})$ 为激活函数的导数。

③ 参数的更新操作:

卷积层的正向传播过程为

$$\boldsymbol{y}^l = \boldsymbol{y}^{l-1} * \boldsymbol{W}^l + \boldsymbol{b} \tag{4.6}$$

因此参数 $\boldsymbol{W}$ 的梯度为

$$\frac{\partial f(\boldsymbol{W}, \boldsymbol{b})}{\partial \boldsymbol{W}^l} = \frac{\partial f(\boldsymbol{W}, \boldsymbol{b})}{\partial z^l} \frac{\partial y^l}{\partial \boldsymbol{W}^l} = \boldsymbol{y}^{l-1} * \boldsymbol{\delta}^l \tag{4.7}$$

假设 $w=0$,则 $\boldsymbol{y}=\boldsymbol{b}$,梯度 $\boldsymbol{\delta}^l$ 是一个三维张量,$\boldsymbol{b}$ 的梯度就是 $\boldsymbol{\delta}^l$ 的每一通道对应位置求和,并获得误差向量为

$$\frac{\partial f(\boldsymbol{W}, \boldsymbol{b})}{\partial \boldsymbol{b}^l} = \sum_{u, v} (\boldsymbol{\delta}^l)_{u, v} \tag{4.8}$$

深度卷积神经网络具体训练过程:前向传播将输入的图像数据,经过多层卷积和池化

处理,逐层计算神经元的输出,并与目标值相减得出误差,当误差大于设定的期望值时,再将误差一层一层地返回,通过反向传播算法进行权值更新,不断地迭代,直到损失函数收敛于一个较小的值。

4.3.2　基于 VGG 的深度卷积网络

VGGNet 是一种典型的图像分类网络,由牛津大学计算机视觉组(visual geometry group,VGG)和谷歌旗下深度思维(Google DeepMind)公司的研究工作人员联合开发的深度卷积神经网络,主要贡献为网络的深度是算法优良性能的关键部分,并探索了网络深度与网络性能之间的关系,尝试了多种结构,较常用的有 VGG16(13 层 conv+3 层 FC)和 VGG19(16 层 conv+3 层 FC),其中 VGG16 网络更简单,性能也可以,应用最广泛。VGGNet 可以看成是加深版的 AlexNet,但不同的是 VGGnet 中使用的都是小尺寸的卷积核,大小都是 3×3;池化层采用统一的 2×2 的 Max Pooling,步长为 2,通过网络结构不断加深来提高性能[28]。

VGGNet 网络作者在研究中发现:用几个小滤波器卷积层的组合比一个大滤波器卷积层的效果要好,2 个 3×3 的卷积核和一个 5×5 的卷积核感受野是一样大的;3 个 3×3 卷积核和 1 个 7×7 的卷积核感受野一样大。虽然使用小的卷积核时,需要的层数会更多,但 3×3 涉及的学习参数更少,层数增多可以带来更多的网络结构,引入更多的非线性因素,从而使网络对特征的学习能力更强,最终使决策函数的判别力更强[28]。每个 VGG 网络都有 3 个 FC 层,5 个池化层,1 个 softmax 层,在 FC 层中间采用 Dropout 层,防止过拟合。

4.3.3　基于 R-CNN 网络的安全帽佩戴识别算法

R-CNN 算法是一种提取特定卷积层特征的网络。该算法的过程很简单,对于一个图片,先通过候选框选择算法提取 2000 个图片,这些图片大小不同、内容不同。为了进一步放入 CNN 网络进行识别的任务,需要将图片进行归一化处理,将图片的大小统一。统一大小后的图片经过卷积层提取特征,分类网络利用提取的特征,最后完成目标检测的任务。从该算法的过程可以看出,计算机识别检测一个图片本质上是完成了 2000 张图片的识别检测,造成了大量的存储空间和时间的浪费。

为了提升计算的速度和准确性,出现了新的改进算法 Fast R-CNN。与 R-CNN 不同,Fast R-CNN 没有对原图进行候选框提取,而是先将图片放入卷积神经网络进行特征提取,然后利用传统的候选框提取方法,在提取的特征图上进行候选框提取,将提取到的候选特征放入分类网络,完成识别和检测的任务。相比 R-CNN,Fast R-CNN 减少了卷积层特征提取的时间,同时没有对 2000 张图片进行归一化处理,大大减少了计算的存储空间和计算时间。

上述两种算法在候选框提取时都采用了比较传统的算法,为了进一步提升算法的智能化、计算速度和准确性,Faster R-CNN 诞生了。相比之前的两种算法,Faster R-CNN 采用 RPN 算法代替了传统的候选框算法。RPN 算法完全由计算机自己决定哪些候选框是需要的,哪些候选框是多余的,在提升算法智能化的同时,也提升了计算的精度和准确率。后来的多数改进算法也是在 Faster R-CNN 的基础上改进的,因此可以说 Faster R-CNN 是目前较为完善和先进的算法。

4.3.4　基于 YOLO 网络的识别算法

YOLO 系列目标检测算法的基本思想是将目标检测看作一个回归的问题,直接用一个网络进行分类和边框回归。

YOLOv1 的具体计算思想:将一个图片划分成 $S \times S$ 个网格,每个网格预测 B 个 boxes 的位置(x, y, w, h),无论网格包含多少个 boxes,每个网络只预测一组类别的概率。测试时,将条件概率和预测框置信度的乘积表示每个 box 包含某个类别的置信度。该算法的优点是速度快,对图像有全局的理解,候选框的数目少很多。但是也存在很多缺点,限制了模型预测物体的数量,多次的下采样,使特征变得相对"粗糙"。

相比 YOLOv1,YOLOv2 在以下几个方面做了改进:①利用批量标准化(batch normalization,BN)的方法避免梯度消失,并加快了训练的速度和收敛的速度;②用 K-mean 聚类算法,取代之前的人工指定先验框的长和宽,让计算机自己选择;③将预测的偏移量限制在一个范围内,使得模型更加稳定;④YOLOv2 提出一种联合训练机制,混合来自检测和分类数据集的图像进行训练。当网络看到标记为检测的图像时,基于完整的 YOLOv2 损失函数进行反向传播。当它看到一个分类图像时,只从特定于分类的部分反向传播损失。

YOLOv3 实现了多标签的预测,每个框中可能有多个类别的物体,用 Sigmoid 函数代替 Softmax 函数实现多标签的分类;结合不同的特征图特征,做到多尺度的预测,可以预测更加细粒度的目标;网络进一步结合残差思想,提取更深层次的语意信息;利用交叉熵损失函数代替平方误差进行类别的预测,提高了预测的准确率。

4.4 » 安全设备佩戴自动识别设计

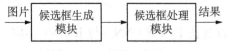

图 4.6　安全帽检测算法流程

整个安全帽检测算法流程如图 4.6 所示,这是一个端到端的检测算法,输入一张图片后,经过候选框生成模块,以及候选框处理模块,可以标注图片中的人以及安全帽。当人正常佩戴安全帽时,会用绿色框标注;反之,当只有安全帽或者只有人时,则会用红色框标注。

本章采用稳健性较强的 Faster R-CNN 算法作为候选框的基础算法,Faster R-CNN 算法的框架如图 4.7 所示。算法可以分为数据准备、特征提取、候选框提取、候选框的筛选和分类 4 个部分。本章用训练好的 Faster R-CNN 的模型,作为本算法的候选框提取模块,图片经过该模块会输出待检测图片中人和安全帽的坐标信息。为了更好地实现安全帽的检测与标注,相对于 Faster R-CNN 训练模块的流程图,本章用到的候选框检测模块少了数据库部分,增加了一个候选框的输出部分。

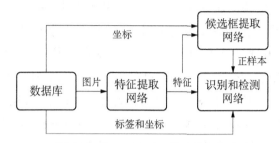

图 4.7 Faster R-CNN 算法的框架

经过候选框生成模块,得到两组数据,一组是安全帽候选框;还有一组是人的候选框。候选框处理模块就是要根据这些候选框的信息,判断哪些候选框需要标注成红色,哪些需要标注成绿色。换句话说,就是哪些人佩戴了安全帽,哪些人没有佩戴安全帽,以及哪些只有安全帽。这里通过计算交并比(intersection over union, IOU)的方法来辅助判断这 3 种情况,具体算法流程如图 4.8 所示。公式 4.9 给出了计算 IOU 的方法。

$$IOU = \frac{A \bigcap B}{A \bigcup B} \tag{4.9}$$

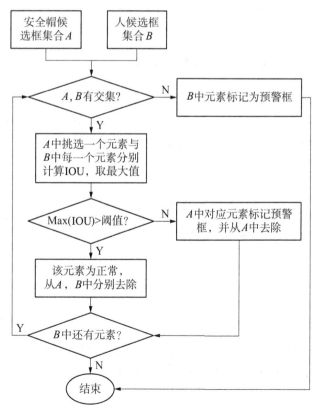

图 4.8 候选框处理流程

4.4.1 电力施工现场安全帽佩戴样本

由于在安全帽佩戴的检测研究中未曾发现公共数据集,本节数据集来自实际工人场景照片和网络收集照片,其中图片分辨率尺寸不一,将图片分为佩戴安全帽与未佩戴安全帽两类进行图片选取,并通过旋转、加入噪声等方法来扩大样本数,最终构成 4207 张可用图片。将数据集随机组成两个子集,一部分用于模型训练,另外一部分用于测试,重复测试 3 次,准确度取 3 次平均值。在对图片进行预处理的过程中,首先,对图片进行了尺寸处理,尺寸大小选择为 100×100,输入 VGGNet 网络,训练预测模型;其次,要设置图片标签用以分类处理;最后,对算法的准确率、测试速度及模型的稳健性进行评估,并测试算法对现场实时采集的图像实时进行安全帽佩戴识别。

本实验对硬件环境配置要求较高,主要涉及的常用环境包括 Ubuntu16.04,CUDA,Python,OpenCV 等,网络训练主要是基于 Tensorflow 与 Keras 框架搭建 VGG 模型,实验计算环境配置:处理器为 Inter 酷睿 i5-8300H 四核 2.3 GHz;显卡:Rtx2080ti;8 G 内存;Ubuntu16.04 操作系统。

设计系统参考 VGG 官网提供的初始参数,并对实验参数进行多次微调,通过测试使得训练模型达到网络检测效果最佳。学习率(learning rate)为 0.005;迭代(epoch)为 40;批量大小(batch size)为 32;动量(momentum)为 0.9;权重衰减(weight_decay)为 1e-6;随机失活(dropout)为 0.25;损失(loss)为 Categorical_Crossentropy;优化器(optimizer)为 Sgd。

4.4.2 电力施工现场安全帽佩戴检测结果

VGG 网络参数:学习率经过多次调整确定为 0.005;衰减系数设置为 1e-6,并且在每次训练时进行调整。在训练初期随着迭代次数的增加,损失下降速度较快,后期损失下降速度会变慢并逐渐趋于平稳。在测试样本集中对训练的模型进行了测试,3 次测试实验的结果如表 4.1 所示,可以看到网络的测试准确率较高。

表 4.1　安全帽佩戴测试结果

测试次数	训练样本数	测试样本数	准确率/%
测试 1	2510	1697	99.18
测试 2	2139	1223	99.05
测试 3	1737	1174	99.02

图 4.9 为实时检测效果图,从图中可以看出,对被检测人进行了面部检测以及扩大框选处理,并输入已训练好的神经网络模型中进行安全帽佩戴识别,得出了正确的判断结论。

在实验过程中,通过与文献[6]采用的 OpeCV 训练级联分类器检测算法进行比较,发现本节提出的方法优点比较明显。OpenCV 级联分类器训练网络在检测时只针对安全帽,无法辨别安全帽是否已经佩戴,若安全帽只是出现在施工工人手中,基于此类方法便会出现误检现象。而本节提出的方法将面部特征与安全帽特征联合进行预测判断,有效避免了此类情况的发生。通过 OpenCV 级联分类器进行训练,施工现场所需的其他检测,比如身份信息、性别等可以有效地进行其他检测算法的添加,更符合实际系统的需要。

图 4.9　实时检测效果

因为无安全帽一律不准进入现场,所以可以在电力系统厂区现场入口处的考勤系统中嵌入安全帽自动检测系统,在人脸检测的基础上,对安全帽佩戴与否进行自动检测。

(1) 使用 Tensorflow 与 Keras 进行 VGG 分类神经网络搭建,对采集到的图片搭建数据集进行训练及测试,分类模型训练精确度高,损失也非常低,不受安全帽颜色、工作人员衣服颜色的影响。该方法可以有效对施工人员进行安全监测,改善施工现场安全状况,给予施工人员更多的安全保障。

(2) 对实时采集的厂区入口图像,采用与面部特征结合检测的方法可以快速有效地对视频中出现的工作人员进行安全帽检测,经在实际应用中验证,算法具有可行性与有效性。并且设计的识别系统中可以添加多重特征辅助定位、多人检测、工人身份信息等,这将会更有利于保障施工人员的人身安全,并提供有序的工作环境。

参考文献

［1］ 李琪瑞. 基于人体识别的安全帽视频检测系统研究与实现[D]. 成都:电子科技大学,2017.

［2］ 黄愉文,潘迪夫. 基于并行双路卷积神经网络的安全帽识别[J]. 企业技术开发,2018,37:24-27.

［3］ 杜思远. 变电站人员安全帽佩戴识别算法研究[D]. 重庆:重庆大学,2017.

［4］ PARK M W, PALINGINIS E, BRILAKIS I. Detection of construction workers in video frames for automatic initialization of vision trackers [C]//Construction Research Congress,2012:940-949.

［5］ 刘晓慧,叶西宁. 肤色检测和 Hu 矩在安全帽识别中的应用[J]. 华东理工大学学报(自然科学版),2014(3):99-104.

［6］ 赵震. 基于 OpenCV 的人体安全帽检测的实现[J]. 电子测试,2017(14):26-27.

［7］ 贾峻苏,鲍庆洁,唐慧明. 基于可变形部件模型的安全头盔佩戴检测[J]. 计算机应用研究,2016,33(3):953-956.

［8］ RUBAIYAT A H M, TOMA T T, KALANTARI M, et al. Automatic detection of helmet uses for construction safety [C]//Proceeding of International Conference on Web Intelligence Workshops. IEEE Press, 2017: 135 – 142.

［9］ 王成龙,赵倩,郭彤. 基于面部特征的深度学习安全帽检测[J]. 上海电力学报,2021, 37(3): 303 – 307.

［10］ 王丹,赵宏伟,戴毅. 基于回归的人脸检测加速算法[J],重庆邮电大学学报(自然科学版),2019,31(4): 550 – 555.

［11］ 景辉,阎志远,戴琳琳. 基于 Faster R-CNN 的人脸识别算法研究[J]. 计算机应用, 2019,28(10): 8 – 11.

［12］ 钱勇生. 基于深度卷积神经网络的自然态人脸表情识别算法研究[D]. 上海:上海电力大学,2019 年.

［13］ XIANG J, ZHU G. Joint face detection and facial expression recognition with MTCNN [C]//2017 4th International Conference on Information Science and Control Engineering. 2017: 424 – 427.

［14］ 阮秋琦,阮宇智. 数字图像处理[M]. 52 版. 北京:电子工业出版社,2007.

［15］ 马岱农,桑海峰. 基于边缘方向直方图的印鉴鉴别方法[J]. 辽宁科技大学学报, 2010,33(3): 258 – 261.

［16］ AHONEN T, HADID A, PIETIKÄAINEN M. Face description with local binary patterns: application to face recognition [J]. IEEE Transactions on Pattern Analysis and Machine Intelligence, 2006,28(12): 2037 – 2041.

［17］ GUO Z H, ZHANG L, ZHANG D, et al. Hierarchical multiscale LBP for face and palmprint recognition [C]//Proc. of the 16th International Conference on Image Processing, 2010: 4521 – 4524.

［18］ LECUN Y, BENGIO Y, HINTON G. Deep learning [J]. Nature, 2015, 521 (7553): 436 – 444.

［19］ 施辉,陈先桥,杨英. 改进 YOLO V3 的安全帽佩戴检测方法[J]. 计算机工程与应用, 2019,55(11): 213 – 218.

［20］ GIRSHICK R, DONAHUE J, DARRELL T, et al. Rich feature hierarchies for accurate object detection and semantic segmentation [C]//IEEE Conference on Computer Vision and Pattern Recognition, 2014: 580 – 587.

［21］ GIRSHICK R. Fast R-CNN [C]//IEEE International Conference on Computer Vision, 2015: 1440 – 1448.

［22］ REN S, HE K, GIRSHICK R, et al. Faster R-CNN: towards realtime object detection with region proposal networks [C]//International Conference on Neural Information Processing Systems, 2015: 91 – 99.

[23] NONG S，NI Z. Gesture recognition based on R-FCN in complex scenes [J]. Huazhong Keji Daxue Xuebao，2017,45(10)：54 - 58.

[24] REDMON J，DIVVALA S，GIRSHICK R，et al. You only look once：unified, real-time object detection [C]//Proc of IEEE Conference on Computer Vision and Pattern Recognition. 2016：779 - 788.

[25] LIU W，ANGUELOV D，ERHAN D，et al. SSD：single shot multibox detector [C]//Proc of European Conference on Computer Vision. Springer International Publishing，2016：21 - 37.

[26] 周莹,曹美媛,曾丽萍,等,一种基于 MATLAB 与卷积神经网络的人脸检测系统 [J]. 电子世界,2019,157 - 158.

[27] 黄愉文,潘迪夫.基于并行双路卷积神经网络的安全帽识别[J].企业技术开发, 2018,37(3)：24 - 27.

[28] SIMONYAN K，ZISSERMAN A. Very deep convolutional networks for large-scale image recognition [J]. Computer Science，2014.

5

电力人员疲劳状态自动识别

在电力系统的运作过程中,经常会出现变电站运维人员误操作事故,主要原因是作业人员安全意识不强,而疲劳操作也是原因之一。通常,人在疲劳时,身体协调性差,大脑支配能力下降,容易在工作生活中造成判断失误、操作失误,或者操作准确性不够,从而造成事故。电力生产中,特别是在电网抢修时,经常会遇到高强度、连续 8 h 以上的工作,工作人员如果不注意休息调整就很容易陷入疲劳状态。如果采用现代化监控手段,对监控人员进行身体状态提示,也能起到有效的辅助手段。比如对长期从事电脑工作的人员通过监控进行监督提示,强化安全意识,就能避免发生很多疲劳作业导致的事故。对于在电力操作室工作,尤其是倒班的工人,采用实时监控疲劳状态报警提示,可以减少违规操作和操作事故的发生。因此,进行疲劳检测对于人身安全具有重要的作用。

5.1 概述

目前,被用于疲劳状态检测的方法主要有两类:一类是采用医疗器械测量人体的特征,包括脑电图、眼电图、心电图等生理信息,但这类方法不太容易普及,对检测的环境有一定要求,成本高且需要佩戴相应的仪器;另一类方法是采用机器视觉技术,对采集到的图像经过一系列的图像处理和模式识别算法的处理,最终自动判断测试者的疲劳状态。这类算法中,眨眼频率以及打哈欠状态是疲劳检测的重要指标。因此,眼睛和嘴部的状态检测是疲劳检测中的关键问题[1]。传统的疲劳识别方法一般是通过 Haar-Like 特征检测出人脸的位置,然后通过计算眼睛纵横之比来描述眼睛的张开程度,判断疲劳状态[2]。但是由于光照、姿势等条件变化,使得眼睛状态识别的难度大大增加。传统的分类器需要人为地选择合适的特征,主观因素大,选择的特征是不是最合适无法判断,因此特征选择成为影响分类器分类效果的关键因素。近年来,由于计算机硬件的进步以及深度学习算法的发展,深度卷积神经网络能够自适应提取特征,更好地表达其处理图像的本质特征,且避免了人工特征选取过程,打破了图像识别领域中"先提取特征,后模式识别"的框架[1],

使得深度学习技术在模式识别领域有了广阔的应用空间,也大大地推动了疲劳检测的研究。陈瑜等[3]通过人脸与人眼定位后,采用不确定性的云模型对提取的眼动特征进行数据处理,构建二维多规则推理生成器检测疲劳状况。戴诗琪等[4]提出在基于 HOG 特征提取和 ERT 算法,实现人脸检测和人脸特征点定位后,采用深度学习算法对定位后的眼部、嘴部进行识别分类,最终实现疲劳状态识别。史瑞鹏等[5]采用优化的 MTCNN 算法,在实现眼睛和嘴部区域定位的基础上,采用卷积神经网络完成眼、嘴分类模型的训练,最终实现疲劳驾驶的检测判定。郑伟成等[6]通过 MTCNN 进行人脸检测并提取人脸关键点,在此基础上提取眼、嘴部疲劳特征,以及通过关键点技术——头部姿态欧拉角计算头部疲劳特征,采用这 3 类特征融合的策略,构建决策树,实现驾驶员疲劳检测分类模型。郁松等[7]利用采集的人脸图像序列,采用深度学习的方法,建立时空网络模型,根据眼部、嘴部的变化趋势,对未来状态进行预测,从而判断是否提前预警。顾王欢等[8-9]设计了一种级联深度学习的检测系统结构,并提出基于 ResNet 的多尺度池化模型(MSP)对眼睛和嘴巴状态进行训练和识别,基于 PERCLOS 和嘴巴张合率进行疲劳识别判断。耿磊等[1]在人脸检测和跟踪部分采用 AdaBoost 与核相关滤波器(KCF)算法相结合,并利用级联回归方法定位特征点,提取眼睛和嘴部区域,通过卷积神经网络识别眼、嘴部状态,从而计算多个疲劳参数,进行疲劳检测。综上所述,深度学习虽然已经成为疲劳检测方面的重要途径,但是检测结果的准确性还需要提高。

本章首先通过对采集到的视频图像使用人脸检测算法确定电力场景中工作人员的脸部位置,再利用深度卷积神经网络提取眼睛部位的视觉特征,建立视觉模型,以提升视觉特征的辨别能力,采用 PERCLOS 评价标准分析眨眼频率并结合打哈欠的频率和瞌睡点头频率来判断电力场景中工作人员是否疲劳。实验结果表明:本章提出的基于深度学习的疲劳状态检测方法是有效的。

5.2 » 疲劳状态识别检测系统设计

本章设计的疲劳状态检测算法流程如图 5.1 所示。对采集到的电力场景中工作人员图像结合 HOG 特征和 SVM 分类器进行人脸检测,获取人员脸部位置,并进行面部关键

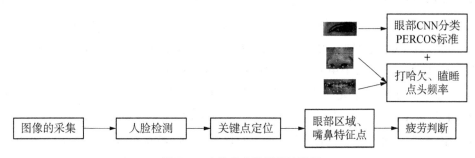

图 5.1 疲劳状态检测算法流程

点定位。采用卷积神经网络对眼睛定位区域进行特征提取并建立分类模型实现眼睛开闭状态分类,依据 PERCLOS 算法求出单位时间内眼睛闭合状态所占的百分比,同时结合打哈欠的频率和瞌睡点头频率完成电力环境中工作人员疲劳状态预警机制。

5.2.1　疲劳状态分析步骤

人脸检测为疲劳状态分析系统的基础步骤,目前该方向具有丰富的学术成果,如基于 Haar[10] 人脸描述特征和 Adaboost 迭代算法分类器[11] 的快速人脸检测算法,基于 HOG 特征和 SVM 分类器的人脸检测算法[12],以及级联 CNN 的人脸检测和人脸对齐算法 MTCNN[13]。由于 HOG 结合 SVM 分类算法具有速度快、模型小,适用于小遮挡的正面和略微非正面人脸的特征,采用该方法实现人脸检测,并选用 Dlib 库提供的,基于级联回归树模型(ensemble of regression trees)来回归出人脸的 68 个关键点,以实现人脸五官的定位。

1. 基于 HOG 特征的人脸检测

由于梯度往往产生在物体的边缘处,因此利用梯度和梯度方向的统计信息(HOG 特征)可以很好地描述局部目标的边缘和形状。此外,由于 HOG 是在图像的局部方格单元上操作,且梯度受光照变化影响较小,因此 HOG 特征具有较好的光学不变性与几何不变性。

在进行人脸检测时,HOG 特征的提取过程有 5 个步骤[4]。

(1) 为了减少颜色数据和避免光照因素的干扰,对采集到的图像 $I(x, y)$ 采用 Gamma 压缩法进行颜色空间归一化处理,公式如下

$$I(x, y) = I(x, y)^{\text{Gamma}} \tag{5.1}$$

(2) 计算每个像素 (x, y) 的梯度值 $G(x, y)$ 和梯度方向 $\alpha(x, y)$

$$G(x, y) = \sqrt{G_x(x, y)^2 + G_y(x, y)^2} \tag{5.2}$$

$$\alpha(x, y) = \text{argtan}\left[\frac{G_y(x, y)}{G_x(x, y)}\right] \tag{5.3}$$

其中,$G_x(x, y) = H(x+1, y) - H(x-1, y)$ 为像素 (x, y) 在水平方向上的梯度; $G_y(x, y) = H(x, y+1) - H(x, y-1)$ 为像素 (x, y) 在垂直方向上的梯度。

(3) 将图像 $I(x, y)$ 划分为若干个包含 $n \times n$ 个像素的单元区域,并将 $0° \sim 360°$ 划分为 N 个方向区间,计算每个单元区域中的梯度方向直方图。

(4) 将相邻的 K 个单元区域组成单元块,合并单元块中的所有单元区域的 HOG 组成特征向量,为了能获得更好的光照变化和阴影效果,对合并后的特征向量进行归一化。

(5) 以步长 L 搜索整个图像,将所有单元块的 HOG 特征合并形成整个图像的 HOG 特征描述子。

根据以上 HOG 特征的提取步骤,本实验将图像按 8 pixel×8 pixel 划分单元区域,并将 0°～360°划分为 9 个区间,即 N 设置为 9,K 设置为 12,即每一个单元块有 4×3 个单元区域,则单元块大小为 32 pixel×24 pixel,滑动步长 L 设置为(8,6)。当实际拍摄图片分辨率为 640 pixel×480 pixel 时,为了提高运算速度,按比例缩小为 192 pixel×144 pixel 后进行输入,搜索整张待检测图片,进行 HOG 特征提取,相应生成的特征向量有 $\{[(192-32)/8+1]×[(144-24)/6+1]\}×12×9=47\,628$ 维。对大量已经标定的正样本(含有人脸的样本)与负样本(不含人脸的样本)提取 HOG 特征,采用支持向量机训练正负样本,得到训练模型。为了提高模型分类准确度,在分类器误检出非人脸区域时,截取该部分图像加入负样本中,如此反复集合难例样本重新训练模型,最终得到分类模型,进行人脸检测工作。

2. 人脸关键点定位

人的五官状态跟人的表情关系密切,比如当嘴巴张开尺寸占面部检测框宽度的比例较大时,说明此人情绪非常激动,要么非常开心(笑得合不拢嘴),要么极度愤怒。人在愤怒或者惊讶时会瞪大眼睛,开怀大笑时会不自觉地眯起眼睛,当人疲劳时的表现主要有眨眼和打哈欠。因此在确定人脸位置后,需要对人脸进行特征点定位及分析。从某种意义上讲,面部关键点是人脸图像像素之间高层语义的对齐,因此错误的定位会导致提取的人脸描述特征严重变形。人脸关键点定位也称为人脸关键点检测、人脸对齐,是人脸识别、表情分析、姿态识别、疲劳监测、3D 人脸重建等应用领域的重要基础环节;是对给定人脸图像,定位出眉毛、眼睛、鼻子、嘴巴、轮廓等人脸面部的关键区域位置。由于受姿态和遮挡等因素的影响,其定位的准确性一直以来都是机器视觉、图像分析等领域的研究热点。

传统的人脸定位方法有 ASM(Active Shape Model,主动形状模型)[14] 和 AAM(Active Appearance Model,主动外观模型)[15-16],ASM 用关键点坐标构成的形状向量代替物体模型,该方法需要通过人工标定的方法标定训练样本,并通过样本训练得到形状模型,最后通过关键点的匹配实现待定物体的匹配。而 AAM 是在 ASM 算法基础上增加了脸部区域的纹理特征。基于级联形状回归的方法[17] 是把人脸特征点对齐问题看成人脸的表观到人脸形状的回归过程,通过不断地迭代直到回归最优的特征点位置上。随着计算机硬件和深度学习算法的推进,研究者开始了基于该算法在人脸关键点领域的研究[18]。2013年,Sun 等[19] 开创深度学习人脸关键点检测的先河,首次将 CNN 应用到人脸关键点定位上。

为了提高人脸识别的实时性和准确率,本算法采用 Dlib 官方提供的特征提取器预训练模型,获取人脸的关键点。该模型采用的是 Landmark 技术,ERT(ensemble of regression trees)级联回归,即基于梯度提高学习的回归树方法来实现的[20]。算法的核心公式为

$$\hat{S}^{(t+1)} = \hat{S}^{(t)} + \gamma_t(I, \hat{S}^{(t)}) \tag{5.4}$$

其中,γ_t 为回归量;I 为训练图像;t 表示级联序号;$S = (x_1^{\mathrm{T}}, x_2^{\mathrm{T}}, \cdots, x_p^{\mathrm{T}})^{\mathrm{T}} \in R^{2p}$ 指的是

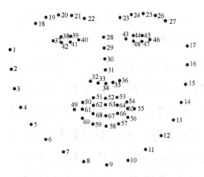

图 5.2　人脸 68 个特征点定位

训练图像 I 上 p 个面部关键点的坐标,称为形状向量, $x_i \in R^2$ 表示图像 I 上面部关键点的 x, y 坐标, $i\hat{S}^{(t)}$ 为 S 目前的估计值。S 为形状向量,用来存储脸部所有关键点的位置,使用梯度提高学习的回归树训练每一个回归器,利用最小二乘法最小化误差。通过式(5.4),对初始确定的特征点的位置进行更新,以提高特征点位置的准确度,多次更新之后,最终确定 68 个特征点的位置模型。对获取的图像利用此模型估计图像特征点的位置,如图 5.2 所示,分布在脸部轮廓、眉毛、眼睛、鼻子、嘴巴等脸部关键部位。并根据特征点,得到眼睛部位的矩形区域。

5.2.2　人脸疲倦状态特征及依据

人的喜怒哀乐、疲倦等表情跟脸部的五官状态有密切关系,根据人脸 68 个特征点确定五官位置后,分析五官状态能较好地获取人的表情状态。经查阅相关文献,人在疲劳状态时,面部表情主要有三大表现:

(1) 在眼睛状态上,表现为眨眼或者眼睛微闭,此时眨眼次数较多,且眨眼速度变慢。

在图 5.2 Landmark 点的标号中可以看到,37～42 为左眼,43～48 为右眼。计算眼睛状态最简单的方法,可以根据这些特征点的距离来判断。

(2) 在嘴巴状态上,表现为打哈欠。此时嘴巴张开幅度大,并且张嘴这一状态维持相对较长时间,一般在 6 s 左右。从图 5.2 landmark 点的标号中可以看到,张嘴和张嘴时间可以根据嘴巴处 51、53、59、57、49、55 点的距离和视频时间来判断,当距离大于某个阈值时,可以认为是打哈欠状态。这个阈值要通过多次实验来获取,并且要注意选取的阈值能与正常说话和哼歌状态区分开。

(3) 头部姿势,点头(瞌睡点头)。

1. 眼睛疲劳状态判断

1) 传统方法

人在疲劳的时候,会经常眨眼,而眨眼其实是睁眼和闭眼两种状态的交替。所以判断疲劳的问题在眼部状态上就转换为分析眼睛的睁眼和闭眼状态了。在获取眼睛关键点后,眼睛的睁闭状态通常可以通过计算眼睛的长宽比(EAR)或者眼睛的眼角开度 α 来完成。

(1) 长宽比计算。

如图 5.3 所示的眼睛关键点位置,利用欧氏距离来计算眼睛的长宽比

$$\text{EAR} = \frac{\|p_2 - p_6\| + \|p_3 - p_5\|}{2\|p_1 - p_4\|} \tag{5.5}$$

其中,分母中的"2"为取两垂直距离的平均值[7]。

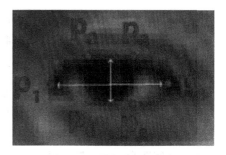

图5.3　眼睛关键点分布

显然,人睡着眼睛闭合时,EAR＝0;当正常状态人眼睁开时,EAR波动不大;疲劳时,眼睛处于闭合或者微闭状态,EAR低于某个阈值;眨眼时,|ΔEAR|(相邻两帧眼睛的EAR差值绝对值)大于某个阈值。眨眼的速度比较快,一般1～3帧就完成了眨眼动作,眨眼阈值的计算方法,可以采集50次数据,取其平均值为阈值。如果采集到的视频数据中,计算相邻两帧的EAR差值连续超过50次大于阈值,则认为人已经睡着了。

(2)眼角的张开度的近似值α计算。

$$\cos\alpha = \frac{\boldsymbol{AB}}{|\boldsymbol{A}\parallel\boldsymbol{B}|} \tag{5.6}$$

其中,
$$\boldsymbol{A} = (p_{2x} - p_{1x}, p_{2y} - p_{1y}) \tag{5.7}$$

$$\boldsymbol{B} = (p_{6x} - p_{1x}, p_{6y} - p_{1y}) \tag{5.8}$$

由于不同人的眼睛大小不同,形状稍有差异,在闭眼和睁眼时,眼角开度也是不同的。设$10 < \alpha < 35$为闭眼状态;$40 < \alpha < 70$为睁眼状态。文献[21]对采集的视频前60 s内每帧图像计算眼角张开度的近似值α,取其平均值为阈值,如果检测值大于此阈值,则判断为睁眼,否则判断为闭眼。

从计算眼睛的长宽比或者眼睛的眼角开度来判断眼睛的状态,受图像质量的影响较大,对关键点的准确定位要求特别高。

2)基于深度卷积神经网络眼睛疲劳状态识别

PERCLOS[22]可以很好地量化被测者的闭眼程度,是国际公认的较为准确的一种测量方法,采用眼睛累计闭合持续时间占某特定时间的百分比来衡量眼睛疲劳度。当PERCLOS超过某个阈值时(文献[23]给出0.15),可以判断闭眼时间过长,初步提示为疲劳状态。PERCLOS有3种常用的标准EM,P70,P80分别代表眼睛闭合程度超过50%,70%,80%的累计时间与单位时间的比值,一般情况下都是采用P80作为PERCLOS的评价指标。此标准可以简单地表示为

$$S_{\text{eye}} = \frac{N_{\text{mou}}}{N} (N_{\text{close}} \text{代表闭眼帧数}, N \text{代表总帧数}) \tag{5.9}$$

这样不需要通过式(5.5)、式(5.6)计算特征点的距离,而采用通过分类学习算法判断每帧图像眼睛是睁开还是闭着的两种状态,就能计算S_{eye}。人在疲劳的时候,可能出现长时间的闭眼状态,正常眨眼时间很短,大概0.2～0.4 s,如果持续闭眼时间T_{close}很长(当$T_{\text{close}} > 1\text{s}$时)或者$S_{\text{eye}} > 0.15$时,可以做眼睛疲劳预警。

由于深度学习特别是 CNN 网络模型具有非常高的特征表达能力,特别适合处理图像分类问题。根据眼部特征点确定的眼部区域,并分割出来,然后使用 CNN 网络提取特征,利用 softmax 等分类器进行睁眼和闭眼状态分类识别。

采用卷积神经网络进行眼部区域疲劳检测,网络输入时选用输入尺寸为 24×24 的眼部区域图片作为样本数据集,分为睁眼、闭眼两类图片。网络搭建主要包括卷积层、池化层等特征提取操作,每个卷积层内选用卷积核大小为 3×3,采用最大值池化,池化层的 padding 值选为 same,最后再通过全连接层进入输出层。眼部卷积神经网络结构如图 5.4 所示,经过网络收集与实际拍摄收集到睁眼和闭眼两类样本数据集图片进行网络训练。

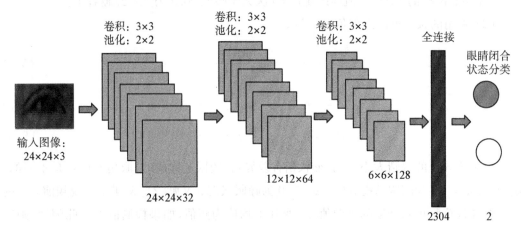

图 5.4　眼部卷积神经网络结构

在进行眼部疲劳状态分类识别过程中,使用较小的感受野卷积层来完成分类识别,这是因为多个具有较小感受野的卷积层的效果等同于一个具有较大感受野的卷积层。如 11×11 大小的卷积层可以由 5×5 和 7×7 的卷积层级联形成。随着网络卷积层的增多,网络深度得到加深,网络训练过程中的非线性映射也随之增多,这样的网络会有更强大的表现能力,所以在实验设计时采取了小卷积核加深网络来强化网络表现力,这样的网络相对于使用大的卷积核有更明显的网络性能优势。在分类识别中,过大的感受野会影响网络对细微特征的提取能力,影响网络训练的准确率,实验中眼部疲劳特征的分类问题同样会涉及这种问题[24]。实验采用 3 层卷积来完成分类识别,所有卷积层的激活函数均为 Relu 函数,输出层的激活函数为 Sigmoid 函数。

Relu 函数是目前最受欢迎的激活函数,其公式为

$$f(z) = \max(0, z) \tag{5.10}$$

输入为负数时,Relu 硬饱和,该层的输出为 0,因此训练完后神经元为 0 的数量增多,具有很好的稀疏性;输入为正数时,导数恒为 1,即梯度不衰减、收敛快,并缓解梯度消失问题,是深度函数能够进行优化的关键。当然 Relu 函数也有缺陷,训练时很脆弱,很容易

死亡。

Sigmoid 函数是传统神经网络中最常用的激活函数之一，对应的数学公式为

$$\sigma(z) = \frac{1}{1 + e^{-z}} \tag{5.11}$$

Sigmoid 函数的输出介于 0～1 之间，单调连续，当输入是非常大的负数时，输出就是 0；如果输入是非常大的正数时，输出就是 1。Sigmoid 函数非常适合作输出层，因此常用于逻辑回归任务，进行二分类。但它也有缺点，在饱和区，其导数趋向于 0，很容易产生梯度消失。

深度学习网络搭建过程分为 4 个步骤：①根据功能要求预先设计好卷积神经网络的基本结构；②从 Anaconda 中导入必要的层级模块；③按照定义好的结构拼接模块；④将所获得的图像输入网络，通过反复训练，获取最优参数。本章在实验过程中采用 3×3 大小的小卷积核代替原有大卷积核进行神经网络训练。在实验过程中，在网络搭建时经过多次实验效果对比，选用 3 层卷积进行特征提取，实验参数设置如表 5.1 所示，在样本数据集(Dataset_Eye)上眼睛状态分类识别的结果如表 5.2 所示。

表 5.1 实验参数设置

实验参数	参数值
学习率(learning rate)	0.003
迭代(epoch)	10
批量大小(batch size)	32
动量(momentum)	0.9
权重衰减(weight_decay)	1e～6
优化器(optimizer)	Sgd

表 5.2 眼睛状态分类识别结果

训练次数	训练样本数	测试样本数	准确率/%	损失(loss)
1	1527	1057	0.929	0.165
2	1773	1132	0.9469	0.1589
3	2136	1888	0.9474	0.1345

由训练结果可知，采用 3×3 的卷积核可以在提高网络性能的同时，保证眼部疲劳分类识别的准确率，进行睁眼闭眼两类判断的主要设计思路是在对脸部关键点定位计算人眼睁开和闭合的程度和闭合的时间，结合眼部状态 PERCLOS 准则对眼睛进行疲劳状态识别。从算法易于实现的角度出发，通过自主设计、自主训练卷积神经网络的方式，构建了符合本次实验要求的，量级较轻的卷积神经网络，并完成相关训练。避免了过于依赖特

征点位置的精确提取,从而使得系统更加人性化,更符合实际电厂施工场景。

2. 嘴部疲劳状态判断

嘴部通常表现为闭合、说话、唱歌和打哈欠 4 种状态。而人在疲劳的时候,往往哈欠不断,以提醒大脑已经处于疲惫状态。通常采用基于嘴部张开面积、嘴角张开度、嘴部高宽比的 3 种方法来判断嘴部的疲劳状态。

1) 嘴部张开面积的方法[25]

人在打哈欠、说话、唱歌时,嘴部区域图像中低灰度级的像素数量会明显增多,对嘴部区域图像进行二值化处理,统计处理后的白色像素数量,计算白色像素数量与整个嘴部区域像素数量比值,通过实验给出一个阈值,比值大于这个阈值为张嘴状态,否则为闭合状态。

$$B(x, y) = \begin{cases} 255 & (白色), \quad f_{\mathrm{mouth}}(x, y) < T \\ 0 & (黑色), \quad f_{\mathrm{mouth}}(x, y) \geqslant T \end{cases} \quad (5.12)$$

其中,$f_{\mathrm{mouth}}(x, y)$ 表示嘴部区域像素点的灰度值;$B(x, y)$ 表示二值化后的图像;T 为阈值,由实验统计获取。

2) 嘴角张开度的方法

类似于计算眼角张开度,设嘴角张开度为 θ,根据图 5.5 所示的嘴部关键点位置,θ 的近似计算公式为

$$\cos\theta = \frac{\boldsymbol{AB}}{|\boldsymbol{A}| \, |\boldsymbol{B}|} \quad (5.13)$$

$$\boldsymbol{A} = (p_{2x} - p_{1x}, \ p_{2y} - p_{1y}) \quad (5.14)$$

$$\boldsymbol{B} = (p_{6x} - p_{1x}, \ p_{6y} - p_{1y}) \quad (5.15)$$

当 $\theta > T_m$ 时,判断嘴部为张开状态,$\theta \leqslant T_m$ 时,判断嘴部为闭合状态。T_m 通过实验获取,可以对采集的视频前 60 s 内每帧图像计算嘴角张开度的近似值 θ,取其平均值为阈值 T_m。

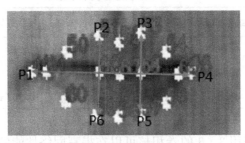

图 5.5 嘴部关键点分布

3) 嘴部高宽比的方法

显而易见,人在打哈欠时,两嘴唇距离加大;闭合的时候,两嘴唇的距离几乎为 0。但在实际检测中,由于人的头部会发生各种运动,从而会影响距离计算的准确性,为了改善

距离指标的准确度,改用嘴部的高宽比(MAR)和张嘴时间作为打哈欠的判断依据。

根据图 5.5 所示的嘴部关键点位置,利用欧氏距离来计算嘴部的高宽比。

$$MAR = \frac{\| p_2 - p_6 \| + \| p_3 - p_5 \|}{2 \| p_1 - p_4 \|} \tag{5.16}$$

当 $MAR > M_{mou}$(阈值)时,嘴部为张开状态。当连续 n 帧图像满足 $MAR > M_{mou}$ 时,将图像序列标记为打哈欠。参考文献[4]的研究结果,本章取 $M_{mou} = 0.6$。打哈欠频率为

$$S_{mou} = \frac{N_{mou}}{N} \tag{5.17}$$

其中,N_{mou} 为打哈欠帧数,N 为总帧数。当 S_{mou} 超过阈值时,则判断为疲劳状态。

本章采用上述算法中的第 3 种算法,即基于嘴部高宽比的判断方法,来判断嘴部开闭状态,从而判断是否打哈欠。

3. 点头瞌睡的疲劳判断

当人疲劳时,大脑反应迟钝,对头部的控制力和支撑减弱,会出现头部下垂、仰起或点头等现象,因此可以采用点头频率和头部位移变化率来判断是否打瞌睡[25]。以图 5.3 中鼻尖处 31 号特征点为基准点,以该点的运动轨迹模拟头部运动轨迹进行跟踪。如果出现突发性的向下、向上或上下来回运动,则说明出现点头瞌睡情况[26-27]。31 号特征点的垂直方向位移变化幅度越大,表示发生点头动作的概率越大,点头幅度越大。因此瞌睡点头可以用 31 号特征点纵坐标变化 Δy 和变化时间来判断。

当 $\Delta y > Y_{nod}$(阈值)时,为点头状态。在实验中设 Y_{nod} 为点 29 ~ 31 间的距离,当连续 n 帧图像满足 $\Delta y > y_{nod}$ 时,将图像序列标记为瞌睡点头。点头频率为

$$S_{nod} = \frac{N_{nod}}{N} \tag{5.18}$$

其中,N_{nod} 为瞌睡点头帧数,N 为总帧数。当 S_{nod} 超过阈值时,则判断为疲劳状态。

5.2.3 疲劳状态判别系统运行结果与分析

通过分析人的疲劳现象,总结在不同疲劳等级下面部的行为特征,如表 5.3 所示。因此,在面部特征定位的基础上,选择以眨眼频率、哈欠频率及点头频率作为疲劳状态的判断依据。

表 5.3 疲劳等级

正常状态	眨眼速度快
轻微疲劳	眨眼速度变慢,嘴部有哈欠动作
重度疲劳	眼睛长时间闭合,头部下垂

为了实验统计方便,以 25 帧/s 的速率对采集到的视频进行采样,来获取一组图片。这样每一帧图像所占用的时间为 40 ms。设 T_{close} 为持续闭眼时间,S_{sye} 为眼睛的 PERCLOS,N_{close} 为持续闭眼帧数,T_{mou} 为持续张嘴时间,N_{mou} 为持续张嘴帧数。实验表明:当作业人员持续闭眼帧数 $N_{close} \geqslant 25$ 帧时,即 $T_{close} > 1$s,处于严重疲劳状态;当作业人员嘴部张开帧数 $N_{mou} > 100$ 时,即 $T_{mou} > 4$s,工作人员处于哈欠状态。根据表 5.3 人在疲劳时的表现状态及以上标准,将工作人员疲劳状态划分为严重、轻微、正常 3 种疲劳状态,建立工作人员疲劳状态判断模型[28]。

$$\begin{cases} \text{严重疲劳状态,} & (T_{close} \geqslant 1s) \| (N_{close} \geqslant 25 \text{ 帧}) \| \text{有点头现象} \\ \text{轻微疲劳,} & (S_{eye} \geqslant 0.15) \| T_{mou} \geqslant 4s \| N_{mou} \geqslant 100 \text{ 帧} \\ \text{正常,} & \text{其他} \end{cases} \quad (5.19)$$

疲劳检测实验是在 Ubuntu16.04 操作系统的运行环境中,通过模拟电力工人工作环境,采集 4 名志愿者的视频图像。利用 Python 编程软件并结合 OpenCV 视觉库编程仿真,检测志愿者的疲劳状态,验证本文研究方法的可行性与准确性。为了减少虚警,增强判定的可靠性,约定对于任意一帧图像,只有检测到左右两眼均为闭合的时候,判定该帧为闭眼帧数的有效计数,两眼一开一闭判定为睁开状态,点头瞌睡判断为辅助判断。只有当检测到严重疲劳状态时,会在界面出现字"nod"提示;当检测到轻微疲劳状态或者严重疲劳状态时,会有"sleep"的提醒出现,疲劳检测示例如图 5.6 所示。4 组实验视频中包括 2 组为佩戴眼镜实验者白天和晚上拍摄的视频,2 组为未佩戴眼镜实验组白天和晚上拍摄的视频。表 5.4 是对 4 名志愿者进行疲劳检测的结果。

表 5.4 疲劳检测实验结果

测试者	眼部状态	嘴部状态	点头瞌睡	检测状态	实际状态
A	持续闭眼时间 T_{close} 为 0.8 s	打哈欠	无	轻微疲劳	轻微疲劳
B	持续闭眼时间 T_{close} 为 0.7 s	无	无	正常	正常
C	持续闭眼时间 T_{close} 为 0.2 s	无	无	正常	正常
D	持续闭眼时间 T_{close} 为 1.5 s	无	有	严重疲劳	严重疲劳

(a)　　　　　　　　(b)　　　　　　　　(c)

图 5.6 疲劳检测示例

(a) 正常状态示例;(b) 严重疲劳状态示例;(c) 轻微疲劳状态示例

5.3 疲惫状态自动检测应用

由于疲劳状态漏检可能导致更多安全隐患,本章通过多角度特征(眼睛、嘴部、头部姿势)的融合并行检测可以有效减少漏检行为,增加电力工人实际工作场景的安全性。在基于 HOG 人脸检测的基础上,通过级联回归树算法定位人脸 68 个特征点,提取眼睛、嘴部、鼻部位置。光照及头部姿态变动对关键点提取位置的准确度影响较大,从而降低传统基于关键点距离法的眼部疲倦状态识别准确度。采用卷积神经网络判断眼睛的开闭状态,在网络设计中,考虑到过大的感受野会影响网络对细微特征的提取能力,采取了小卷积核加深网络来强化网络表现力,结合眼部状态 PERCLOS 准则作为眼部判断的主要依据。嘴部打哈欠状态与瞌睡点头状态的结合判断,使得本章的算法鲁棒性更强。从佩戴眼镜与夜间测试结果可以看出,本章所提出的联合检测算法可以满足实际电厂工人工作状态疲劳检测,有较强的实际应用价值,能实现对电厂工人实际工作状况的准确判断。由疲劳检测实验结果可以看出,结合眼部状态、嘴部状态、点头瞌睡的实验检测结果与实际状态一致,检测效果良好。基于此类算法的疲劳检测可以应用于电力工作场景,使电力工人施工环境更加安全,给电力工人和电力产业更多安全保障。此算法还可以应用到各种疲劳检测场景,例如对驾驶员进行疲劳检测,预防交通事故的发生;对电脑屏幕前的工作人员或者游戏玩家进行疲劳检测,预防过度劳累而导致猝死的不幸发生;对教室上课的学生进行疲劳检测,可以更好地提高上课的效率等。由此可见疲劳检测的应用场景众多,前景广阔。

参考文献

[1] 耿磊,袁菲,肖志涛,等.基于面部行为分析的驾驶员疲劳检测方法[J].计算机工程,2018,44(1):274-279.

[2] 柳龙飞,伍世虔,徐望明.基于人脸特征点分析的疲劳驾驶实时检测方法[J].电视技术,2018,42(12):27-30.

[3] 陈瑜,李锦涛,徐军莉,等,基于眼动特征的驾驶员疲劳预警系统设计[J].软件导刊,2020(2020):18-20.

[4] 戴诗琪,曾智勇.基于深度学习的疲劳驾驶检测算法[J].计算机系统应用,2018,27(7):113-120.

[5] 史瑞鹏,钱屹,蒋丹妮.基于卷积神经网络的疲劳驾驶检测方法[J].计算机应用研究,第 37 卷第 11 期.

[6] 郑伟成,李学伟,刘宏哲,等.基于深度学习的驾驶疲检测算法与应用[J].计算机工程,2019.

[7] 郁松,卢霖胤.基于面部动作时空特征的疲劳预警算法[J].计算机工程与科学,2019,

41(10)：1764 - 1769.

[8] 顾王欢,朱煜,陈旭东,等.基于多尺度池化卷积神经网络的疲劳检测方法研究[J].计算机应用研究,2019,36(11)：3471 - 3475.

[9] GU W H, ZHU Y, CHEN X D, et al. Driver's fatigue detection system based on multi-scale pooling convolutional neural networks [J]. Application Research of Computers, 2019,36(11)：3471 - 3475.

[10] WHITEHILL J, OMLIN C W. Haar features for facs au recognition [C]//7th International Conference on Automatic Face and Gesture Recognition (FGR06). IEEE, 2006(5)：47 - 101.

[11] VIOLA P, JONES M. Rapid object detection using a boosted cascade of simple features [J]. CVPR, 2001,1(1)：511 - 518.

[12] PANG Y, YUAN Y, LI X, et al. Efficient HOG human detection [J]. Signal Processing, 2011,91(4)：773 - 781.

[13] YIN X, LIU X. Multi-task convolutional neural network for pose-invariant face recognition [J]. IEEE Transactions on Image Processing, 2017,27(2)：964 - 975.

[14] COOTES T F, TAYLOR C J, COOPER D H, et al. Active Shape Models-Their Training and Application [J]. Computer Vision and Image Understanding, 1995, 61(1)：38 - 59.

[15] EDWARDS G J, COOTES T F, TAYLOR C J. Face recognition using active appearance models [J]. Computer Vision Eccv, 1998,1407(6)：581 - 595.

[16] COOTES T F, EDWARDS G J, TAYLOR C J. Active appearance models [C]// European Conference on Computer Vision. Berlin Heidelberg：Springer, 1998：484 - 498.

[17] DOLLÁR P, WELINDER P, PERONA P. Cascaded pose regression [J]. IEEE, 2010,238(6)：1078 - 1085.

[18] ZHOU E, FAN H, CAO Z, et al. Extensive facial landmark localization with coarse-to-fine convolutional network cascade [C]//IEEE International Conference on Computer Vision Workshops. IEEE, 2014：386 - 391.

[19] SUN Y, WANG X, TANG X. Deep convolutional network cascade for facial point detection [C]//Computer Vision and Pattern Recognition. IEEE, 2013：3476 - 3483.

[20] KAZEMI V, SULLIVAN J. One Millisecond face alignment with an ensemble of regression trees [C]//2014 IEEE Conference on Computer Vision and Pattern Recognition. IEEE, 2014.

[21] 邹昕彤.基于表情与头部状态识别的疲劳驾驶检测算法的研究,2017 年,硕士论文.

［22］FANG Z，SU J，LEI G，et al，Driver fatigue detection based on eye state recognition ［C］//Proc of International Conference on Machine Vision & Information Technology，2017：105 - 110.

［23］WIERWILLE W W，ELLSWORTH L A. Evaluation of driver drowsiness by trained raters ［J］. Accident Analysis & Prevention，1994，26(5)：571 - 581.

［24］褚晶辉,张婧,吕卫.基于卷积神经网络的驾驶行为分析算法研究[J].激光与光电子学进展,2019.

［25］邹昕彤.基于表情与头部状态识别的疲劳驾驶检测算法的研究[D].吉林大学,2017,硕士论文.

［26］SZCZERBA J F，CUI D，SEDER T A. Driver drowsy alert on full-windshield head-up display：US，US8344894［P］. 2013.

［27］ TEYEB I，JEMAI O，ZAIED M，et al. A novel approach for drowsy driver detection using head posture estimation and eyes recognition system based on wavelet network ［J］. 2013,1(1)：379 - 384.

［28］季映羽.基于面部特征分析与多指标融合的疲劳状态检测算法研究[D].吉林大学,硕士论文,2016 年.

6

电力系统中人员情绪智能评估

随着国家电网"三型两网,世界一流"的战略落地实施,各级电网今后的主要任务之一是充分应用"大、云、物、移、智"等现代信息技术,打造状态全面感知、信息高效处理的泛在电力物联网。新一轮电力改革的不断推进,让供电企业更加意识到,客户才是企业生存和发展的根本。而供电营业厅正是供电企业最重要的服务窗口,具有沟通、展示和传播企业形象的重要社会功能。自 2016 年以来,各省市营业厅都着力打造电力智能化新型营业厅,通过引入红外人体感应在岗装置、智能服务标语切换、智能服务机器人等设备,融合 Flash、GIS(geographic information system,地理信息系统)、三维显示等技术应用,实现智能化、互动化服务。然而,客户到供电营业厅办理各项用电业务,上述智能设备只是辅助手段,营业厅的服务人员才是满足客户诉求、了解客户动态的主体。因此,工作人员的服务、待人接物的态度是否合规,往往决定了客户对供电企业服务水平的认知程度。作为电力智能化营业厅整体建设方案的重要组成部分,人员情绪状态的智能评估是目前缺失的一个环节。

随着智慧城市、智能电网观念的提出,越来越多的智能视频监控系统被应用到电力系统中。在传统的视频监控中,异常行为往往被定义为个人或人群的突发性行为,或与人群中大多数相异的个体行为,或进入某个限制区域等,仅反映了一部分的异常性行为,且预警时行为已经发生,无法实现预警的初衷。本章从人是如何实现预警的角度出发思考,发现在通常情况下,人类通过观察对方的行为和表情,感受其情绪的变化,来评估发生危险事件的概率。

6.1 概述

在电力生产运行过程中,大量事故都是因人的失误导致的。国外针对电力企业的人员问题研究主要集中于情境意识水平的提高等方面,其中情境意识是指操作人员对于整个系统和环境各项要素的判断预测;而国内研究主要针对建立人与安全相适应的心理模型,研究内容较宽泛,还没有达到细化的水平。操作员的情境意识对人机交互的操作过程影响非常大。如热电厂操作员在工作过程中,会受到情绪、噪音和疲劳等各方面因素的影响,而这些因素对操作员情境意识可能也会存在一定的影响[1]。

心理学领域已涌现出大量关于冲突和情绪相关性的研究,建立了在各种情绪影响下群体性的冲突分析模型。有研究发现:情绪因素对群体性冲突的博弈均衡有着显著的影响,当参与者具有"悲观"情绪时,倾向"对抗"性的行为;当参与者具有"乐观"情绪时,易于做出"让步"性的行为。殷雁君等[2]提出了一种基于社会人际网络的群体事件情绪模型构建方法,论证了社会关系结构不同直接影响群体情绪的激烈程度。如果计算机能够及时"感受"到人的情绪,尤其识别出糟糕的情绪状态,那么就能实现异常行为发生前的预警。

表情是人重要的情感表达方式,因此,人脸表情识别技术是机器理解人类感情的基础,也是人类对自身情感智能化研究的有效途径。它不仅可以在诸如智能机器人、远程医疗、远程教育、智能游戏等人机互动的各种应用领域中发挥作用,还能够为商业决策、安全监控和辅助医疗等领域提供有效的分析数据。

人的情感识别是计算机视觉的一个传统命题,一直以来,大量的研究都是针对人类表情识别以实现人的情感理解。不仅产生了如 CK(CK+),AM-FED,JAFFE 等经典测试数据库,还涌现出部分异常夺目的研究成果,如 Essa 等提出的脸部运动编码系统(facial action coding system,FACS),Black 等提出的局部参数模型(local parameterized models),以及较早期就被应用到人脸表情识别的深度置信网络(boosted deep belief network)等。

近年来,人脸表情识别的研究正逐步由正面人脸表情向多角度人脸和自然态人脸表情转变。2013 年,ACM 创办了自然态情感识别系列挑战赛 EmotiW 2013(emotion recognition in the wild challenge),公布了自然态人脸表情视频数据集(AFEW)和自然态人脸表情图像数据集(SFEW)。数据集中样本来源为影视作品。视频样本包含声音信息。情绪分类包括高兴、伤心、惊讶、生气、厌恶、害怕 6 类。2018 年 Zhang 等[3]发表在计算机视觉顶级会议 CVPR 上的论文,公布其算法在 SFEW 数据库的 6 种表情平均识别正确率为 26.58%。包含声音信息的 AFEW 数据库最高识别率也只在 40% 左右。由此可见自然态人脸表情识别的难度和挑战性之大。将行为与人脸表情融合,共同实现人的情绪感知是一个相对小众的课题。2006 年,悉尼科技大学公布了一个结合人脸表情和姿态的情感识别视频数据库 FABO(the bimodal face and body gesture database),这是目前为止最流行的该课题公开数据库。EMMA 数据库是另一个相关数据库,其样本视频拍摄了人的整体行为,因此人脸被遮挡的情况时有发生。围绕这一命题展开的研究在近 10 年间陆续发表,现阶段尚无突破性成果,其中一个关键原因是行为对情绪的体现相较于表情而言,受习惯、种族、性别的影响更大,这种行为的差异化和多样性大大增加了情绪分类的难度。

相比于上述针对个体的情绪识别，群体的情绪识别是另一个值得关注的方面。令人遗憾的是，此类研究的成果不仅少且结果单一，其研究对象为中小规模群体，一般为十几或近百人，并且情绪分类一般只有积极、消极和中性 3 种，情绪分类依据为群体行为轨迹。2016 年，ACM 公布了新的面向小群体情绪识别的挑战赛 EmotiW 2016（Video and Group-Level Emotion Recognition Challenges），同时提供了群体情感测试数据库（Group Affect Database），由此为群体情绪认知领域开拓了新的发展方向，出现了一批有价值的论文。如 Gupta 等[4]发表在 CVPR2017 会议上的论文，和 Tan 等[5]发表在 ICMI2017 上的论文，均实现了 EmotiW 数据库 70%～80% 的识别正确率。然而，Group Affect Database 数据库只提供了样本的积极、消极和中性 3 种分类，尚不能满足对群体属性状态和行为安全的预估。更为细化的基于图像的小群体情绪分类研究目前并未有相关成果报道。

综上，本章拟从以下 4 个方面论述人的情绪智能评估方法。首先，结合深度时序信息的正面人脸的表情识别；其次，自然态多角度人脸表情识别；再次，结合人体行为的个体及群体情绪识别；最后，在非常规情况下，针对提取到的分辨率极低的小脸图像的情绪识别。

6.2 » 人员情绪识别方法

目前已有大量基于静态平面图像研究的人脸表情识别成果，但作为脸部肌肉在三维空间中的一种运动过程，发掘人脸在深度空间和时间上的变化特征将更有助于提高自然状态的脸部表情识别，推动脸部表情识别算法实用化。代表性研究有来自 Sun 等[6]关于人机互动中的人脸表情 3D 数据分析，将 2D 纹理与 3D 结构信息融合，采用 HMMs 实现动态表情识别。此后，有 Fang 等[7]利用 3D 网格图像（3D Mesh）进行表情帧的图像配准，得到形变向量模型，提取 LBP-TOP 特征输入隐马尔可夫模型（HMMs）实现表情识别。Stefano 等[8]提出了一种新的脸部特征点检测方法，并由此得到特征点间距离建立脸部性别模型进行 3D 动态表情识别的算法。这两种算法均以脸部的 3D 模型为基础，研究全局 3D 形变特征，虽然取得不俗的识别率，但算法复杂，计算量很大。Karan 等[9]提出了一种利用词袋（bag-of-words）结构实现人脸表情识别的算法，以二维灰度图像的 LBP-TOP 特征为基础，采用编码加汇聚算法实现特征提取。

人脸表情识别算法包含底层的特征提取和顶层的分类器设计 2 个阶段。常用特征分为外表特征和几何特征。外表特征用于提取脸局部区域的纹理变化，常用特征描述子有 Gabor 和 LBP（Local Binary Patterns）。几何特征有脸部特征点轮廓模型、脸部曲线模型、脸部形变模型等，几何特征能够反映表情变化的整体结构信息。脸部几何特征的整体结构性是通过脸部离散的点或线的位置信息体现的，但这些点或线间仍存在与表情对应的脸部肌肉的运动细节。因此，在脸部几何描述的基础上，融合纹理特征捕获脸部细节变化，是一种更加全面的脸部特征描述方法。

基于以上分析,本章节提供了一种面向 RGB-D 动态图像序列分析,结合动态纹理特征和几何结构特征的 4D 人脸表情自动识别算法。这一课题不仅是传统 2D 脸部表情识别研究的延续,更是在当前 3D 图像分析被广泛应用的前提下,提供的一种针对脸部时空 4D 特征描述和处理的解决方案。此外,本章节还引入了一种基于慢特征分析(SFA)峰值的表情自动检测算法,由此建立峰值表情静态 3D 几何特征,实现表情的自动识别。最后,通过 BU-4DFE 数据库实验证实,本算法对自然表情序列能够达到 85% 的识别正确率。

图 6.1 给出了整个算法流程。算法采用了局部和整体结合的思路进行特征提取,4D 纹理特征为动态的局部特征,基于表情峰值提取的脸部几何结构特征则为静态的全局特征。4D 纹理特征的提取如图中左框所示:对脸部表情视频进行尺度、深度、脸部位置的归一化预处理后得到图中彩色和深度图像序列,分割图像序列,结合 LBP-TOP 算子建立 4D 纹理特征。几何结构特征的建立流程如图中右框所示:利用 SFA 算法自动定位脸部峰值表情图像,建立脸部 3D 特征点几何模型。最后,将 4D 纹理特征和几何结构模型组合,利用 PCA 降维,输入条件随机场(CRFs)训练并分类识别。

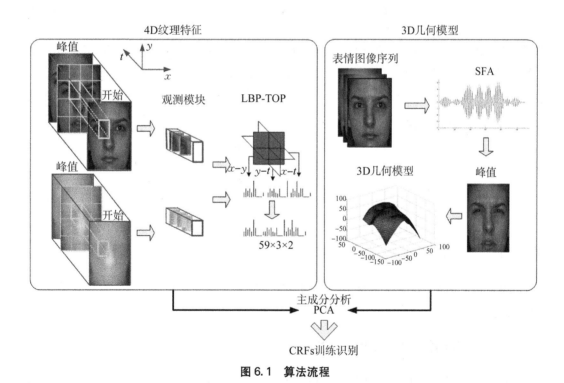

图 6.1 算法流程

6.2.1 4D 纹理特征提取方法

4D 纹理特征指包含平面灰度、深度和时间信息的纹理特征。在提取纹理特征前,需要对图像序列进行预处理:①针对每一个表情样本序列,确定脸部表情从开始到结束的

RGB 和深度图像；②应用 Viola - Jones 算法检测人脸区域。在实际操作中，直接利用 OPENCV 函数库获取脸部和眼睛位置；③设双眼中心坐标为 (x_{e1}, y_{e1})，(x_{e2}, y_{e2})，以 $(x_{ref}, y_{ref}) = [(x_{e1} + x_{e2})/2, (y_{e1} + y_{e2})/2]$ 为基准坐标，定义脸部检测上边缘坐标为 y_{up}，则根据基准坐标确定脸部的左、下、右边缘坐标分别为 $x_{left} = x_{ref} - 2x_{e1}$，$y_{bottom} = | y_{ref} - y_{top} | \times 3 + y_{top}$，$x_{right} = x_{ref} + 2x_{e2}$；④将 RGB 图像转化为灰度图像，归一化为 480 pixel $\times$ 320 pixel 大小，深度图像归一化为 240 pixel $\times$ 160 pixel 大小，得到的脸部归一化图像如图 6.1 中所示。

将预处理后的灰度图像和深度图像划分为相同个数的 $n \times n$ 个单元。保持当前表情序列长度，则每个图像序列可分为 $n \times n \times 1$ 个 3D 模块。针对每个 3D 模块提取基于 LBP-TOP 的动态纹理特征。

LBP 特征是一种对光线改变不敏感，计算简单的纹理特征，经大量的实验证实，LBP 是表情识别中最为有效的特征描述子之一。针对二维图像，若给出位于 (x_c, y_c) 的像素点，g_{x_c, y_c} 为该点的像素值，则其 3$\times$3 邻域空间中的 LBP 特征为

$$LBP(x_c, y_c) = \sum_{p=0}^{7} s(g_{x_p, y_p} - g_{x_c, y_c}) 2^p \tag{6.1}$$

作为 LBP 在 3D 空间的延伸，LBP-TOP（Three Orthogonal Planes）在空间中 3 个平面（$X - Y$，$X - T$，$Y - T$）上分别计算 LBP 值，实现动态纹理特征统计。若定义 V 为某一像素时空领域的 LBP - TOP 特征，以 (x_c, y_c, t_c) 表示该像素点位置，P 为其邻域个数，则

$$V = \{LBP_{P, R}(x_c, y_c), LBP_{P, R}(x_c, t_c), LBP_{P, R}(y_c, t_c)\}$$
$$= \Big\{ \sum_{p=0}^{P-1} s(g_{x_p, y_p, t_c} - g_{x_c, y_c, t_c}) 2^p, \sum_{p=0}^{P-1} s(g_{x_c, y_c, t_p} - g_{x_c, y_c, t_c}) 2^p,$$
$$\sum_{p=0}^{P-1} s(g_{x_c, y_p, t_p} - g_{x_c, y_c, t_c}) 2^p \Big\} \tag{6.2}$$

其中，g_{x_c, y_c, t_c} 为中心像素点灰度值，$s(x) = \begin{cases} 1, & \text{if } x \geqslant 0 \\ 0, & \text{if } x < 0 \end{cases}$。

最终得到的每个表情样本的 4D 纹理特征 $V \in \mathbb{R}^{m \times 2 \times n \times n}$。$m$ 为每个 3D 模块的 LBP-TOP 特征维数。

6.2.2　3D 特征点几何模型的建立

纹理特征能够检测到脸部图像局部的肌肉变化，几何特征模型则实现了脸部位置轮廓的整体展现。可以采用特征点描述的方法提取脸部几何特征，如 Zhu 等[10]在 2012 年 CVPR 上发表的论文提及的混合树结构模型算法。检测得到的脸部模型中包含 83 个特征点，分布于眉毛、眼睛、鼻子、嘴和脸部外侧的轮廓上，具体位置如图 6.2 所示。每个特征点 i 的坐标为 (x_i, y_i, z_i)。

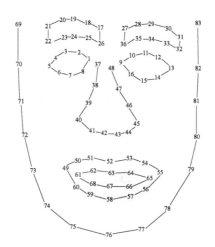

图 6.2 脸部特征点位置示意

为了针对不同人的表情建立稳健的匹配模型,需要在去除脸部大小、旋转角度等几何形变的基础上提取归一化的形状特征。这里采用广义普鲁克分析算法(Generalized Procrustes Analysis,GPA)实现各测试模型的对应特征点间的 L_2 距离最小化。首先假设第一个脸部模型为均值模型。以均值模型为参照,分别计算每个脸部模型与该参照的相对距离作为其新坐标实现校准。计算所有脸部模型的平均坐标,得到一个新的均值模型为参照值。重复计算各脸部距离与参照间的相对距离,并确定新的均值模型,直到相邻两次计算得到的均值模型差足够小。

如图 6.3 所示,采用 GPA 算法进行脸部模型校准后得到的 6 种表情在峰值时的均值模型,第一行为 2D 平面特征点模型,第二行为增加深度信息的 3D 网格模型。从图 6.3 中可以看出,惊讶的表情模型与其他模型有明显的区别,而生气和悲伤的脸部模型非常相似。由于每个脸部模型有 83 个特征点,每个特征点为 3D 坐标,因此最终对应每一个脸部几何模型的特征维数为 $83 \times 3 = 249$。

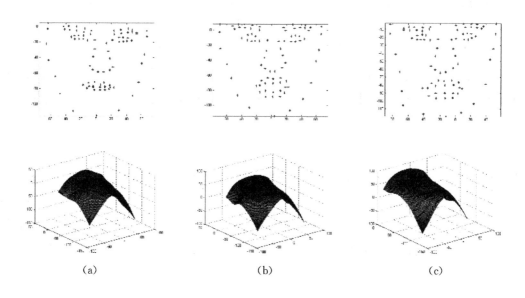

(a)   (b)   (c)

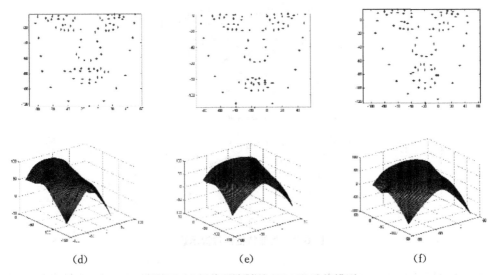

图 6.3　6 种常见表情的 2D，3D 均值模型

(a) 生气；(b) 厌恶；(c) 害怕；(d) 高兴；(e) 伤心；(f) 惊讶

6.2.3　峰值表情图像的自动检测方法

　　图像序列中，对应表情的不同阶段都可以提取相应的脸部几何模型。但为了减少特征维数，降低算法开销，针对一个表情序列样本，计算时仅保留一个表情峰值图像的 3D 几何模型。传统大量算法直接采用静态数据库提供的表情峰值图像，或采用人工定位的方式选择不同的表情状态图像。这样不仅使样本具有过多主观性，造成实验结果不唯一的问题，而且在样本数量过多的情况下缺乏可行性。本节介绍了一种基于慢特征分析（Slow Feature Analysis，SFA）的表情变化自动检测算法[11]。

　　SFA 是一种从快速变化的输入信号中自动提取缓慢变化特征的无监督学习算法。它被成功应用于行为识别、场景分类等多个计算机视觉应用领域。以 D 维时间输入信号 $x(t)=[x_1(t), x_2(t), \cdots, x_D(t)]^{\mathrm{T}}$ 为例，SFA 能够自适应地找到一个非线性投影函数 $S(x)=[S_1(x), S_2(x), \cdots, S_M(x)]$，使该投影函数的输出 $y(t)=[y_1(t), y_2(t), \cdots, y_M(t)]^{\mathrm{T}}$，$y \in \mathbb{R}^M$ 的各个分量变化尽可能慢，由此获得不同表情状态的慢性变化特征。x，y，s 三者的关系满足 $y_j=S_j(x)$。SFA 采用关于时间一阶导数的平方均值衡量 $y(t)$ 的变化速率，即尽量满足

$$\min_{S_j}\langle \dot{y}_j^2 \rangle_t \tag{6.3}$$

其中，$\dot{y}_j(t)$ 是 $y_i(t)$ 关于时间 t 的一阶导数，$\langle y \rangle_t$ 表示 y 的时间期望。式(6.3)的求解需同时满足 3 个约束条件：①$\langle y_j \rangle_t=0$；②$\langle y_j^2 \rangle_t=1$；③$\forall j<j'$：$\langle y_j, y_{j'} \rangle_t=0$。条件①和②保证了 $y_j(t)\neq C$，条件③保证了 y 的各分量间的不相关性。在 SFA 求解得到的 y 各分量中，$y_1(t)$ 是变化最慢的特征量，而 $y_2(t)$ 是除 $y_1(t)$ 以外，与 $y_1(t)$ 不相关的最慢变化

特征,以此类推。

非线性情况下,将输入函数 $x(t)$ 扩展到有限维函数空间 Φ,获得 $x(t)$ 在 Φ 空间的非线性投影 $\chi(t)=f(x(t))$。以 $\boldsymbol{\phi}(x)=(\phi_1(x),\phi_2(x),\cdots,\phi_K(x))$ 为 Φ 空间基向量,则所有 Φ 空间中的函数 $f\in\Phi$ 都可以表示为 $\boldsymbol{\phi}(t)$ 的线性组合

$$f(x)=\sum_{k=1}^{K}\omega_k\phi_k(x)=\boldsymbol{\omega}^{\mathrm{T}}\boldsymbol{\phi}(x) \quad k=1,2,\cdots,K \tag{6.4}$$

令 $\langle\phi(t)\rangle_t\overset{\text{def}}{=}\boldsymbol{\phi}_0$ 求得 $\phi(t)$ 在时间 t 内的均值,定义

$$f(x)=\boldsymbol{\omega}([x_1,x_2,\cdots,x_D,x_1x_1,x_1x_2,\cdots,x_Dx_D]^{\mathrm{T}}-\boldsymbol{\phi}_0^{\mathrm{T}}) \tag{6.5}$$

其中,$\boldsymbol{\omega}$ 为系数向量。由此将非线性 SFA 转换为 Φ 空间的线性问题求解,此后利用线性 SFA 计算。在 S_j 为线性函数的前提下,$S_j(\boldsymbol{\chi})=\boldsymbol{\mu}_j^{\mathrm{T}}\boldsymbol{\chi}$,此时线性 SFA 问题的计算相当于求解一个广义特征值问题,即:

$$\boldsymbol{AW}=\boldsymbol{BW\Lambda} \tag{6.6}$$

其中,$\boldsymbol{A}=\langle\dot{\boldsymbol{\chi}}\dot{\boldsymbol{\chi}}^{\mathrm{T}}\rangle_t$,$\boldsymbol{B}=\langle\boldsymbol{\chi}\boldsymbol{\chi}^{\mathrm{T}}\rangle_t$,$\boldsymbol{\Lambda}$ 为广义特征值对应的对角矩阵,$\boldsymbol{W}$ 为广义特征向量。

这里,SFA 的输入特征向量 $\boldsymbol{x}(t)$ 为同一表情序列样本的 3D 几何特征序列,经过 SFA 投影后得到的最缓慢特征输出 $y_1(t)$ 如图 6.4 所示。图中 x 轴为表情序列帧数,测试样本为表现惊讶的表情序列,x 轴下方对应不同帧时刻的图像。由图 6.4 中可看出,信号幅值与图像特征变化幅度相关。因此,信号幅值越大,对应图像表情变化越剧烈。则最优峰值表情对应第 frm^* 帧,$frm^*=\max\limits_t(y_1(t))$。以图 6.4 表情序列为例,峰值表情为第 44 帧图像。

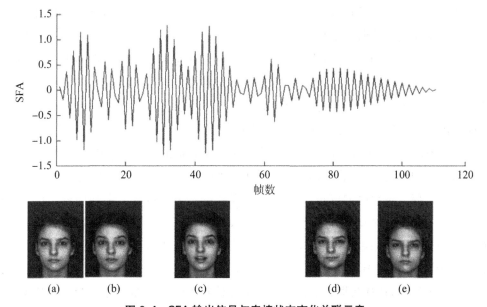

图 6.4 SFA 输出信号与表情状态变化关联示意

(a) 第 1 帧;(b) 第 9 帧;(c) 第 44 帧;(d) 第 80 帧;(e) 第 100 帧

6.2.4 基于条件随机场理论的人脸表情分类器设计

条件随机场(Conditional Random Fields，CRF)是约翰·拉弗蒂(John Lafferty)在2001年提出的一种典型的判别式模型，它能够对目标序列进行建模，同时又能够以序列化形式进行全局参数优化和解码，是一种具有高区分度的算法，在自然语言处理和动作识别领域有非常广泛的应用。

以每一个表情样本的观察特征为 x，其类别标签为 y。则每一个样本特征 x 为表征样本纹理和形态特征的随机变量，对应 CRF 中一个输入节点；而每一个 y 对应表征表情类型的随机变量，为输出节点。这里采用的线性链式结构的 CRF 模型为

$$p(y/x; \theta) = \frac{1}{z(x, \theta)} \exp\left(\sum_j \theta_j F_j(x, y)\right) \tag{6.7}$$

$$z(x, \theta) = \sum_y \exp\left(\sum_j \theta_j F_j(x, y)\right) \tag{6.8}$$

这里 $z(x, \theta)$ 是归一化因子，$F_j(x, y)$ 则为特征函数。给出 N 个训练样本后，在训练过程中能够计算出使条件对数似然值最大化的最优权值 θ^*，即

$$\theta^* = \mathrm{argmax}_\theta L(\theta) \tag{6.9}$$

$$L(\theta) = \sum_{k=1}^N \left[\sum_j \theta_j F_j(y_k, x_x) - \log\left(\frac{1}{z(x_k, \theta)}\right) \right] \tag{6.10}$$

其中，参数 θ 的估计问题可以使用 L-BFGS(Limited Memory Broyden Fletcher Goldfarb Shanno)算法解决。

据统计，大量研究使用的数据库有 Cohn-Kanade(CK)数据库、MMI 脸部表情数据库和日本女性脸部表情数据库(JAFFE)。3 个数据库均为平面图像表情数据库，因此，在本次实验中选择了具有 3D 动态数据的 BU-4DFE 数据库进行测试。为了证明测试数据的有效性，将 BU-4DFE 数据库与以上 3 个数据库的样本类型进行了对比。BU-4DFE 数据库的样本人数超过了以上 3 个常见数据库，并有合适的男女比例和多种种族人群，因此以该数据库为测试样本库能够全面地体现算法的有效性。

BU-4DFE 数据库中每个样本对象包含 6 个典型表情的自然表现序列：愤怒、厌恶、悲伤、高兴、恐惧和惊讶，大多数序列记录了人从无特定表情到出现表情、保持表情峰值、到结束表情的过程。少数序列仅包含表情峰值到结束表情的过程。平均序列长度 100 帧。BU-4DFE 中所有表情帧均包含一份 1392 pixel×1080 pixel 的高清图像和一份与图像对应的 3D 网格数据。从图像中可以直观看出：厌恶、高兴和惊讶具有较大辨识度，而其他 3 种表情的表现形式则趋于多样化，脸部变化也较为柔和。

在实验过程中，选择数据库中存在从表情开始到其峰值的图像序列为实验样本，去除某些不包含该过程的表情序列和存在图像部分缺失的表情序列，最终得到实验样本为 95

个人的 411 个表情序列。针对 6 种典型表情进行算法测试,采用 Hold-out 策略,即多次计算取平均值的做法,在所有样本中依次选择 2 个人的所有表情序列为测试样本,其余为训练样本,如第 1 次选择 1,2 号人为测试样本,而第 2 次选择 2,3 号人为测试样本,循环测试 94 次,取平均识别率为最终实验结果。最终识别结果的混淆矩阵(Confusion Matrix)如表 6.1 所示,6 种表情的平均识别率为 85.04%。

表 6.1　本算法的最终识别混淆矩阵表

	愤怒	厌恶	恐惧	高兴	悲伤	惊讶
愤怒	**0.81**	0.08	0.02	0	0.12	0.02
厌恶	0.07	**0.82**	0.07	0	0	0
恐惧	0	0.07	**0.66**	0	0	0
高兴	0.02	0.03	0.10	**0.99**	0	0.01
悲伤	0.10	0	0.03	0	**0.88**	0
惊讶	0	0	0.12	0.01	0	**0.97**

注:黑体为正确识别率,其他为误识率。

从表 6.1 中可以看出:高兴、悲伤和惊讶 3 种表情的识别率最高。若采用本文提出的算法单独对这 3 种表情进行算法测试,则可以得到 98.1% 的平均识别率。从表 6.1 中还可以看出:愤怒和厌恶能够达到 80% 以上的识别率,但恐惧的识别率低于 70%。对一组随机选择的表达恐惧的峰值表情图像观察后发现:大多数人表达恐惧的表情中包含微皱眉,鼻孔微微扩张,但嘴巴的动作各异,如图 6.5 所示。从表 6.1 的数据中可以看出:恐惧存在被误识为其他各种表情的概率最小,最易误识表情为惊讶。

图 6.5　表达恐惧的峰值表情图像样本

为了证明算法中采用的 4D 纹理特征的有效性,实验中专门针对 3D 几何特征进行了识别精度测试。即实验中仅提取表情峰值的 3D 几何模型为特征,经过 PCA 降维后输入 CRF 训练并测试。实验方案仍然采用与之前一致的 Hold-out 策略,最终平均实验结果的混淆矩阵如表 6.2 所示。6 种表情的平均识别率为 65.63%。从表 6.2 的数据中看出:原本实验中识别率最高的高兴、悲伤和惊讶表情的识别率均降低到 80% 以下,而恐惧作为最不易辨识的表情,其识别率下降到 33%。因此,4D 纹理特征大大增加了 3D 动态表情的识别率。

表 6.2　单独使用 3D 几何特征的识别混淆矩阵表

	愤怒	厌恶	恐惧	高兴	悲伤	惊讶
愤怒	**0.55**	0	0.11	0	0.22	0
厌恶	0.20	**0.78**	0.33	0.05	0.06	0.10
恐惧	0.05	0.11	**0.33**	0.20	0.06	0.15
高兴	0	0	0	**0.75**	0	0
悲伤	0.25	0	0	0	**0.67**	0
惊讶	0	0.11	0.22	0	0	**0.75**

注:黑体为正确识别率,其他为误识率。

6.3 » 面部表情识别方法

在过去的几十年中,人脸表情识别的研究成果主要针对正面或近正面人脸图像。而自然状态下的多角度人脸表情识别显然具有更广泛的应用范围和更高的应用价值。与正面人脸表情识别相比,非正面人脸需要处理人脸姿态变化带来的表情信息缺失、多姿态特征匹配等问题,大大提高了人脸采集、检测和识别的难度。因此,多视角人脸表情识别是人脸识别研究领域中的一个难点课题。

传统人脸表情识别算法一般分为两个步骤:特征提取和分类器判别。但传统人脸表情识别技术不能根据类和图像调整特征提取。如果所选择的提取特征方法缺乏区分类别所需的表征能力,则分类模型的准确性会受到很大的影响,这种影响一定程度上与所采用的分类策略的类型无关。多特征融合技术对同一对象选择多个特征提取器,并人为随机结合各个特征以获得更好的可识别性。但这类算法在面向不同类型数据库测试时稳健性较低。近年来,随着大数据时代和计算机信息处理能力的提升,深度卷积神经网络成为当前人工智能领域的一个研究热点,先后出现了很多具有里程碑意义的网络模型,例如 AlexNet、VGG-19、GoogleNet 和 ResNet。在建模与表征能力都有着较传统方法的显著优势,其本身没有内置人为干预的特征提取器,将提取和分类模块组合成一个整体系统,并且通过区分图像中的表示,和基于监督数据对它们进行分类,从而学习提取。无论是在相对简易的手写数字识别、车牌识别,还是在较为复杂的年龄估计中,卷积神经网络都得到了广泛的应用。

由于经典深度卷积网络直接应用于人脸表情识别会使模型存储过大,网络结构太深,导致网络过拟合、预测效率过低和低识别率等问题,本节介绍了残差网络、深度可分离卷积原理和压缩,以及奖惩网络模块的有关知识,提出了一种基于改进卷积神经网络的自然态人脸表情识别算法。通过借鉴经典 Inception 网络,构建了一个新的卷积神经网络(Light-CNN 网络)。首先,在残差网络的基础上设计卷积网络,提取不同视角下的表情特征,引入深度可分离卷积来减少网络参数;其次,嵌入压缩和奖惩网络模块学习特征权重,利用特征重新标定方式提高网络表示能力,并通过加入空间金字塔池化层,增强网络的稳健性;最后,为了进一步优化识别结果,采用 AdamW(Adam With Weight Decay)优化方法使网络模型加速收敛。在 RaFD,BU-3DFE 和 FER2013 表情库上的实验表明:该方法具有较高的识别率,并减少了网络计算时间。

6.3.1 残差网络和深度可分离网络设计

由深度学习的基本原理可知,通常随着卷积网络的层数增多,往往能够提取更多的表情特征信息,但是这种简单网络的堆积容易出现梯度弥散和梯度爆炸问题,导致识别率下降。虽然增加层数深度可以提高网络重构性能,但增加大量的网络训练参数,加大了网络训练难度。因此,本节提出一种结合深度可分离卷积和残差网络的方法,解决由网络深度加深造成难以收敛的问题。其中,深度可分离卷积是一种标准卷积的分解形式。在标准卷积中,每个输入通道必须与一个特定内核进行卷积,然后结果是来自所有通道的卷积结果的总和。在深度可分离卷积的情况下,首先是深度卷积,分别对每个输入通道执行卷积。再者逐点进行卷积,与标准卷积相比,这种卷积结构可以极大地减小网络模型的参数数量和计算量,并且不会造成明显的精确度损失。如图 6.6 所示,假设输入特征图的大小为 $M \times M \times N$,内核大小为 $K \times K \times N \times P$,在步长为 1 的情况下,标准卷积所需的权重数量

$$W_{SC} = K \times K \times N \times P \tag{6.11}$$

相应的操作数量

$$O_{SC} = M \times M \times K \times K \times N \times P \tag{6.12}$$

在深度可分离卷积的情况下,权重的总数

$$W_{DSC} = K \times K \times N + N \times P \tag{6.13}$$

并且操作总数

$$O_{DSC} = M \times M \times K \times K \times N + M \times M \times N \times P \tag{6.14}$$

因此,权重和操作的减少计算量

$$F_W = \frac{W_{DSC}}{W_{SC}} = \frac{1}{P} + \frac{1}{K^2} \tag{6.15}$$

$$F_O = \frac{O_{DSC}}{O_{SC}} = \frac{1}{P} + \frac{1}{K^2} \tag{6.16}$$

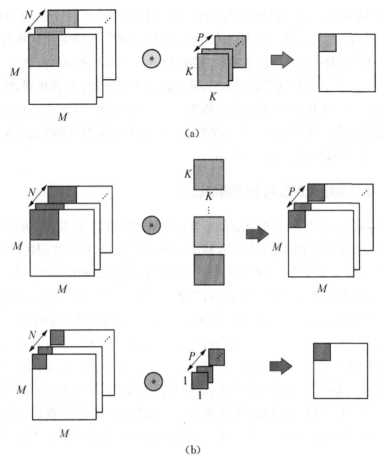

图 6.6 标准卷积结构和深度可分离卷积结构

(a) 标准卷积；(b) 深度可分离卷积

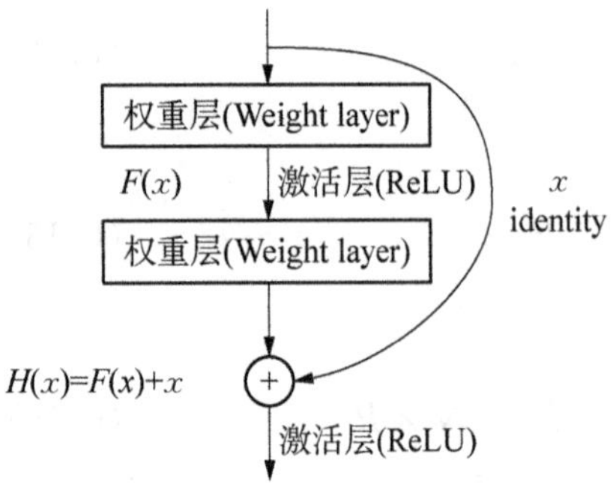

深度残差网络如图 6.7 所示，叠加一个恒等的快捷连接，以加快网络收敛。图中 $H(x)$ 为理想映射，$F(x)$ 为残差映射，$H(x)=F(x)+x$。将拟合初始目标函数 $H(x)$ 转变成拟合残差映射 $F(x)$，和输入的 x 叠加，从而将直接映射问题转化为残差映射问题。

为了有效提取面部图像中的显著驱动深层特征，引入压缩和奖惩网络模块，筛选有用特征，提高网络对信息特征的敏感度。压缩和奖惩网络模块（Squeeze-and-Excitation Blocks，SE）的主要思想

图 6.7 深度残差网络的基本结构

是：通过显式地建模卷积特征通道之间的相互依赖性来提高网络的表达能力。对每个特征通道进行校准的机制，使网络从全局信息出发来提升有价值的特征通道，并且抑制对当前任务无用的特征通道。压缩和奖惩网络模块示意图如图 6.8 所示。

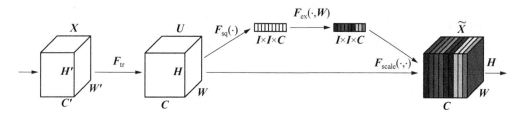

图 6.8 SE 网络模块示意

对于任何给定的变换：$F_{tr}: X \rightarrow U$，$X \in \mathbf{R}^{W' \times H' \times C'}$，$U \in \mathbf{R}^{W \times H \times C}$。假定 F_{tr} 为一个标准的卷积运算。$V = [v_1, v_2, \cdots, v_C]$ 表示学习到的一组滤波器，$U = [u_1, u_2, \cdots, u_C]$ 表示卷积的输出，其公式为

$$u_c = v_c * X = \sum_{s=1}^{C'} v_c^s * x^s \tag{6.17}$$

式中，$*$ 表示卷积，$v_c = [v_c^1, v_c^2, \cdots, v_c^{C'}]$，$X = [x^1, x^2, \cdots, x^{C'}]$，这里 v_c^s 是 2D 空间核，因此表示 v_c 的一个单通道，作用于对应的通道 X。

利用 SE 网络模块来执行特征重新校准，分为两步：压缩和奖惩。具体步骤如下：

步骤 1 压缩：特征 U 首先通过使用全局平均池化生成通道统计，将全局空间信息压缩成一个通道描述符，该描述符嵌入了通道特征响应的全局分布，允许后续网络层获得全局感受视野的信息。统计 $z \in \mathbf{R}^C$ 是通过在空间维度 $W \times H$ 上收缩 U 生成的，其中 z 的第 c 个元素

$$z_c = F_{sq}(u_c) = \frac{1}{W \times H} \sum_{i=1}^{W} \sum_{j=1}^{H} u_c(i, j) \tag{6.18}$$

步骤 2 奖惩：为了充分利用前一阶段的通道聚合信息，获取各通道信息的依赖关系。通过依赖于信道的筛选机制学习每个通道的特定采样的激活，来控制每个通道的激励。然后重新加权特征映射 U 以生成 SE 模块的输出，然后可以将其直接输入到后续层中。奖惩操作包括两个全连接层、两个激活层操作，具体公式如下：

$$s = F_{ex}(z, W) = \sigma(g(z, W)) = \sigma(W_2 \delta(W_1 z)) \tag{6.19}$$

其中，δ 和 σ 分别是激活函数 ReLU 和 Sigmoid，降维层 $W_1 \in \mathbf{R}^{\frac{C}{r} \times C}$，降维比例为 r（设为 16）和升维层 $W_2 \in \mathbf{R}^{C \times \frac{C}{r}}$。通过激活重新调整转换后的输出来获得块的最终输出

$$\tilde{x}_c = F_{scale}(u_c, s_c) = s_c \cdot u_c \tag{6.20}$$

其中，$\tilde{X} = [\tilde{x}_1, \tilde{x}_2, \cdots, \tilde{x}_C]$ 和 $F_{scale}(u_c, s_c)$ 指的是特征映射 $u_c \in \mathbf{R}^{W \times H}$ 和标量 s_c 之间的对应通道乘积。

针对多视角人脸表情图像的信息部分缺失和冗余特征问题,SE模块设法计算输出卷积通道的权重,通过强调重要表情特征和抑制通道之间的无用特征使网络更有效。SE模块可以直接替换架构中任意深度的原始块,无缝集成到任何CNN模型中。本算法将SE模块多次嵌入卷积网络中,提取人脸表情的显著特征来提高多视角表情识别率。另外,SE模块在增加网络参数量的同时,对计算速度影响不会太大。

6.3.2　改进卷积神经网络的结构

本节提出了一种用于实现自然态人脸表情识别的Light-CNN网络。网络结构如图6.9所示,网络中共有17个卷积层:2个二维卷积层(Conv2D)和15个深度可分离卷积层(SeparableConv2D)。每个卷积层之后是Batch Normalization函数和ReLU激活函数。其中,两个Conv2D层,设置8组3×3的卷积核。此外,网络中设置了5个旁路连接模块,每个旁路连接模块由3个深度可分离卷积层和1个旁路连接组成,可以在防止梯度消失的同时加快网络收敛速度。每个旁路连接模块后面紧跟着SE模块,可通过使网络执行动态通道特征重新校准,来提高网络的表示能力。在最后一个卷积层之后,引入一种空间金字塔池化(Spatial Pyramid Pooling, SPP)层以消除对网络固定尺寸的限制。SPP层对特征进行池化,并生成固定长度的输出,然后输出到全连接层,这样可以避免在最开始的时候就进行裁剪或变形。不仅使任意大小的输入成为可能,还有效提高了准确率,减少了总的训练时间。

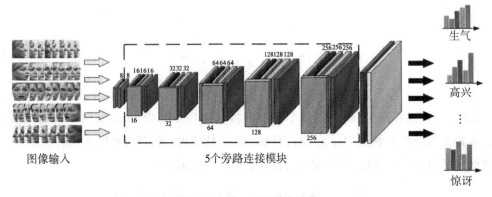

图 6.9　Light-CNN 基本结构

6.3.3　实例分析

为了验证本章提出的基于改进卷积神经网络的人脸表情识别算法的性能,使用了人脸表情数据库 BU-3DFE 数据库、RaFD 数据库和 FER2013 数据库进行训练和测试,其中,BU-3DFE 数据库和 RaFD 数据库中的 80% 作为训练集,20% 图像作为测试集。目前,Adam 算法是实际应用中的主流方法。它具有优良的收敛性,其适应性学习率也比随机梯度下降算法(SGD)的固定或指数衰减学习率更有优势。然而,在一些数据集上比带动量的 SGD 方法泛化性能更差,容易收敛于不太理想的最小值。但假如采用带动量的 SGD 方法,会出现梯度更新不灵活问题。为了提高网络的泛化能力和减少网络训练时间,本章采用一种带权重衰减的自适应梯度下降(AdamW)算法来优化网络参数,实现将权重衰减与基于梯度的更新分离,提高网络的泛化性能。假设从训练集中随机选取 $y^{(i)}$ 个样本 $\{x^{(1)}, x^{(2)}, \cdots x^{(m)}\}$,$y^{(i)}$ 为样本 $x^{(i)}$ 对应的真实值,计算 m 个样本的平均梯度

$$g_t = \frac{1}{m} \nabla \theta_{t-1} \sum_i L(f_t(x^{(i)}; \theta_{t-1}), y^{(i)}) + \omega \cdot \theta_{t-1} \tag{6.21}$$

梯度的一阶矩估计和二阶矩估计公式为:

$$m_t = \beta_1 \cdot m_{t-1} + (1 - \beta_1) \cdot g_t \tag{6.22}$$

$$v_t = \beta_2 \cdot v_{t-1} + (1 - \beta_2) \cdot g_t^2 \tag{6.23}$$

计算更新量:

$$\Delta \theta_t = -\eta \frac{\widetilde{m}_t}{\sqrt{\widetilde{v}_t} + \varepsilon} + \omega \cdot \theta_{t-1} \tag{6.24}$$

其中,一阶矩和二阶矩的偏差修正分别为 $\widetilde{m}_t = \frac{m_t}{1 - \beta_1^t}$ 和 $\widetilde{v}_t = \frac{v_t}{1 - \beta_1^t}$;$\eta$ 为学习率;一阶矩和二阶矩估计的指数衰减速率分别为 $\beta_1 = 0.9$ 和 $\beta_2 = 0.999$;$\varepsilon = 10^{-8}$;权重衰减为 $\omega = \omega_{\text{norm}} \sqrt{\frac{b}{BT}}$;批量大小 $b \in \mathbb{R}$;每个周期的训练样本总数 $B \in \mathbf{R}$;训练次数 $T \in \mathbb{R}$;$\omega_{\text{norm}} = 0.005$。

在实验中的重要训练参数设置为:学习率 0.001,训练次数 100,批量大小 16。

本书算法使用的系统为 Ubuntu16.04,在其系统下搭建了深度学习框架 Keras 进行训练,在 Pycharm 上进行实验测试。电脑硬件配置为 AMD Ryzen 5 1600 CPU 和 16 GB 内存以及 NVIDA GeForce GTX 1080。

1. RaFD 数据库实验

在 RaFD 数据库中不同角度下的每种表情的识别率如表 6.3 所示,不同角度的识别率各不相同,最高识别率的角度为(正面),平均准确率为 0.973,最差识别率角度为(侧面),平均准确率分别为 0.915 和 0.936。从图 6.10 中可以看出:不同的表情识别的准确性也不同,其中,高兴和惊讶更容易识别,识别率高达到 0.988 和 0.995;而悲伤和轻蔑很难区别,识别率仅为 0.888 和 0.875,明显低于平均识别率;此外,在 0°和 45°角度下,中性和轻蔑的表情更容易被错误分类,导致这两种表情的识别率较低,均低于平均识别率。

表 6.3 RaFD 数据库中不同角度下的每种表情的识别率

表情	识别率						
	90°	45°	0°	−45°	−90°	整体	平均
高兴	0.97	1.00	1.00	0.97	1.00	0.99	0.988
悲伤	0.85	0.73	0.93	0.90	0.93	0.99	0.888
生气	0.97	1.00	1.00	0.95	0.95	0.99	0.977
厌恶	1.00	1.00	1.00	0.98	0.98	1.00	0.993
轻蔑	0.78	0.90	0.98	0.95	0.80	0.84	0.875
恐惧	0.90	0.88	0.90	0.95	0.90	0.98	0.918
中性	0.85	0.97	1.00	0.80	0.93	0.86	0.902
惊讶	1.00	1.00	0.97	1.00	1.00	1.00	0.995
平均	0.915	0.935	0.973	0.938	0.936	0.956	0.942

	高兴	悲伤	生气	厌恶	轻蔑	恐惧	中性	惊讶
高兴	0.97				0.03			
悲伤		0.85	0.10			0.03	0.02	
生气			0.97				0.03	
厌恶				1.00				
轻蔑			0.02		0.78		0.20	
恐惧						0.90		0.10
中性					0.15		0.85	
惊讶								1.00

(a)

	高兴	悲伤	生气	厌恶	轻蔑	恐惧	中性	惊讶
高兴	1.00							
悲伤		0.73	0.10		0.07		0.10	
生气			1.00					
厌恶				1.00				
轻蔑					0.90		0.10	
恐惧		0.02				0.88		0.10
中性					0.03		0.97	
惊讶								1.00

(b)

	高兴	悲伤	生气	厌恶	轻蔑	恐惧	中性	惊讶
高兴	1.00							
悲伤		0.93	0.07					
生气			1.00					
厌恶				1.00				
轻蔑					0.98		0.02	
恐惧						0.90		0.10
中性							1.00	
惊讶						0.03		0.97

(c)

	高兴	悲伤	生气	厌恶	轻蔑	恐惧	中性	惊讶
高兴	0.97				0.03			
悲伤		0.90	0.05			0.02	0.03	
生气	0.02		0.95				0.03	
厌恶			0.02	0.98				
轻蔑					0.95		0.05	
恐惧						0.95		0.05
中性					0.20		0.80	
惊讶								1.00

(d)

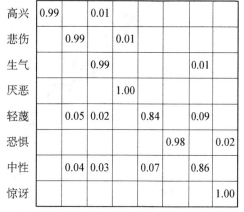

矩阵 (e)：

	高兴	悲伤	生气	厌恶	轻蔑	恐惧	中性	惊讶
高兴	1.00							
悲伤		0.93	0.05			0.02		
生气	0.03	0.02	0.95					
厌恶				0.98		0.02		
轻蔑	0.03		0.05		0.80		0.12	
恐惧	0.03					0.90		0.07
中性		0.05			0.02		0.93	
惊讶								1.00

矩阵 (f)：

	高兴	悲伤	生气	厌恶	轻蔑	恐惧	中性	惊讶
高兴	0.99		0.01					
悲伤		0.99		0.01				
生气			0.99			0.01		
厌恶				1.00				
轻蔑		0.05	0.02		0.84		0.09	
恐惧						0.98		0.02
中性		0.04	0.03		0.07		0.86	
惊讶								1.00

图 6.10　RaFD 数据库中的多视角人脸表情识别混淆矩阵的实验结果

（a）角度 0°；（b）角度 45°；（c）角度 90°；（d）角度 135°；（e）角度 180°；（f）整体角度

2. BU-3DFE 数据库实验

BU-3DFE 数据库实验结果和分析

在 BU-3DFE 数据库中不同角度下的每种表情的识别率如表 6.4 所示，其中，正面比其他角度的识别率高，为 0.837，此外，整体的识别率高达 0.887。从图 6.11 混淆矩阵中可以看出，在 6 种表情中，惊讶和高兴比厌恶和恐惧更容易被识别，最有可能是这两种表情的肌肉变形比其他表情相对较大。图 6.11(a)～图 6.11(e) 是 5 个角度相对应的混淆矩阵，图 6.11(f) 是不同角度人脸表情的整体识别率。

表 6.4　BU-3DFE 数据库中不同角度下的每种表情的识别率

表情	识别率						
	0°	30°	45°	60°	90°	整体	平均
悲伤	0.90	0.84	0.78	0.71	0.67	0.84	0.790
生气	0.78	0.74	0.80	0.82	0.73	0.92	0.798
恐惧	0.70	0.68	0.72	0.61	0.60	0.77	0.680
厌恶	0.86	0.84	0.84	0.80	0.71	0.87	0.820
高兴	0.88	0.78	0.90	0.89	0.83	0.96	0.873
惊讶	0.90	0.94	0.93	0.94	0.82	0.96	0.915
平均	0.837	0.803	0.828	0.795	0.727	0.887	0.813

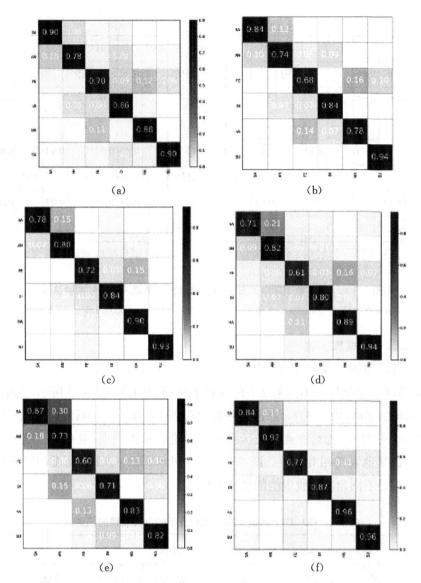

图 6.11　BU-3DFE 数据库中的多视角人脸表情识别混淆矩阵的实验结果

(a) 角度 0°；(b) 角度 30°；(c) 角度 45°；(d) 角度 60°；(e) 角度 90°；(f) 整体角度

6.4 » 人脸与行为特征结合的预警目标评估方法

智能情感分析研究已经走过了漫长的道路，但一直仅关注场景中的单一个体，而对群体情感识别的研究相对匮乏。然而，随着城市人口的迅速增长，研究对象由个体逐渐转变为群体。群体可分为大、小群体，大群体如街道的人流，此时人与人之间并没有情感的交流和统一的情绪，本文是对多位个体间有情感交流的小群体进行情绪识别，下文提及的群体均指小群体。由于面部遮挡、光照变化、头部姿势变化，各种室内和室外环境不同以及由于相机距离不同而导致低分辨率的面部图像的影响,群体情绪识别非常具有挑战性。

目前,针对群体情绪识别已有许多研究方法。Zhao 等[12]运用了手工制作特征,使用 Riesz 变换和局部二元模式描述符,不仅利用面部空间域中的相邻变化,而且还利用了不同的 Riesz 面。尽管上述方法在群体情绪识别中取得了一定的效果,但是由于真实场景的复杂性,不同环境下人工选择的特征量是有差异的,所以模型参数的泛化性能差。2006年,Hinton 等提出了深度学习理论,利用分层抽象的特征提取方式替代了人工选择特征的方法,从而消除人工选择特征的差异性,实现特征的自动学习,在图像识别领域不仅具有较强的稳健性,且取得了惊人的识别率。Dhall 等[13]介绍了 AFEW 数据库和群体情绪识别框架,包括使用面部动作单元提取面部特征,在对齐的面上提取低级特征,使用 GIST 和 CENTRIST 描述符提取场景特征,并使用多核学习融合。但是他们提出的方法依赖于 LBQ 和 PHOG 特征,以及 CENTRIST,其捕获的面部表示和场景表示是有限的。Tan 等[14]提出将基于面部和整张图像上的卷积神经网络(CNN)单独训练,并融合以得到分类结果。然而将群体情绪计算为群体成员的幸福水平的平均值,忽略了特殊个体信息(例如脸部的遮挡水平和哭笑的脸),因此对于群体情绪识别仍有待提高。

在本章节中提出通过建立混合网络来解决这一问题,该网络在面部、场景和骨架上单独训练 3 个卷积神经网络(CNN)分支,然后通过决策融合以获得最终的情绪分类。其中一个模型是基于人脸面部特征来训练,并使用注意力机制学习不同人脸的权重,获得整张图片关于人脸的特征表示。

6.4.1　群体情绪识别系统

群体情绪识别架构的系统框架如图 6.12 所示。首先,提取检测到的人脸并做对齐相似变换,作为面部 CNN 的输入,并通过注意力机制学习不同人脸的权重,获得整张图片关于人脸的特征表示。其次,使用 OpenPose 获得图像中人体的骨架,作为骨架 CNN 的输入。同时考虑了图片的场景信息,将整张图片作为场景 CNN 的输入。3 种类型的 CNN 都训练了多个模型,然后对选取的模型执行决策融合以学习最佳组合。

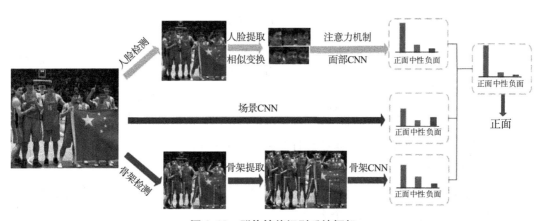

图 6.12　群体情绪识别系统框架

1. 面部 CNN 模型的建立

群体图像中人脸所描绘的表情传达了充分的情感信息,在情绪识别中起着至关重要的作用,因此建立面部情感 CNN 来进行群体情绪识别。这里使用 ResNet18 模型,模型的输入为对齐的人脸图像。为了减轻过拟合现象并增强模型泛化能力,使用 CASIA-Webface 数据集对其进行预训练,然后使用 L-Softmax 损失函数在 EmotiW 训练数据集中进行微调。下面介绍本文使用的人脸检测器、L-Softmax 损失函数和注意力机制。

首先使用多任务级联卷积网络模型(MTCNN)来检测图像中人的面部,MTCNN 是基于卷积神经网络的人脸检测方法,具有性能高和速度快的优点。它包含 3 个级联 CNN,可以快速准确地检测和对齐面部 5 个关键点(即两只眼睛、两个嘴角,和鼻子)。它根据输入图像构建多尺度图像金字塔,然后将它们提供给以下三级级联框架,候选区域在第一阶段产生,并在随后两个阶段细化,面部标志位置在第三阶段产生。

从 MTCNN 模型获得的面部因图像差异而具有不同的方向和比例,为了学习更简单的模型,将每个面部标准化为正面视图,并且统一面部图像的分辨率。可使用 5 个检测到的面部标志点来进行相似变换,使得各脸部的眼睛处于同一水平并将图像尺寸重新缩放到 96 pixel×112 pixel,获得所有基于人脸表情面部 CNN 所需要的对齐人脸。

2. L-Softmax 损失函数的介绍

Softmax Loss 函数经常在卷积神经网络被用到,较为简单实用,但是它并不能够明确引导网络学习区分性较高的特征。Large-Margin Softmax Loss(L-Softmax)被引入用于判别学习,它能够有效地引导网络学习使得类内距离较小、类间距离较大的特征,从几何角度可以直观地表示两种损失的差别,即指等量的二分类问题。同时,L-Softmax 不但能够调节不同的间隔(margin),而且能够减轻过拟合问题。在微调阶段,对于面部特征,损失

$$L_i = -\log \frac{\exp[\parallel \boldsymbol{w}_{yi} \parallel \parallel \boldsymbol{x}_i \parallel \varphi(\theta_{yi})]}{\exp[\parallel \boldsymbol{w}_{yi} \parallel \parallel \boldsymbol{x}_i \parallel \varphi(\theta_{yi})] + \sum_{j \neq y} \exp[\parallel \boldsymbol{w}_{yi} \parallel \parallel \boldsymbol{x}_i \parallel \cos \theta_j]}$$

(6.25)

其中 y_i 是 x_i 的标签,w_{yi} 是全连接层中 j 类的权重;

$$\cos \theta_j = \frac{\boldsymbol{w}_j^\mathsf{T} \boldsymbol{x}_i}{\parallel \boldsymbol{w}_j \parallel \parallel \boldsymbol{x}_i \parallel}$$

(6.26)

$$\varphi(\theta) = (-1)^k \cos m\theta - 2k, \theta \in \left[\frac{k\pi}{m}, \frac{(k+1)\pi}{m}\right]$$

(6.27)

其中,m 是预设角度边界约束,k 是整数且 $k \in [0, m-1]$。

3. 注意力机制

群体图像中存在多个人脸,为了可以独立于图像中存在的不同面部来进行情感识别,需要将所有的面部特征转换为单个表示。

最简单的解决方法是计算平均特征，但图像中某些面部情感与图像的标签无关，可能会混淆最终的分类。例如考虑哭笑的情况，许多方法容易将其混淆为负面情绪，因而无法进行有效识别。如果将置信度值与图像中每个面部相关联，就可以通过对哭泣的面部赋予较低的重要性，从而来推断图像表示正面情绪。

基于上述理解，这里使用注意力机制来找到图像中每个面部的概率权重，根据这些权重计算加权和，以产生面部特征的单个表示。该注意力机制的方案如图 6.13 所示。将图像中检测到的面部输入到特征提取网络，即 ResNet18。再把面部特征向量 P_i 输入到具有一维输出 μ_i 的全连接层，μ_i 获取了面部的重要性，并用其计算得分向量

$$P_m = \frac{\sum_i \mu_i P_i}{\sum_i \mu_i} \quad i=1, 2, 3 \tag{6.28}$$

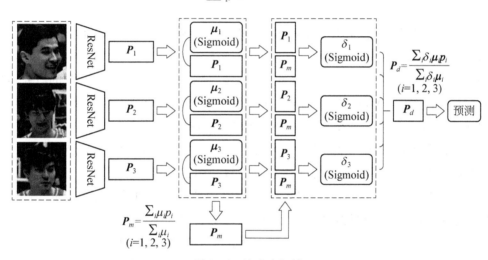

图 6.13　注意力机制

然后将 P_m 和 P_i 连接起来并将其输入另一个全连接层，其中一维输出注意权重 δ_i 表示 P_i 和 P_m 之间的关系。根据注意权重计算特征的加权和，以产生特征向量，其指示基于人脸的图像全局表示

$$P_d = \frac{\sum_i \delta_i \mu_i P_i}{\sum_i \delta_i \mu_i} \quad i=1, 2, 3 \tag{6.29}$$

4. 场景 CNN 的建立

图像的全局场景为群体情绪识别提供重要线索。例如在葬礼期间拍摄的照片最有可能描绘出负面情绪；在婚礼中拍摄的照片最有可能表现出积极的情绪；而会议室中出现的照片更可能是中立的情绪。因此，使用最先进的分类网络 SE-net154 从整个图像中学习全局场景特征，训练基于图像全局的场景 CNN。SE-net154 是一种先进的识别网络，引入了压缩和奖惩网络模块，筛选有用特征。

压缩和奖惩网络模块(Squeeze-and-Excitation Blocks, SE)是通过显式地建模卷积特征通道之间的相互依赖性来提高网络的表达能力。对每个特征通道进行校准的机制,使网络从全局信息出发来提升有价值的特征通道,并且抑制对当前任务无用的特征通道。压缩功能如下

$$z_c = F_{sq}(u_c) = \frac{1}{W \times H} \sum_{i=1}^{W} \sum_{j=1}^{H} u_c(i, j) \tag{6.30}$$

其中,z_c 是压缩通道的第 c 个元素;$F_{sq}(\cdot)$ 是挤压函数;u_c 是第 c 个通道的输入;W 和 H 表示输入的高度和宽度。

奖惩操作包括两个全连接层、两个激活层操作,具体公式如下

$$s = F_{ex}(z, W) = \sigma(g(z, W)) = \sigma(W_2 \delta(W_1 z)) \tag{6.31}$$

其中,δ 和 σ 分别是激活函数 ReLU 和 Sigmoid,降维层 $W_1 \in \mathbb{R}^{\frac{c}{r} \times c}$ 和升维层 $W_2 \in \mathbb{R}^{c \times \frac{c}{r}}$。

5. 骨架 CNN 的建立

以往的情绪识别广泛使用人体面部特征,但根据实验心理学和情感计算的研究结果,身体姿势特征也传达重要的情感信息。为了保留人脸标志和身体特征关键点的相对位置,加入骨架特征表示,对应于人脸、身体和手的关键点集合。

首先使用 OpenPose[15] 来获得人体骨架姿势,它可以联合检测单幅图像中人体、手和面部的关键点(每个人总共 135 个关键点),并且与图像中检测到的人数相同,效果如图6.14 所示。提取结果显示清晰的嘴形、身体姿势、手势,和人物在图像中的布局,骨架特征图像与原始图像尺寸相同,再将图像按人体骨架外部最大矩形裁剪。本文使用ResNet101,SE-net154 作为骨架 CNN 来识别群体情绪,首先通过模型获取图像中每个人骨架的得分,然后将所有骨架的得分和平均值作为整个图像的预测值。

图 6.14 骨架提取

6.4.2 预警目标检测网络训练方法

实验使用 EmotiW 数据库,其图像来自 Group Affect Database 2.0。它包括 9 815 个

训练图像,4 346 个验证图像和 3 011 个测试图像,图像标签将群体情绪分类为正面、中性或负面。这些图像是从社交活动中收集的,例如聚会、结婚、派对、会议、葬礼、抗议等。

本章节实验使用的系统为 Ubuntu16.04×64,在其系统下搭建了深度学习框架 PyTorch 进行训练,在 Jupyter Notebook 上进行实验测试。电脑硬件配置为 CPU AMD Ryzen 5 1600,内存 16GB,以及显卡 NVIDA GeForce GTX 1080。

1. 面部 CNN 训练

对基于人脸表情的面部 CNN,通过训练注意力机制模型,即 ResNet18_Attention 完成。模型训练设置批量大小为 16,初始学习率为 0.001,且应用学习率衰减,每 9 个周期将其除以 10,持续 27 个周期。

此外,为了比较不同先进网络架构的性能,除了 ResNet18 模型,还使用了 SphereFace[13],VGG-FACE[14] 和 SE-net154。首先在 FERPlus 表达数据集上预先训练这些 CNN,然后在 EmotiW 训练数据集中使用 L-Softmax 损失函数对它们进行微调。

2. 场景 CNN 训练

对基于图像全局的场景 CNN,这里使用了 4 种网络比较:VGG19,ResNet101,SE-net154 和 DenseNet-161。其中 VGG19 在 Places 数据集上预先训练,ResNet101、SE-net154 和 DenseNet-161 在 ImageNet 数据集上进行预训练,然后使用 Softmax 损失函数在训练数据集中进行微调。在这 4 个模型中,将所有图像保持长宽比例缩放至最小边 256 pixel,这样可以最大程度保持图片形状,并随机裁剪 224 pixel×224 pixel 区域。训练参数设置与基于注意力机制的面部 CNN 模型相同。

3. 骨架 CNN 训练

对于骨架 CNN,采用的 ResNet101 和 SE-net154 在 ImageNet 数据集上进行了预训练,然后在提取的骨架图像上进行微调,且使用与基于图像全局的场景 CNN 模型相同的训练策略。

4. 模型融合

单个分类器通常不能应对现代模式识别任务的多样性和复杂性,而且决策融合不同分类器的优越性也已经得到了证明。

混合网络是通过融合各个模型的预测而构建的,在所有模型的预测中执行网格搜索以学习每个模型的权重。尽管它只是通过手动指定的超参数空间子集进行穷举搜索,并且不能保证是最优的,但它是决策融合有效且广泛使用的方法。权重范围从 0~1,增量为 0.05,其总和限制为 1。权重为 0 的模型是冗余的,因此从混合网络中删除。

6.4.3 预警目标检测示例分析

评估人脸表情的面部 CNN,表 6.5 显示了 EmotiW 验证集上 5 种面部 CNN 模型的结果,所有型号的准确率均达到 70% 左右。由表 6.5 可知:使用注意机制的网络比

ResNet18 基线提高了性能约 2%，即训练面部 CNN 时，使用注意机制是有效的。

表 6.5　EmotiW 验证集上面部 CNN 模型的结果

模　型	准确率/%
SphereFace	70.94
ResNet18	69.65
ResNet18_Attention	72.12
VGG-FACE	70.89
SE-net154	71.16

评估基于图像全局的场景 CNN，表 6.6 列出了 EmotiW 验证集上 4 种场景 CNN 模型的结果。其中 VGG19 使用 L-Softmax 损失函数，ResNet101、SE-net154 和 DenseNet-161 使用 Softmax 损失函数。由表 6.6 可知：SE-net154 和 DenseNet-161 获得了较优的性能。

表 6.6　EmotiW 验证集上场景 CNN 模型的结果

模　型	准确率/%
VGG19	72.60
ResNet101	71.85
SE-net154	74.62
DenseNet-161	74.92

评估基于人物的骨架 CNN，表 6.7 显示了 EmotiW 验证集上两种骨架 CNN 模型的结果。由表 6.7 可知：SE-net154 的性能优于 ResNet101。

表 6.7　EmotiW 验证集上骨架 CNN 模型的结果

模　型	准确率/%
ResNet101	69.23
SE-net154	70.87

图 6.15 给出了 3 个 CNN 分支上最优模型的混淆矩阵，可知面部 CNN 和骨架 CNN 对于正类和负类表现相对更好，但在识别中性类时更差。其原因可能是这两个分支的群体情绪由人体的面部和肢体语言主导，而没有考虑人物所处的环境。场景 CNN 在识别中性类时取得了较好的效果，因此有必要结合多个分支的优点，提高准确率。

因此，混合网络最终由 7 个模型组成：SphereFace，ResNet18_Attention，ResNet18，VGG-FACE，SE-net154（场景），DenseNet-161（场景）和 SE-net154（骨架）。

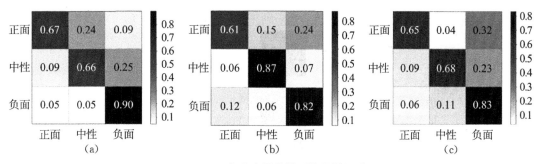

图 6.15　各分支最优模型的混淆矩阵
(a) ResNet18_Attention；(b) DenseNet-161；(c) SE-net154

6.5 » 微小人脸情绪感知方法

虽然人的情绪已经可以通过表情结合行为实现，然而识别微小面孔的表情仍是一项亟待解决的问题。正常的面部图像分辨率（＞48 pixel×48 pixel）是几乎所有当前面部表情识别系统的基本属性。实验室采集的面部表情数据集的面部图像往往是：640 pixel×480 pixel，256 pixel×256 pixel，720 pixel×756 pixel 或 512 pixel×512 pixel 大小。但是从实际角度看，传感器可以捕获各种尺寸的面部，传统监控系统由于兼顾监控范围，室外监控捕获图像中的脸部分辨率通常很低，大部分面孔大小不足 40 pixel×40 pixel。为了解决实际采集面部尺寸与网络要求输入尺寸不一致的问题，大部分面部表情识别方法都采用尺度归一化作为预处理。例如，Mollahosseini 等[16]将输入图像的大小调整为 48 pixel×48 pixel。Huang 等[5]提出的密集连接卷积网络需要将输入图像的尺寸调整为 224 pixel×224 pixel 等。然而将输入图像的尺寸调整为规范的模板尺寸时，会损失其清晰度，并且面部表情细节变得模糊。当原始图像小于阈值时，原始图像越小，该方法的精度就会越低。

超分辨率算法用于从低分辨率图像恢复高分辨率图像，因此它们适合放大小脸。基于深度学习的最新超分辨率算法将仅包括单周期 CNN。随着网络深度的增加，参数的数量也会增加。大容量网络将消耗大量存储资源，并且面临着过拟合问题。因此，这里选择从横向循环中添加多个循环，而不是加深网络。

在本章中，提出了一种新颖的微小面部表情识别方法，称为边缘感知反馈卷积神经网络（E-FCNN），[17]网络框架如图 6.16 所示。微小脸部输入图像通过超分辨率网络放大，然后由面部表情分类器识别。

本方法以超分辨率反馈网络（SRFBN）[18]为基本结构，在不改变反馈网络的前提下，加入增强深超分辨率网络（EDSR）[19]中的残差块。通过综合比较表情识别的效果，发现表情识别中 80％的非边缘信息都在人脸图像中。此外，在特征提取阶段，大部分有效信息是边缘信息。为此，提出了一种基于边缘的超分辨率网络来提高边缘超分辨率网络的清晰度。实验结果表明，这种基于边缘的超分辨率网络优于现有的其他方法。

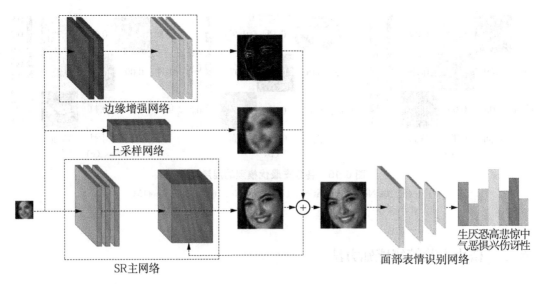

图 6.16 基于 E-FCNN 微小面部表情识别框架

基于边缘感知的反馈卷积神经网络的主要结构如图 6.17 所示。它包括 4 个子网络，即 SR 主网络、上采样网络、边缘增强网络，以及面部表情识别网络。SR 主网络的主要功能是在扩大输入图像的同时，减少图像丢失的影响并提高图像的分辨率。上采样网络通过插值方法放大原始的低分辨率图像。边缘增强网络提取和增强低分辨率图像的边缘，然后用 SRCNN 放大纹理图像，从而增强纹理细节。随后对 SR 主网络，上采样网络和边缘增强网络的输出进行加权加和。然后，将加权总和反向放入 SR 主网络的反馈块中进行 T 次迭代。最后，通过面部表情识别网络对 SR 结果进行分类，该网络是基于 Saliency Map(SMFER) 的面部表情识别结构设计的。

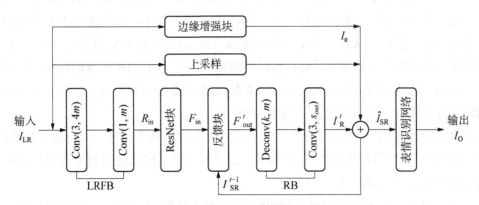

图 6.17 边缘感知反馈卷积神经网络(E-FCNN)的架构

6.5.1 基于边缘的超分辨率微小脸部识别算法主网络设计

SR 主网络包含 4 个部分：低分辨率特征提取模块(LRFB)，ResNet 块(ResB)，反馈块(FB)和重构块(RB)。

如图 6.17 所示，$\text{Conv}(s, n)$ 和 $\text{Deconv}(s, n)$ 分别代表卷积层和反卷积层，公式中的 s 和 n 分别是滤波器的大小和数量。首先，将 I_{LR} 放入 LRFB 中以获得 LR 图像 F_{in} 的浅层特征。如图所示，LRFB 由 $\text{Conv}(3, 4m)$ 和 $\text{Conv}(1, m)$ 组成。m 表示过滤器的基本数量。

$$R_{in} = f_{LRFB}(I_{LR}) \tag{6.32}$$

$$F_{in} = f_{Res}(R_{in}) \tag{6.33}$$

其中，f_{LRFB} 表示 LRFB 的操作。然后将其输出 R_{in} 放入 ResNet 块以获取深层功能。F_{in} 表示 ResNet 块的输出，也用作反馈块的输入。反馈块的输出可以表示为

$$F_{out} = f_{FB}(I_{SR}^{t-1}, F_{in}) \tag{6.34}$$

其中，f_{FB} 代表反馈块的过程。具体的反馈网络在 6.5.3 节中如图 6.19 所示。I_{SR}^{t-1} 是指先前迭代的超分辨率结果。迭代过程运行 T 次。最终 SR 输出

$$\hat{I}_{SR} = \alpha I_e + \beta f_{up}(I_{LR}) + \gamma I_R^T \tag{6.35}$$

其中，I_e 是边缘检测和增强后在微小图像上的 SR 结果；α, β, γ 是指加权因子；f_{up} 表示上采样过程；I_R^T 表示 T 次迭代后的重建图像。重建块(RB)由 $\text{Deconv}(k, m)$ 和 $\text{Conv}(3, s_{out})$ 组成。$\text{Deconv}(k, m)$ 将 LR 特征 f_{out}^t 升级为 HR 特征，$\text{Conv}(3, s_{out})$ 生成残差图像

$$I_R^T = f_{RB}(F_{out}^t) \tag{6.36}$$

其中，f_{RB} 是指重建函数。最后，该 E-FCNN 用于微小的面部表情识别网络的输出

$$I_o = f_{SMFER}(\hat{I}_{SR}) \tag{6.37}$$

其中，f_{SMFER} 表示面部表情网络。

6.5.2 ResNet 块设计

这里采用了在反馈块前加入了 EDSR 中的残差块的设计，如图 6.18 所示：

$$R_{out} = f_{Res}(R_{in}) \tag{6.38}$$

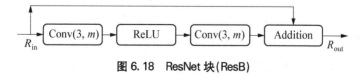

图 6.18 ResNet 块(ResB)

其中，R_{in} 和 R_{out} 分别是网络的输入和输出，ResNet 块也是反馈块的输入，f_{Res} 表示剩余网络。

6.5.3 反馈块设计

反馈块的结构如图 6.19 所示。在迭代过程中,FB 接收反馈信息 I_{SR}^{t-1},以改善 F_{in} 的浅层信息。然后对迭代后的 F_{out}^t 进行重构. 每个投影组主要包括上采样操作和下采样操作,可以将 HR 特征投影到 LR 特征上。

$$L_0 = C_0([I_{SR}^{t-1}, F_{in}]) \tag{6.39}$$

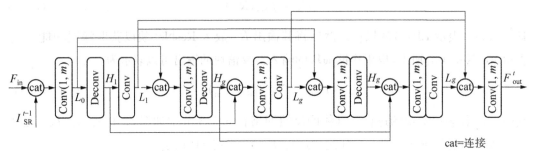

图 6.19 反馈块(FB)

其中 C_0 表示初始串联网络,$[I_{SR}^{t-1}, F_{in}]$ 表示串联 I_{SR}^{t-1} 和 F_{in}。 H_g 和 L_g 是指 FB 中第 g 个投影之后获得的 HR 和 LR 的特征图,可以通过以下方法获得:

$$H_g = C_g^{\uparrow}([L_0, L_1, \cdots, L_{g-1}]) \tag{6.40}$$

$$L_g = C_g^{\downarrow}([H_1, H_2, \cdots, H_g]) \tag{6.41}$$

其中,$C_g^{\uparrow}$ 和 $C_g^{\downarrow}$ 是指在第 g 组重复使用 Deconv(k, m) 和 Conv(k, m) 的上采样和下采样网络。除了第一个 Deconv(k, m) 和 Conv(k, m),为了证明参数和计算效率,在 $C_g^{\uparrow}$ 和 $C_g^{\downarrow}$ 之前添加 Conv$(1, m)$。为了充分利用每个 Deconv(k, m) 和 Conv(k, m) 组的有用信息,并可以将此迭代结果用作下一次迭代的输入,对由生成的 LR 特征进行特征融合每个组获取 FB 的输出

$$F_{out}^t = C_{FF}([L_1, L_2, \cdots, L_g]) \tag{6.42}$$

其中,C_{FF} 表示最后一个 Conv$(1, m)$

6.5.4 边缘增强块设计

如图 6.20 所示,EHB 的第一层是 $3 \times 3 \times m$ 的卷积。其输出作为两个分支的输入提供。一个分支是 Conv$(3, m)$ 层,之后是 Conv$(1, m)$ 层,另一个分支是 Conv$(1, m)$ 层。从两个分支中提取两个边缘贴图 e_1 和 e_2。然后将它们融合为 e_o。融合权重在训练过程中更新:

$$e_o = \sum(h_1 e_1, h_2 e_2) \tag{6.43}$$

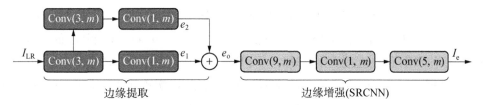

图 6.20　边缘增强块

其中,h 是融合权重。然后,将 SRCNN 应用于 e_o,以实现超高分辨率的边缘增强和图像放大。

$$I_e = f_{\text{SRCNN}}(e_o) \tag{6.44}$$

其中,I_e 是边缘增强块的输出,f_{SRCNN} 表示 SRCNN 的函数。

6.5.5　学习策略介绍

网络的损失函数可以表示为

$$L = \lambda_{\text{sr}} L_{\text{sr}} + \lambda_{\text{fer}} L_{\text{fer}} \tag{6.45}$$

其中,L_{sr} 表示超分辨率网络的丢失,L_{fer} 表示面部表情识别网络的丢失。这里选择交叉熵作为损失函数。λ_{fer} 和 λ_{sr} 表示正则化参数。L_1 正则化用于优化超分辨率网络。因此可以用以下公式表示:

$$L_{\text{sr}} = L_{\text{sr1}} + \alpha L_{\text{sr2}} \tag{6.46}$$

$$L_{\text{sr1}}(\Theta) = \frac{1}{T} \sum W \parallel I_{\text{HR}} - I_{\text{SR}} \parallel_1 \tag{6.47}$$

$$L_{\text{sr2}} = \text{Dist}(e, e_t) \tag{6.48}$$

其中,α 与式(6.35)含义相同;L_{sr1} 指 SR 主网络和上采样网络的 Loss 值;L_{sr2} 是指边缘增强网络的 Loss 值;T 是迭代时间;Θ 指示网络的参数;I_{SR} 是指在反馈网络中经过 T 次迭代后获得的超分辨率图像;I_{HR} 表示训练期间具有高分辨率的参考图像;Dist 是边缘增强图像理想值与训练的实际值之间的差,表示为网络中的交叉熵损失。

6.5.6　算法实例分析

这里使用 3 种公开可用的表情识别数据库评估提出的方法,分别是 CK+,FER2013,BU-3DFE。所有实验样本均通过下采样的方法从上述数据库中获取,以得到缩小尺寸 16 pixel×16 pixel 的图像作为输入。

在 CK+,FER2013 和 BU-3DFE 这 3 个数据库上进行了不同的实验,实验结果的统计数据如图 6.21 所示。传统 FER 图像的高度为 48 pixel,因此以该尺寸的图像为参考。采用了 8 种比较方法,分别命名为:16FER,IM,SRFBN,SRFBN+Res,SRFBN+

Res＋ED，E-FCNN，E-FCNN-Res 和 48FER。上述所有方法的输入图像都是 16 pixel×16 pixel 大小（最后一种方法除外）。在方法 16FER 中，16 pixel×16 pixel 的图像采用无池化层的 SMFER 网络直接识别。IM，SRFBN，SRFBN＋Res，SRFBN＋Res＋ED，E-FCNN，E-FCNN-Res 分别是采用前述不同模块的组合，实现将 16 pixel×16 pixel 的图像放大到 48 pixel×48 pixel，然后使用 SMFER 进行识别。IM 使用插值法来调整图像大小。SRFBN 基于超分辨率反馈网络。SRFBN＋Res 将 ResNet 块嵌入 SRFBN 中。SRFBN＋Res＋ED 同时添加了 ResNet 块和边缘提取块，但未添加边缘增强模块。E-FCNN 是本文提出的方法。E-FCNN-Res 是没有 ResNet 块的 E-FCNN。在最后一种方法 48FER 中，采用的是 48 pixel×48 pixel 大小的数据库原图像输入，用 SMFER 识别。

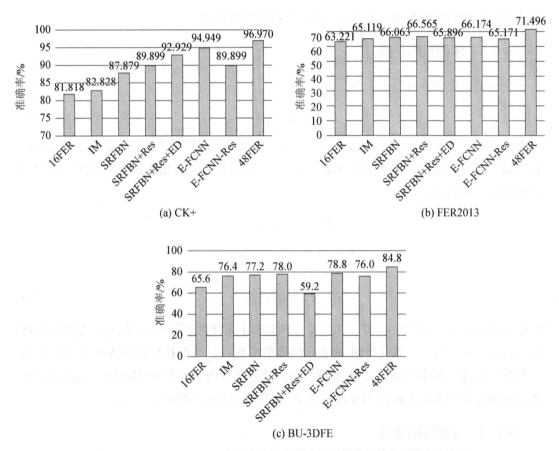

图 6.21　CK＋，FER2013 和 BU-3DFE 数据库用于网络组件分析的实验结果

　　从本实验结果可以看出 3 个数据集：CK＋，FER2013 和 BU-3DFE，无论 16 pixel×16 pixel 大小的小图像直接输入网络或图像插值后输入，精度都要比之前低得多。SRFBN 是一种传统的 SR 方法，能够减少插值放大时的数据丢失。但是，对于图像放大人脸表情识别图像而言，由于 3 个数据集的识别精度并不是都理想，因此 SRFBN 不适合用于脸部图像的超分辨率。此外，通过比较 SRFBN 和 SRFBN＋Res 的实验结果，能够发现添加

ResNet 块是有助于提高识别率的。在 SRFBN＋Res 方法中直接对 SRFBN 添加了边缘提取块的方法,展现出的性能并不够好,因为边缘是在没有 SR 增强的情况下提取的。最后,可以看到 E-FCNN 的准确率是最高的,接近采用原始 48 pixel×48 pixel 的 48FER 方法的准确率,这是因为边缘功能对识别的准确性有很大的影响。更进一步,为了探讨 ResNet 块的作用,从 E-FCNN 中删除 ResNet 块继续进行实验。实验结果表明:E-FCNN-Res 的精度大大降低。由此证明:ResNet 块对于最终的精度同样具有不可或缺的作用。

6.6 » 情绪感知在电力系统领域的应用

人是社会的主体,人的情绪状态对社会各个领域的正常运营都起着至关重要的作用。本章节从 3 个层面论述人的情绪感知在电力系统领域的应用。

首先,在电力服务领域,通过建立人员表情及行为的智能评估系统,以现场视频监控图像为分析对象,结合人工智能算法和边缘计算技术,实现对营业厅内部人员服务行为规范和客户情绪状态的评估。系统可以通过单个行为或情绪状态的检测数据自动给出相关的行为提示,通过长期检测数据累计,自动分析、生成员工行为评估值和顾客满意度百分比等相关统计数据。具体完成功能可以包括:①对窗口工作人员到岗情况的自动识别确认;②对工作人员的着装合规的智能确认;③对不同工种人员活动区域的判别;④典型固定服务行为(如窗口人员起身欢迎顾客到来等)的评估;⑤微笑服务表情识别;⑥顾客黄线内等待警示,提醒顾客回到黄线外;⑦顾客表情识别的智能预警处理机制,对于脸部表情较为激烈不满的顾客,智能提醒主管人员考虑参与处理;⑧长期检测数据的统计,如依据各项指标对服务人员一阶段服务的规范度打分。

其次,对于电力系统员工,尤其是从事电力生产的企业员工,建立员工心理变化评估系统,系统结合基于视频的情绪检测、基于问卷的测评对员工心理和实时情绪状态进行智能评估。可基于评估结果,采取必要的配套措施应对。如为员工及时解读组织变革必要性,为员工未来的职业发展提供指导等,以减少因工作情绪波动带来的员工工作安全绩效影响,减少安全事故的发生。

最后,在电力设施周边安全监控方面,建立异常人检测预警系统。区别于传统的通过划定警戒区域实现人的异常行为识别的智能监控系统,本预警系统能够通过对人的行为和面部表情的特征的融合分析,计算其异常倾向值,设定预警阈值,对于超过预警阈值的异常人员,发出预警信号。这一预警系统的设计完全颠覆传统报警系统只能依据已发生异常行为再实施报警的顺序,实现真正的预警功能。

参考文献

[1] 姚瑶.负性情绪与听觉注意分散对电厂操作员情境意识的影响[D].陕西:陕西师范大学,2015.

［2］ 殷雁君,唐卫清,李蔚清.基于社会网络的群体情绪模型[J].计算机应用研究,2015,32(1):80-84.

［3］ ZHANG F, ZHANG T, MAO Q, et al. Joint pose and expression modeling for facial expression recognition [C]. CVPR2018:3359-3368.

［4］ GUPTA A, AGRAWAL D, CHAUHAN H, et al. An attention model for group-level emotion recognition [C]. CVPR2018:

［5］ [24] TAN L, ZHANG K, WANG K, et al. Group emotion recognition with individual facial emotion CNNs and global image based CNNs [C]//International Conference on Multimodal Interaction (ICMI 2017). ACM, 2017:549-552.

［6］ SUN Y, YIN L. Facial expression recognition based on 3D dynamic range model sequences [C]. ECCV,2008:58-71.

［7］ FANG T H, ZHAO X, et al. 4D facial expression recognition [C]. ICCVW, 2011:1594-1601.

［8］ STEFANO B, ALBERTO D B, et al. Automatic facial expression recognition in real-time from dynamic sequences of 3D face scans [J]. Vision Computing, 2013, 29:1333-1350.

［9］ KARAN S, WU T F, et al. Exploring bag of words architectures in the facial expression domain [C]. ECCV, 2012:250-259.

［10］ ZHU X X, RAMANAN D. Face detection, pose estimation, and landmark localization in the wild [C]. CVPR2012,2012:2879-2886.

［11］ LAZAROS Z, MIHALIS A N, STEFANOS Z, et. al. Learning slow feature for behaviour analysis [C]. ICCV, 2013:

［12］ ZHAO G Y, GOECKE R, HUANG X, H, et al. Riesz-based volume local binary pattern and a novel group expression model for group happiness intensity analysis [C]. BMVC, 2015:1-8.

［13］ DHALL A, GOECKE R, GEDEON T. Automatic group happiness intensity analysis [J]. IEEE Transactions on Affective Computing, 2015,6(1):13-26.

［14］ TAN L Z, ZHANG K P, WANG K, et al. Group emotion recognition with individual facial emotion CNNs and global image based CNNs [C]//Proceedings of the 19th ACM International Conference on Multimodal Interaction (ICMI 2017), 2017:549-552.

［15］ CAO Z, SIMON T, WEI S, et al. Realtime multi-person 2D pose estimation using part affinity fields [C]//Conference on Computer Vision and Pattern Recognition, 2017:7291-7299.

［16］ MOLLAHOSSEINI A, CHAN D, MAHOOR M H. Going deeper in facial expression recognition using deep neural networks ［C］//Proceedings of the Applications of Computer Vision，2016：1－10.

［17］ SHAO JIE，CHENG QIYU. E-FCNN for tiny facial expression recognition ［J］，Applied Intelligence，2021,51(1)：549－559.

［18］ LI Z，YANG J L，LIU Z. et al. Feedback network for image super-resolution ［C］//IEEE Conference on Computer Vision and Pattern Recognition (CVPR)，2019.

［19］ LIM B，SON S，KIM H. et al，Enhanced deep residual networks for single image super-resolution ［C］//IEEE Computer Vision and Pattern Recognition Workshops (CVPRW)，2017：136－144.

7

人员密集区域的电力设施安全保障

随着我国人口数量的不断增加,对变电站的数量要求也不断提高,一些变电站不得不新建在人口密集区域。这一举措虽然可以在一定程度上保护人们的正常用电,但市区复杂的人员环境对于智能变电站的建设是一大挑战。此外,市区内的小型变电房、高压电线杆等电力设施也都常常处于人员密集区域,存在人为破坏,或产生人身伤害的可能。因此,在一定区域内建立针对密集场景的智能监控系统是实现电力设施正常维护的有效途径。然而,针对密集场景的人员监控一直是一大难点。在拍摄视频时,尽管摄像头为静止状态,但目标背景多为运动的人群,因此把针对密集场景的人员跟踪这一研究方向定义为动态场景目标跟踪。在本章中将具体介绍人员密集场景的目标跟踪方法。

7.1 概述

密集场景跟踪在密集场景分析中是一个新的课题。大多数与密集客流分析相关的文献都专注于客流密度估计和密集场景事件监测,比如区分场景中的运动模式,检测密集客流中的异常事件或统计人数。Chen 等[1]以行人跟踪为基础,基于 HOG 描述子提取目标特征点,之后统计目标特征点分布向量以识别异常事件。Dong 等[2]使用运动行为稀疏矩阵,利用光流法,实现异常事件的检测。以上这些方法虽然都与行人跟踪与检测有关,但更加关注群体性运动而无法得到单个人的行为。Ryan 等[3]和 Patzold 等[4]通过单个行人跟踪实现人的自动计数,如通过背景去除得到观测信息,并利用基本的跟踪修正方法提高跟踪正确率,以获取更准确的人数信息,或放弃人的整体跟踪,而以人的上半身为目标,采用学习的方法实现目标检测。近年来,更多的研究开始关注密集场景中的单人跟踪,但实验表明:这些研究只能处理密集度较低,且仅存在有限遮挡的场景。比如,只有在背景基本为静态物体的情况下,目标才能够直接通过背景去除提取。而在实际的密集场景中人与人重叠存在,互遮挡的情况非常严重,几乎没有目标的背景为静态。近两年,另一类与密集场景单目标跟踪相关的研究逐步涌现。Ali 等[5]通过计算从某一位置到另一位置的运动概率,使用基于场景运动结构的效力模型实现上百人场景中的单人跟踪。然而,这一方法只能处理以整体规律运动的密集场景,比如万人马拉松的画面。之后,他们又发布了针对非单一运动密集场景跟踪的新的研究成果[6]。首先在场景中捕获不同的运动行为流,之后根据像素块所处的行为流跟踪单个行人。这一方法虽然能够针对更多种类的场景进行单人跟踪,但仍然无法摆脱有限运动流的限制。即场景中必须存在固定的运动方式,而若出现完全无规律的运动则跟踪正确率会大大降低。与此类似的还有 Kratz 等[7]的研究,首先利用隐马尔可夫模型(HMM)对多种可能行为类型进行学习,由此在跟踪前获取关于整个视频完整的空间和时间运动分布,再根据这一分布实现人的跟踪。虽然最终跟踪效果比较理想,但巨大的计算量和场景的限制局限了算法的通用性。

密集场景中的目标跟踪对于传统跟踪算法而言是一项巨大挑战,其中最关键的原因在于传统跟踪算法很难区分场景中的大量混杂人群。然而,在人群密集场所的异常事故发生率往往较其他场所更高,所以关于密集场景的目标跟踪的研究在视频监控领域具有更大的发展需求和应用前景。

一个固定摄像头监控系统能够捕获到场景中所有的运动变化,而密集场景中的人群运动会体现为时间与空间域中大量具有不同速度和方向的像素变化。有时,由于人群过于拥挤,或遵循某些运动规则,使得场景中只存在有限种类的运动模式,这一类场景可以被称为有规律的密集场景。比如,排队下楼梯的人群,一群进行马拉松运动的人,或者马路上行驶的车辆等。除此以外,还有另一些密集场景中的运动是无序而杂乱的,在这种情况下,任意时刻发生在任意位置上的运动均不可预料。比如,在广场上行走的人,或者某个展览会场中的场景。这一类型可以称之为随机密集场景。

为了解决以上存在的问题,本章提出了一种稳健的跟踪方法,其核心思想为将特征点的多模块稀疏表示投影到模板子空间中以寻找最优预测跟踪项。近两年来,稀疏表示法被广泛应用于多种相关研究领域中,如人脸识别、图像恢复、纹理分割等,其原理为:通过将目标特征向量(矩阵)投影至模板子空间,实现模板权重系数向量的稀疏表达,这种稀疏表达体现为仅与目标特征最相关的子模板权重系数为非零值。因此,这种表达法是针对目标特征的一种稀疏编码方式。稀疏表示法可普遍应用于各种类型的图像并能在一定程度上解决遮挡问题,因此本文采用稀疏表达法实现跟踪目标的外表特征估计。之后,将这种特征估计与贝叶斯框架下的粒子滤波相结合,由此能够有效克服一定时间内的部分遮挡问题,但其缺点是容易混淆外表特征相似的目标,从而影响其在密集场景中的跟踪效果。为了有效解决这个问题,本章提出了一种多模块核彩色直方图法来实现特征表示。这一方法能够将目标结构和颜色两方面相结合实现特征差别最大化。最后,选择对应最小稀疏投影差的观测估计值为最优跟踪结果。

假设对第 i 个对象类存在充分的训练样本集,$T_i = [t_{i,1}, t_{i,2}, \cdots, t_{i,n_i}] \in \mathbb{R}^{m \times n_i}$,则对于任意属于同一类的测试样本 $x \in \mathbb{R}^{m \times 1}$,可以通过训练样本的线性加权和来表示:

$$x = \alpha_{i,1}t_{i,1} + \alpha_{i,2}t_{i,2} + \cdots + \alpha_{i,j}t_{i,j} + \cdots + \alpha_{i,n_i}t_{i,n_i}, \quad j = 1, 2, \cdots, n_i。 \quad (7.1)$$

然而,因为测试样本所属类未知,因此重新定义矩阵 T 由 k 个对象类的 n 个训练样本组成,即

$$T = [T_1, T_2, \cdots, T_k] = [t_{1,1}, t_{1,2}, \cdots t_{k,n_k}] \in \mathbb{R}^{km \times n_k} \quad (7.2)$$

因此,x 能够通过所有训练样本的线性组合来表示,即有

$$x = T\alpha \quad (7.3)$$

其中,T 被称为重构矩阵,α 为重构加权系数向量。现在已知 x 和 T,求解 α。然而由于这个方程组有无穷多解,因此从另一种方面考虑,如果仅希望 α 尽可能稀疏,比如 $\|\alpha\|_0$ 尽可能地小,即其中非零元素个数尽可能少,则可以求得满足这一条件的最优解。此时,$\alpha = [0, \cdots, 0, \alpha_{i,1}, \alpha_{i,2}, \cdots, \alpha_{i,n_i}, 0, \cdots, 0]^T$,除第 i 个对象类的样本所对应的系数为非零值外,其他 α 所含元素全为 0,称 α 为基于 T 的 x 的稀疏表达。

其严格定义为

$$\min \|\alpha\|_0 \quad \text{s. t.} \quad T\alpha = x \quad (7.4)$$

可以证明,在存在满足某种条件的常数 μ_N 的情况下,如果

$$(1 - \mu_N)\|\alpha\|_2^2 \leqslant \|T\alpha\|_2^2 \leqslant (1 + \mu_N)\|\alpha\|_2^2 \quad \forall \alpha \quad \|\alpha\|_0 \leqslant N \quad (7.5)$$

则 0 范数优化与 L1 范数优化问题的解相同。由此,寻找 x 的稀疏表达的过程可以定义为

$$\min \|\alpha\|_1 \quad \text{s. t.} \quad T\alpha = x \quad (7.6)$$

由于 L1 范数求解问题为一个凸优化问题,因此,式(7.6)的解即转化为式(7.3)问题的唯一解。所谓凸优化(Convex Optimization)问题,是指目标函数为凸函数,约束变量取值于一个凸集中的优化问题。

事实上,由于在实际工程处理中都存在噪声 ε,因此式(7.3)在实际应用中应写成如下形式:

$$x = T\alpha + \varepsilon \quad (7.7)$$

则通过 L1 范数求解 α 的最优稀疏值的计算为

$$\min \|\alpha\|_1 \quad \text{s. t.} \quad \|x - T\alpha\|_2^2 \leqslant \varepsilon \quad (7.8)$$

求解凸优化问题的方法有束方法(Bundle Methods)、切平面法(Cutting-Plane Methods)、椭球法(Ellipsoid Methods)、次梯度法(Subgradient Methods)以及内点法(Interior-Point Methods)等。在本章中,将采用 LASSO 思想求解这一问题。

7.2 » 异常目标观测模型

7.2.1 目标观测模型的建立

在建立稀疏表达前,首先需要确定观测值的表达方式,即建立观测模型。再根据观测

模型建立样本的模板空间,即训练样本集。不同于为输入信号提取单一特征实现稀疏表示的传统方法,本章提出的算法采用了一种多特征表示方法,即目标 $X = \{x_1, x_2, \cdots, x_N\}$,$x_n (1 \leqslant n \leqslant N)$ 表示目标的第 n 个特征向量。因此在本算法中,输入目标信号特征的数学表达从传统使用的向量形式转换为包含多向量的矩阵形式,矩阵中不仅包含目标的整体信息,还包含局部信息。实现外表信息特征建模的方法很多,但由于在密集场景中,单一目标物体体积相对较小,往往不能包含清晰的细节特征,因此无论基于梯度的 HOG 特征法、特征点提取法还是光流法都不能有效表示目标信息。彩色空间分布作为目标检测中另一类具有代表性的特征,更适合于细节信息较弱,只能提取整体性信息的情况,但其缺点是缺乏整体结构特征分布信息。为了克服这一缺陷,本算法在彩色直方图表示的基础上引入了一种多模块核彩色直方图表示法。

如果将目标表示成一个矩形区域,那么可以将其分成 7 个部分模块。多模块核彩色直方图表示法的计算基于这 7 个部分子模块实现。第 1 个直方图基于整个前景物体区域,第 2 个到第 5 个直方图基于将目标矩形区四等分的 4 个子区域的计算。若保持目标矩形区的中心点不变,产生一个大小为原始矩形一半面积的区域,那么此区域为第 6 子模块,剩余部分为第 7 子模块。7 个子模块分别对应特征矩阵 $X = \{x_1, x_2, \cdots, x_N\}$ 中的一个特征向量 x_n,因此 $N = 7$。

若定义 z_n 为第 n 个子模块中的像素点,子模块 n 的中心像素点用 ctr_n 表示,高斯核 $K(ctr_n)$ 用于计算像素点的权重值,使越远离中心点的像素值对最终直方图分布结果影响越小。因此,x_n 的第 j 个颜色统计特征值

$$b_j = c \sum_{RGB} \sum_{z_n \in \Omega_j} K(ctr_n) = c \sum_{RGB} \sum_{z_n \in \Omega_j} \exp(-\parallel z_n - ctr_n \parallel^2 / (2\sigma^2)) \tag{7.9}$$

其中,Ω_j 表示第 n 个子模块中像素值等于 j 的像素点的组合;c 为归一化系数。因此,可以得到 x_n 的表示,x_n 为 d 维向量:

$$\boldsymbol{x}_n = \{b_1, \cdots, b_j, \cdots, b_d\}^T \in \mathbb{R}^{d \times 1} \tag{7.10}$$

7.2.2 稀疏表示模型的建立

在本章提出的算法中,当前帧的最优跟踪状态是通过寻找最小稀疏投影差实现的。因此,本章的关键问题之一是如何使用基于模板子空间的重构矩阵 $\boldsymbol{T}$ 实现对目标 $\boldsymbol{x}$ 的稀疏投影表示,$\boldsymbol{T}$ 的每一列向量被称为模板重构基向量,ε 表示存在的噪声。重构权值向量 $\boldsymbol{A}$ 可由求解 L1 正则化最小二乘问题得到,这一方法将在下一章具体论述。

$$\boldsymbol{x} = \boldsymbol{TA} + \varepsilon \tag{7.11}$$

在密集场景视频跟踪中,噪声和部分遮挡是最常见的两种问题。尤其遮挡的发生常常会使目标检测结果产生不可预料的错误从而影响整个跟踪过程的正确性。遮挡体现为

一片非目标区域占据了目标位置，且大多数情况下，仅有部分目标区域被遮挡。因此，在本文论述的方法中，目标区域被分割成多个子模块分别进行特征提取，这样，非遮挡区域提取的特征仍然可以在稀疏投影过程中确认目标的最优估计位置。相对应于这一思路，重构矩阵 $\boldsymbol{T} = \{T_1, T_2, \cdots, T_N\} \in \mathbb{R}^{d \times (MN)}$，共包含 N 组模板，每组模板分别对应目标区域划分的一个子模块。每组中包括 M 个不同的模板 $T_n = \{t_1, t_2, \cdots, t_M\} \in \mathbb{R}^{d \times M}$。模板的初始化在视频的第一帧计算得到，对原模板位置分别上下做左右单像素距离移动后，可得到新的模板位置，由此产生同一子模块的多个模板。此后在每一帧的跟踪完成后将对模板值进行更新，以适应目标运动变化。假设当前帧的某一跟踪目标的特征表示为 $\boldsymbol{X} = \{x_1, x_2, \cdots, x_N\} \in \mathbb{R}^{d \times N}$。作为公式（7.11）的扩展，任意子模块特征均可表示为

$$x_n \approx \boldsymbol{T}\boldsymbol{A}_n = \sum_{n=1}^{N} \boldsymbol{T}_n \alpha^{\{n\}} = \sum_{i=1}^{MN} \alpha_i t_i \qquad (7.12)$$

$\boldsymbol{A}_n = \{a^{\{1\}}, \cdots, a^{\{n\}}, \cdots, a^{\{N\}}\}^{\mathrm{T}} = \{a_1, \cdots, a_M, \cdots, a_i, \cdots, a_{MN}\}^{\mathrm{T}}$，是本算法使用的重建权值向量。

7.3 » 异常目标跟踪算法

7.3.1 粒子滤波算法

粒子滤波是贝叶斯滤波方法中继卡尔曼滤波后发展出的另一种状态估计形式，是蒙特卡罗方法和贝叶斯理论的结合。它通过非参数化的蒙特卡罗模拟方法来实现递推贝叶斯滤波，其思想是利用一系列随机抽取的样本以及样本的权重来计算状态的后验概率分布。当样本数足够多时，可以近似于真实的后验概率分布。粒子滤波算法不用满足系统为线性、噪声为高斯分布，后验概率也是高斯型的限制条件，因此应用面比卡尔曼滤波方法更广。同时由于粒子滤波同样具有贝叶斯滤波的时域递推结构，因此和卡尔曼滤波方法一样，不需要存储所有时刻的历史数据，计算时也仅需要上一时刻的估计值和当前时刻的观测值，对计算机的存储要求小，提高了运算速度。

粒子滤波算法最终求出的是一种后验概率的表示形式，并通过若干粒子的加权来得到目标的状态估计。每个粒子表示目标状态空间中的一个"点"，在跟踪过程中，可以表示目标中心点的一个估计位置。在已知第 1 帧到第 $t-1$ 帧的所有观测值 $y_{1:t-1} = \{y_1, y_2, \cdots, y_{t-1}\}$ 的基础上，可以得到当前帧的目标状态预测概率

$$p(s_t / y_{1:t-1}) = \int p(s_t / s_{t-1}) p(s_{t-1} / y_{1:t-1}) \mathrm{d}s_{t-1} \qquad (7.13)$$

其中，$p(s_{t-1} / y_{1:t-1})$ 为 $t-1$ 帧的后验概率，可通过之前的跟踪结果迭代得到。状态转移概率 $p(s_t / s_{t-1})$ 由状态方程决定。在本节中，假设 t 时刻目标状态 s_t 包含 5 个参数：$s_t =$

$(p_x, p_y, \boldsymbol{X}, v_x, v_y)$。其中,$(p_x, p_y)$ 为目标位置,$\boldsymbol{X}$ 为归一化后的多模块彩色直方矩阵,(v_x, v_y) 分别表示目标在水平和垂直方向的平均速度。由于目标状态由其速度、位置及外表特征构成,因此,其状态方程可简化表示为

$$(p_x, p_y)_t = (p_x, p_y)_{t-1} + (v_x, v_y)_{t-1} + \zeta \tag{7.14}$$

$$(v_x, v_y)_t = \frac{1}{t-1} \sum_{i=1, 2, \cdots, t-1} (v_x, v_y)_{t-i} \tag{7.15}$$

其中,ζ 为服从高斯分布的噪声。根据贝叶斯估计,可以求出第 t 帧的后验概率为

$$p(s_t / y_{1:t}) = \frac{p(y_t / s_t) p(s_t / y_{1:t-1})}{\int p(y_t / s_t) p(s_t / y_{1:t-1}) \mathrm{d}s_t} \tag{7.16}$$

假设采用一系列权重为 ω_t^k 的随机粒子 $\{s_t^k\}_{k=1, 2, \cdots, N_p}$ 对 $p(s_t / y_{1:t})$ 进行估计,N_p 为粒子个数。本节设定候选样本粒子 s_t^k 服从 $p(s_t / s_{t-1})$ 的分布,因此,t 时刻粒子 k 的权重

$$\omega_t^k = \frac{\omega_{t-1}^k p(y_t / s_t^k)}{\sum\limits_{k=1}^{N_p} \omega_{t-1}^k p(y_t / s_t^k)} \tag{7.17}$$

假设目标模板在第 1 帧实现初始化,如图 7.1(a)所示。在俯视拍摄的室外场景中,选取其中某一行人所占的图像区域为基础模板,以矩形框表示。图 7.1(b)显示了从第 2 帧开始,根据 $p(s_t / s_{t-1})$ 得到的粒子分布图,其中每一个灰色矩形块以粒子为中心。由于选择粒子数量较多,因此在图中无法清晰地看到每个矩形块的边缘。每一个以粒子为中心的灰色矩形所包含区域即为目标预测区域。

(a)   (b)

图 7.1 视频"street"中的粒子滤波示例

(a) 第 1 帧的原始位置;(b) 第 2 帧的粒子分布

7.3.2 通过 L1 最小化实现目标优化匹配的方法

把粒子滤波产生的粒子 s_t^k 对应区域特征作为候选观测值代入式(7.12),即将每个粒

子对应位置的多模块外表特征 X 用于模板匹配的稀疏投影。首先需要计算 X 与重建权重向量 A 的关系。在得到重构矩阵 T 后,定义函数 $f(x_n, A_n, T)$,通过求解 L1 正则化最小二乘问题的方法计算观测候选项 $X = \{x_1, \cdots, x_N\}$ 中 x_n 的置信度,以及最优稀疏向量 A^*。

$$f(x_n, A_n, T) = \| x_n - TA_n \|_2^2 + \lambda \| A_n \|_1 \tag{7.18}$$

其中,λ 为正则化参数。通过第一项 $\| x_n - TA_n \|_2^2$ 可以得到稀疏投影重建差。这一项的值越小,模板与观测项子模块 x_n 就越相似。第二项为稀疏向量正则化,这一项的存在保证了求解 L1 最小值问题的结果将更有利于范数较大的模板,即假设当模板 t^* 为当前帧最优模板时,$\| t^* \|$ 越大,所需重建权重越小,$f(x_n, A_n, T)$ 的值也越小。

A_n 是式(7.18)中的潜在变量,为了能够找到最优跟踪结果,需要针对每一个 x_n 最小化式(7.18)。L1 正则化最小二乘问题可通过 Lasso 方法求解,在本节的应用中直接使用 SPAMS 的稀疏分解工具箱实现。

求解出对应于每个 x_n 的重建权值向量 A_n 后,最优重建权值向量

$$A^* = \underset{A_1, A_2, \cdots, A_N}{\arg\min} \sum_{n=1}^{N} f(x_n, A_n, T) \tag{7.19}$$

每个模块的重建权值向量 $A_1, A_2, \cdots, A_N$ 相互独立,因此,每个向量的优化也相互独立。针对目标整体特征 $X = \{x_1, \cdots, x_n\}$,式(7.19)的优化过程可以表示为求解:

$$\underset{A_1, A_2, \cdots, A_N}{\arg\min} \sum_{n=1}^{N} \| x_n - TA_n \|_2^2 + \lambda \sum_{n=1}^{N} \| A_n \|_1 \tag{7.20}$$

与 A^* 相对应的观察候选项是最终跟踪结果。用 $\chi = \{X^1, X^2, \cdots, X^{N_p}\}$ 表示第 t 帧时 N_p 个观察粒子对应外表状态特征,则最终跟踪结果

$$X^* = \underset{X \in \chi}{\arg\min} \sum_{x_n \in X} f(x_n, A^*, T) \tag{7.21}$$

7.3.3 动态模板更新方法

目标物体的外表特征会随着内外部因素的变化而发生改变。因此,为了更稳定地实现精确跟踪,在模板初始化后必须对每帧进行在线更新。为了能够自适应地更新模板,本算法充分利用了重建权重向量 A 的特点。重建权重向量 A 是一个稀疏向量,其中每一个元素值 α_i 可看作其对应的一个子模板 t_i 的权重,观测值与子模板的关联越大,相应的权重值越大,因此 A 的元素值可看作子模板与观测值的关联程度。除此之外,式(7.18)中 $\| x_n - TA_n \|_2^2$ 项的存在表明:与观测值最相关的子模板 t_i 的范数越大,其对应的权重 α_i 值越小。而式中的第二项 $\| A_n \|_1$ 的存在使期望 A 的范数尽可能地小。因此,在模板的自动更新过程中,需要给关联度更大的模板赋予更大的范数值。

当重构矩阵 $\boldsymbol{T}$ 初始化后,将对其进行归一化计算。因此,从第 2 帧开始的第 t 帧,都可以将 $\boldsymbol{T}_{t-1}$ 的梯度下降值作为调节量实现对 $\boldsymbol{T}_t$ 的更新,即

$$\boldsymbol{T}_t = \boldsymbol{T}_{t-1} - \frac{\eta}{t} \nabla_{\boldsymbol{T}} \sum_{n=1}^{N} f(\boldsymbol{x}_{n,t}^*, \boldsymbol{A}_t^*, \boldsymbol{T}_{t-1}) \tag{7.22}$$

$$f(\boldsymbol{x}_{n,t}^*, \boldsymbol{A}_t^*, \boldsymbol{T}_{t-1}) = \| \boldsymbol{x}_{n,t}^* - \boldsymbol{T}_{t-1} \boldsymbol{A}_t^* \|_2^2 + \lambda \| \boldsymbol{A}_t^* \|_1 。 \tag{7.23}$$

因此,得到

$$\boldsymbol{T}_t = \boldsymbol{T}_{t-1} + \frac{2\eta}{t} \sum_{n=1}^{N} (\boldsymbol{x}_{n,t}^* - \boldsymbol{T}_{t-1} \boldsymbol{A}_t^*) \boldsymbol{A}_t^* 。 \tag{7.24}$$

在更新后,对模板再进行归一化处理。η 为学习率,可以看到在式(7.24)中,随着时间的推移,η 的存在使当前目标的变化对模板变化的影响逐渐变小。

7.3.4 视频数据实例概述

本章提出基于稀疏表示的密集场景跟踪方法在 Matlab 环境下得以实现,测试视频数据如表 7.1 所示。

表 7.1 测试视频参数

数据库名称	长度/帧	图片大小/像素
Airport(机场数据库)	394	480×360
Street(街道数据库)	285	480×360
Pets1(行人数据库 1)	436	768×576
Subway(地铁数据库)	320	720×576
Pets2(行人数据库 2)	436	768×576
Entrance(入口数据库)	1253	480×360

测试视频中涵盖了室内外不同密度的密集场景,场景中均包含一定程度的光线变化和不同程度的遮挡。在所有实验场景中,跟踪目标的选择均由人工决定,且实验中所取的目标模板大小由第 1 帧的目标大小决定。每一个目标所对应的重构矩阵中的每个子模块组被分配了 $M=10$ 个不同模板。在跟踪过程中,粒子滤波所需的粒子数与实际目标跟踪要求有关,一般情况下粒子数越多,跟踪越稳定,精度越高,但同时计算量也越大。在本章的测试中,粒子数量定为 400~600 个,具体数值与被跟踪目标在图像中的相对大小相关。目标越大,相应采用的粒子数目越多。

采用本章提出的基于稀疏表示的跟踪方法实现的跟踪效果如图 7.2 所示。每一列自上而下排列着 5 张同一场景非连续帧的跟踪效果图像,图像左上角显示的数字表示当前帧序列值,可以看出,每 20~50 帧截取一次。每张图像中均标注了从起始运动到当前帧,

被跟踪目标的运动轨迹,用于检验跟踪方法在各种动态场景中捕获目标运动轨迹的持续时间有效性。第1列的图像序列为图7.2(a),记录了地铁内大批旅客下楼梯的场景。地铁中的摄像监控是最常见的监控场景之一,针对这一场景的目标跟踪也有重要的实用价值。由于楼梯的宽度有限,人群只能依次等待挤入楼梯,场面非常拥挤。在整体主色调为黑白灰的场景中,实验选择了一名身着黑色衣服的旅客,其目的是表现算法在无明显色彩区别的条件下仍然能够正确跟踪。在下楼过程中,人的身体存在上下颠簸的情况,因此虽然从全局来看实现的是向下的匀速运动,但实际在每20帧左右时间内都包含一个向上的运动趋势,这一点在最终得到的跟踪轨迹中可以明显看出。除此之外,由于楼梯非常拥挤,人不能完全按照自己的意愿决定行走路线,因此其运动轨迹可能出现歪斜,甚至停顿。因此最终得到的轨迹不是笔直的线,而是存在一定的波折。

第2列图像序列为图7.2(b)。这一组视频来自2009年PETS测试图库,表现了一群人在校园中自西向东行走的场景。人群由远及近,从密集到分散,目标大小逐步变大。由于在明亮的室外拍摄,因此存在大量树影,且树影中仍有稀疏的阳光。树本身为非静态,在目标检测中可以感知到其细微的抖动。实验选择了一位行人,因为人的行走是较为随意的,速度和路线均存在差异,可以看出在第5幅图像中另一个人与目标相接触,若采用背景去除算法则必然存在团块粘连的情况。本章的算法准确地提取出包含两个人的目标

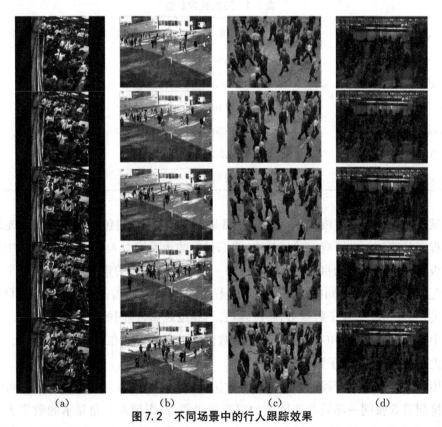

(a)　　　　　　(b)　　　　　　(c)　　　　　　(d)

图7.2　不同场景中的行人跟踪效果

(a) Subway(地铁数据库);(b) Pets1(行人数据库1);(c) Street(街道数据库);(d) Airport(机场数据库)

框,显示了有优于基于背景去除的目标跟踪算法的地方。

第3列图片序列为图7.2(c),显示了对广场上人群的近距离俯视拍摄。在画面显示的小片区域中,背景为灰色地面,不存在其他任何静态物体。每个人占有的图像区域相互粘连,存在大量互遮挡情况。被跟踪目标为身着灰色上衣的某行人,其衣着颜色近似于地面颜色,行走过程中不断被其他人遮挡。由于在初始状态下就无法取得目标的整体特征,因此第1帧采集的目标模板仅选择了其头部区域,避免了大量可能影响跟踪正确性的情况。最终的跟踪结果如图7.2(c)第5幅图像所示,在跟踪过程中没有出现目标丢失的情况。

第4列图像序列为图7.2(d),显示了在拥挤的机场候机室中,跟踪一位身着深色上衣的旅客的过程。摄像头距机场大厅较远,因此采集到的画面中人都比较小。这位旅客从一排椅子的右侧绕行至左侧,并穿过了一群向相反方向行走的人。这种单一目标的无规律运动变化是无法由运动流模型模拟得到的。在所有这些具有挑战性的场景中,本章提出的方法均能稳定地跟踪到目标。

本章统计了不同场景中跟踪最优估计值与真实值间的均方差。根据第 t 帧的目标中心点坐标真实值 ctr_t 和跟踪值 $\hat{ctr_t}$,可以求出整个场景的跟踪中心点均方差

$$\text{RMSE} = \sqrt{\frac{\sum_{t=1}^{\text{frm}} (\hat{ctr_t} - ctr_t)^2}{frm}}$$

其中,frm 表示当前图像序列的总帧数。如图7.3所示的4个不同场景的跟踪均方差值,依次为图7.2中从右至左的4个场景。

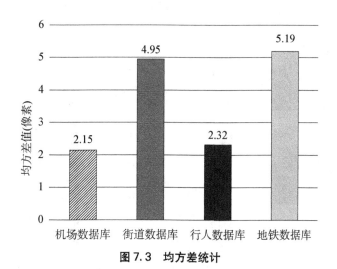

图7.3 均方差统计

从图7.3中可以看出,针对不同的复杂动态背景场景,本章提出的算法保持了较高的准确度。由于图中统计的均方差是关于跟踪目标中心点绝对位置的正确性度量,因此最终的结果与目标运动的速度和目标与摄像头间的距离也有一定关系。即目标运动速度越

快、目标在图像中占据区域越大,相应跟踪可能产生的像素误差值越大。

7.3.5 跟踪质量比较

进一步将本章提出的算法(MP)、Mean Shift(MS)算法和基于仿射模板的 L1 跟踪算法进行比较。3 种跟踪方法的实验环境均为 Matlab,其中基于仿射模板的 L1 算法的程序由其作者提供。所有的测试视频均为彩色视频。

表 7.2   3 种算法的运算速度比较

方法	帧/s
MP 算法	4.0
L1 算法	0.5
Mean Shift 算法	20.0

测试得到的 3 种算法针对 768×576 图像序列的运算时间的比较数据见表 7.2,本章的方法针对此大小的视频单目标跟踪速度为 4.0 帧/s,在进行程序优化后预期速度可以到达每秒 10 帧以上。而基于仿射模板的 L1 算法速度仅为 0.5 帧/s,这与该算法作者在文献中提及的速度相符,Mean Shift 算法速度比较快,基本能够达到实时处理。

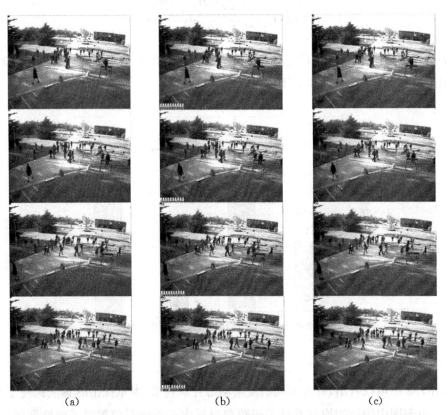

(a)　　　　　　　(b)　　　　　　　(c)

图 7.4　基于图像序列"PETS2"的 MP(我们的算法),仿射 L1 和 MS 跟踪效果比较

(a) Mean Shift 算法;(b) L1 算法;(c) MP 算法

　　针对 3 种方法,图 7.4 和图 7.5 分别展示了两组图像序列的比较结果。第 1 组图像序列来自 Pets2009 数据库,为了区别图 7.5 中另一组来自 Pets2009 的视频,这一组图像被称为"Pets2"。为了更好地表现跟踪效果,每一组序列选择了 4 幅具有代表性的效果图片。其中第 3 列为提出的算法的跟踪效果,第 2 列和第 1 列分别对应基于仿射模板的 L1 跟踪算法和 Mean Shift 算法。每行图像对应视频中的同一帧。由于处于室外环境,可以看出场景中存在强烈的明暗对比和光反射现象。为了表现跟踪效果,特地选择了一位阳光直射角度下的行人作为目标。随着行人的移动,光照不均导致目标外表出现色彩变化。在图 7.4 的 3 组图像对比中,3 个算法在第 1 幅图像中均锁定目标,但在第 2 幅,基于放射模板的 L1 跟踪算法和 Mean Shift 算法开始偏离目标位置,到了第 3 幅,Mean Shift 算法已完全跟丢了目标。相反,本章提出的算法一直能够克服噪声的影响实现精确跟踪。

　　第二段视频"Entrance"显示了机场安检口附近的密集场景。与图 7.4 相同,这一组图像的第 3 列为本章提出的算法的跟踪效果,第 1 行和第 2 行分别对应 Mean Shift 算法和基于仿射模板的 L1 跟踪算法。每一行图像对应视频中的同一帧。锁定的跟踪目标是图像右上角的一位女士,其所处位置离摄像头很远,缓慢地向摄像头方向移动。3 个不同算法的最终跟踪结果显示在图 7.5,图中截取了第 10、50、88 和 119 帧的图像。Mean Shift 算法很快丢失了目标,并一直在初始位置附近徘徊。本章的算法和基于仿射模板的 L1 跟踪算法都能够精确地捕获目标并保持跟踪。然而,本章的算法所需跟踪时间是基于仿射模板的 L1 跟踪算法的 1/8。

(a)　　　　　　　(b)　　　　　　　(c)

图 7.5　基于图像序列"Entrance"的 MP 算法、仿射 L1 和 MS 跟踪效果比较

(a) MS;(b) L1;(c) MP

　　之后,人为标注了 200 帧两组视频"Pets2"和"Entrance"的跟踪目标中心点的真实位置。采用跟踪中心位置与真实值间的像素差值作为错误评估标准,MP 算法在两种密集场景中的跟踪效果均优于其他两种算法。

　　监控场景中出现大量的人流是非常常见的情况,在这种情况下,即使摄像头为静止状态,由于目标背景为大量运动的人群,检测时也无法采用基于静态背景的目标检测算法,因此,在这一节中提出了基于稀疏表示的密集场景目标跟踪算法。算法不需要假设像素时域和空域的分布情况,前景区域可以由模板矩阵稀疏表示,如果前景区域中包含背景,大量噪声系数非零。通过这种方法,可以实现图像的前、背景分割。

　　稀疏表示的方法在近年来大量用于人脸检测、目标跟踪中,但其在高密度人流中的应用尚未见到国内外相关研究。本节提出的算法不仅在目标检测中采用稀疏表示,并且加入了多模块核彩色直方图的概念,将目标区域分为多个模块,分别建立子模板组,实现跟踪匹配。这一方法的优势在于即使存在部分遮挡的情况,目标仍然能够基于未被遮挡的部分被正确检测。

　　为了验证算法的有效性,在本节最后展示了本算法在多个不同条件的室内外密集场景中的跟踪结果,并给出了精确的统计数据。除此之外,还针对两段不同视频,与传统的 Mean Shift 算法和基于仿射模板的 L1 跟踪算法比较了实验结果。结果显示,本章的算法在 3 种算法中速度表现正常,但检测效果高于其他两种算法。

7.4 » 密集场景小群体实时检测方法

　　面向密集场景的传统研究通常将运动个体作为对象,进行检测、跟踪和行为分析。然而,近年来有研究表明:小群体往往超过单一个体成为密集场景中的运动主体[8],了解小群体的运动特性,能够更准确地分析场景中的人群活动状态,从而实现人工智能更高层次的行为理解、预判,以及引导。本文中的小群体指具有一定社会关系的,具有相同目标的共同行动的人组成的小团体。小群体检测指在获得场景中个体运动轨迹的基础上,实现小群体的判别、划分的研究。

　　传统研究中大多只针对群体进行基于运动一致性的划分,得到当前具有相同运动状态的团块。如利用光流结合聚类的方法实现运动区域划分[9];采用 KLT 特征点跟踪与聚类结合的方法实现密集群体的分群检测[10];以及一致性运动滤波算法[11],通过计算特征点距离和速度相关性,建立个体的局部一致性关系,实现密集群体的分割等。相比上述群体分割算法,小群体检测算法需要更精确地判断个体间的相关性。Bazzani 等[12]通过离线学习训练样本中小群体间的距离、速度及其内部成员间的距离,实现密集场景的小群体检测。然而该算法仅提供了低密度场景的实验结果。Ge 等[13]采用聚类的方法实现行人运动轨迹的分类,其实验结果包含部分中密度群体运动场景,结果表明:当算法应用于较高密度场景时,只能实现较为精确的运动群体分割。社会力模型(SFM)能够模拟群体间的作用力,因此也被广泛用于小群体检测算法中。Sochman 等[14]基于社会力模型实现小群体聚类参数的估计。此后,Mazzon 等[15]在基于 SFM 目标检测的基础上,采用一种基于图形的贪婪算法实现群体的跟踪。受此启发,本章节也引入了社会力模型,并以此为基础,建立了一种目标预测模型,实现对个体间受力的更精确模拟。区别于以上成果,Solera 等[16]采用基于学习的相关性聚类(correlation clustering)算法,该算法能够有效应用于中密度场景的小群体检测。但是,其运算复杂度较高,忽略训练时间后,平均每帧图像的特征提取和测试时间的总和高达几十秒、甚至几分钟,严重影响了算法的实用性。随着场景密集度的增加,小群体逐渐融入人群,例如地铁站中密集的上下客流。因此,目前的研究中尚不存在高密度场景的小群体检测。

综上所述,本章介绍了一种针对密集人群的小群体检测算法。其特点是:①采用当前位置指向目标的单位方向矢量而非速度、轨迹距离等作为判断个体相关性的依据;②适用于中等密度场景,能够得到小群体的高正确率检测结果;③运算速度快,针对 1280 pixel×720 pixel 分辨率的中密度视频,能够实现实时运算。算法基于改进的社会力模型,建立了一种目标预测模型,通过对运动个体进行受力模拟,得到其运动目标方向预测。获取个体邻域,依次计算邻域中各点和中心个体的目标方向持续相关性,完成小群体检测。

本章提出的算法分为如图 7.6 所示的 4 个步骤。首先输入视频图像,再采用 Rodriguez 等[17]提出的算法,得到运动个体的检测和跟踪结果,如图 7.6 中第二模块所示;圆圈标注检测到的个体足部位置。第三步为检测到的个体建立目标预测模型,通过计算得到个体位置指向目标的单位矢量作为其目标方向,如图 7.6 中第三模块中箭头所示方向。选取个体邻域,分析邻域内个体与邻域中心个体的目标相关性,获得最终小群体检测结果。图 7.6 第四模块中,用线将小群体成员的足部位置检测点连接。

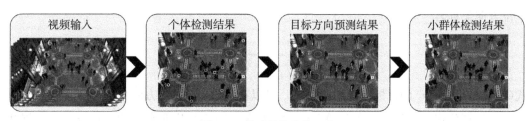

图 7.6 算法具体步骤示意

7.4.1 目标预测模型

社会力模型被广泛应用于人群行为仿真的研究。大量文献通过改进社会力模型以适应各种场景的应用分析。可应用于建立针对突发事件中人群跟随现象的一种仿真模型;基于时空 LBP 加权的社会力模型;用于人群异常行为的检测等。参考预测防碰撞模型,本章节建立了一种基于社会力的目标预测模型,用于实现对个体运动目标方向的预测。

图 7.7 为本章建立的目标预测模型的示意图,其中圆点代表行人,身后虚线表示其行动轨迹,黑色实心粗线模拟障碍物。由图 3.7 可知:行人 A 的目标在障碍物后,采用虚线

箭头标注其目标方向。A 产生反方向躲避障碍物的力,同时行人 B 在 A 近邻且速度方向朝向 A,则 A 受到 B 的排斥力。此外,A 为了到达其目标,自身产生驱动力。3 种力的总和确定了行人的加速度方向,用于不断修正其速度矢量。从图 7.7 中可知:目标的当前速度方向与目标方向存在一定差值。

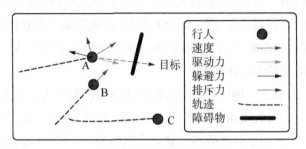

图 7.7 目标预测模型示意图

设场景中有 n 个运动个体 $P = \{p_1, \cdots, p_i, \cdots, p_n\}$,采用 F_d,F_r 和 F_e 分别表示第 i 个个体 p_i 自己产生的驱动力、用于躲避障碍物的躲避力,和针对其他个体的排斥力。首先,参考传统社会力模型的定义,假设个体均具有相同质量,则可将 F_d 改进并定义为以下形式

$$F_d = \frac{1}{\tau}(v_i^{\text{des}} - v_i) \tag{7.25}$$

式中,v_i^{des} 为 p_i 为了到达其目标点 g_i 的期望速度矢量,v_i 为其当前速度,假设 p_i 从 v_i 到期望速度 v_i^{des} 预计花费时间为 τ。定义 p_i 的运动目标方向 η_i 为其当前位置 o_i 到目标点 g_i 的单位方向矢量为

$$\eta_i = \frac{v_i^{\text{des}}}{|v_i^{\text{des}}|} = \frac{g_i - o_i}{|g_i - o_i|} \tag{7.26}$$

式(7.26)给出了 p_i 的目标方向预测公式。可以看出,p_i 的目标方向由 p_i 的期望速度 v_i^{des} 决定。根据公式(7.25),v_i^{des} 的计算与驱动力相关。下面给出驱动力的计算方法。根据社会力模型,p_i 所受 3 种力的合力决定了其运动的加速度,即:$F = m_i \cdot \dfrac{dv_i}{dt}$,所以,若忽略质量的影响,则可以定义

$$v_i(t+1) = v_i(t) + (F_d + \sum F_r + F_e)\Delta t \tag{7.27}$$

当 $\sum F_r$ 和 F_e 已知,便可求得 p_i 的驱动力 F_d。下面分别给出 F_r 和 F_e 的定义

$$F_r = \begin{cases} n_{\text{iw}} \dfrac{d_{\text{safe}} - d_{\text{iw}}}{(d_{\text{iw}})^\kappa}, & d_{\text{iw}} < d_{\text{safe}} \\ 0, & \text{otherwise} \end{cases} \tag{7.28}$$

式中，n_{iw} 为个体与障碍物间指向个体的最短距离方向矢量大小。d_{safe} 是个体与障碍物间安全距离，为预定义值。d_{iw} 表示当前个体与障碍物间最短距离。κ 是预定义比例参数，本文实验中定义为1。由公式(7.28)可以看出：本模型将躲避力的大小简化为由个体与障碍物间的距离决定。

个体 p_i 与他人 p_j 间的排斥力 F_e 受到两方面因素影响：p_i 到 p_j 间的距离矢量 o_{ij}、两者的速度 v_i 和 v_j。以 p_i 为中心，以半径 R_n 的圆形邻域内所有 p_j 为后选项。计算 p_i 与 p_j 间距离矢量和 v_i 的夹角 $\langle o_{ji}, v_i \rangle$，若满足条件：$\langle o_{ji}, v_i \rangle < R_{angle}$，则说明两个体有相遇的可能。解下列方程，求 p_i 与 p_j 可能碰撞时间 t_c。

$$| (o_j - o_i) - (v_i - v_j)t_c | = R_w \tag{7.29}$$

R_w 为预警阈值。设式(7.29)求得的解为 t_1, t_2。取

$$t_c = \begin{cases} 0 & t_1 < 0, t_2 < 0 \\ t_1 & t_1 > 0 > t_2 \\ t_2 & t_2 > 0 > t_1 \\ \min(t_1, t_2) & t_1 > 0, t_2 > 0 \end{cases} \tag{7.30}$$

经过 t_c 时间后，可计算得到 p_i 到 p_j 所在位置，这里分别用 o_i' 和 o_j' 表示。则 p_i 预判可用于采取行动躲避 p_j 的距离为 $D_j = | o_i' - o_i | + | o_i' - o_j' |$。将 p_j 施加给 p_i 的力定义为距离 D_j 的分段线性函数 $f(D_j)$。$f(D_j)$ 的具体定义可参考文献[16]。最终定义 p_i 所受排斥力大小为来自 M 个人的力的加权和：

$$F_e = \sum_{j}^{M} \omega_j f(D_j) \cdot \frac{o_i' - o_j'}{| o_i' - o_j' |} \tag{7.31}$$

7.4.2 基于目标相关性滤波的小群体检测方法

小群体是指两个及以上具有相同目标和运动属性的，享有一定社会关系的人组成的小团体。小群体成员的两个关键属性是：具有相同目标，且运动属性一致。因此，小群体成员应满足的共性为：①他们是小邻域中具有一致运动的大多数个体；②他们在一定时间内具有目标相关性。

本章提出的小群体检测算法围绕以上两个共性展开。这里将当前位置为 o_i，具有目标方向 η_i 的行人 p_i 表示为 $p_i(o_i, \eta_i)$。采用 K 最近邻分类法取 p_i 最近邻 K 个个体，得到其初始邻域，表示为 $N^i(p_1, \cdots, p_j, \cdots, p_K)$。如图7.8所示，以原点模拟个体位置，中心黑点及其上下两个黑点分别为 A、B 和 C。图7.8中所有点构成 A 的初始邻域。由于小群体成员间的距离较小且通常情况下小于其与陌生人间的距离，因此设定阈值 R_g 用于限制小群体成员间距离。图7.8中的虚线圈表示半径为 R_g 的二次划分邻域分界线。此时，图中 A 的二次划分邻域中除包含 B、C 外，还有两个黄色的点。同样，B 的二次划

分邻域中包含 A 及两个黄色点，C 的二次划分邻域包含 A 及另一个黄色的点。为了使结果具有时间持续性，算法连续记录 T 帧内所有个体二次划分邻域，并仅保留邻域内同时存在 T 帧的个体，由此得到以 p_i 为中心的个体群组被称为 $G_i(t)$。最后，计算 $G_i(t)$ 中所有个体 p_j 分别在 T 帧中与 p_i 的目标相关性，并取 T 帧平均值作为 p_i 和 p_j 的目标相关值 $C_{i,j}(p_i, p_j)$。

$$C_{i,j}^t(p_i, p_j) = \frac{\boldsymbol{\eta}_i \cdot \boldsymbol{\eta}_j}{|\boldsymbol{\eta}_i| \cdot |\boldsymbol{\eta}_j|}$$

$$C_{i,j}(p_i, p_j) = \frac{1}{T} \sum_{t}^{t+T} C_{i,j}^t(p_i, p_j) \tag{7.32}$$

取 λ 为 $C_{i,j}(p_i, p_j)$ 的阈值，若两个体相关性大于 λ，则 p_j 与 p_i 属于同一小群体。由于图 7.8 中 A，B 和 C 邻域中黄色个体与其目标相关性小于 λ，因此与 A，B，C 均不属于同一小群体。最终将所有个体的目标相关个体融合，得到最后的小群体结果。图 7.8 中的 A，B，C 为一个小群体。

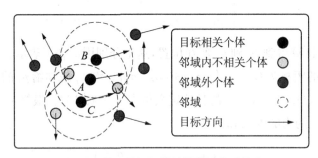

图 7.8　基于目标相关性的滤波算法示意

7.4.3　密集群体中的小群体检测实例分析

本算法采用了 3 个数据库中的视频场景进行了验证。这 3 个数据库分别是 Crowds-by-examples 数据库，其视频拍摄于某校园内，简称 Student003。整个视频共出现 406 个人，图像分辨率为 720 pixel×576 pixel，长度为 5404 帧。这一视频被大量研究采纳作为测试视频使用。第二个是 Vittorio Emanuele Ⅱ Gallery 数据库，所包含视频拍摄于某商场内，简称 GVEII。视频长 2400 帧，分辨率为 1280 pixel×720 pixel，共出现 117 个人。第三个数据库是 MPT-20X100，其中包括 20 个短视频，每个长度 100 帧，分辨率为 1 000 pixel×670 pixel，内容为拍摄于各种公共场所的人群密集场景。首先通过定义参数 d_{in}，d_{out} 和 $d_{i/o}$ 给出视频的密集度比较结果，具体参数值如表 7.3 所示；d_{in} 指视频中小群体成员间的平均距离；d_{out} 指视频中所有个体与非群体成员间的最短距离；$d_{i/o} = d_{in}/d_{out}$，为密集度衡量参数。1dawei5 和 1shatian3 为 MPT-20X100 数据库中两段不同场景视频。从表 7.3 中可以看出，这 4 段视频密集度为 0.3～0.5 之间，属于中等密度场景。

表 7.3　测试视频参数表

视频名称	平均每帧人数	平均每帧小群体数	d_{in}/pixel	d_{out}/pixel	$d_{i/o}$
student003 数据库	30	8	34	106	0.32
GVEII 数据库	39	10	36	100	0.36
1dawei5 数据库	45	4	26	72	0.36
1shatian3 数据库	225	40	11	23	0.48

图 7.9 给出了部分典型场景的小群体检测结果,图中第一行图像来自 Student003,第二行来自 GVEII,第三行来自 1dawei5,第四行来自 1shatian3。由于图 7.9 中每帧采用位于个体足部的点标识行人位置,因此将属于同一小群体的个体足部用红线连接,每根红线对应一个小群体。为了使检测结果更加清晰,所示图像均对边缘进行了剪切,以最大限度呈现有效区域。从图中可以看出:Student003 虽 $d_{i/o}$ 密集度值最低,但个体运动状态复杂,场景疏密不均,存在人群拥挤区域,且小群体结构多样,不仅有 2 人一组,还有 3 人一组,4 人一组;GVEII 和 1dawei5 的人群密集度统计数值稍高,但 GVEII 中个体的行进方向较为简单;1dawei5 中小群体数量相对较少,且群体结构简单,主要为 2 人组成的小群体;1shatian3 中存在行人和小群体数量最多,人群密集度高,个体行人分辨率低,不利于运动状态的准确捕获。从如上所述 4 种不同类型的中密度场景的视频测试效果看出:本章提出的算法均能够较为准确地检测到场景中的小群体。

图 7.9　典型密集场景视频小群体检测结果

针对以上 3 个数据库,将本章提出的算法在精确率、召回率和运行速度 3 个方面进行了展示。测试软件为 Matlab,硬件配置为 CPU Intel i5,RAM 4G。对比结果如表 7.4 所示。

表 7.4　针对上述三个数据库的实验结果

视频名称	精确率/%	召回率/%	时间/(s · f^{-1})
Student003	87.69	78.08	0.04
GVEII	92.55	84.50	0.03
1dawei5	94.11	87.45	0.06
1shatian3	92.30	62.13	0.18

从表 7.4 中可以看出,本章介绍的算法针对前三个视频场景测试的运算时间均高于 15 帧/s,能够达到实时运算。针对 1shatian3 视频的测试速度也可达到 0.18s/帧。从 4 个视频的精确率和召回率来看,该算法的误检率较低,因此在 4 种场景下均保证了较高精确率值。但本算法随着人群密集度增高,漏检率增加。图 7.10(a)为 1shatian3 视频中的第 17 帧图像,图 7.10(b)将图 7.10(a)中的部分区域放大显示,图 7.10(c)为图 7.10(b)对应区域的小群体检测结果。图 7.10(b)和图 7.10(c)中将漏检小群体 A,B,C 分别用黄色圆圈圈出。在小群体 A 中 3 个个体围成一圈,几乎没有位移。在小群体 B 和 C 中两个个体的运动速度方向在连续 T 帧中存在不稳定的情况,因此影响了目标方向的预测结果,致使目标方向相关性较低,造成漏检。

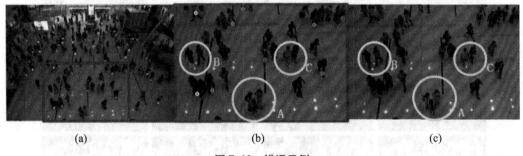

(a)　　　　　　　　　　(b)　　　　　　　　　　(c)

图 7.10　错误示例

(a) 原图;(b) 部分位置放大图;(c) 小群体检测结果

在目标预测模型中,本算法采用圆形模拟视频中个体平均面积,则其直径用 β 表示。通过统计人的行为习惯,在实验测试中,定义 $d_{safe}=5\beta$,R_n 和 R_w 分别定义为 15β 和 3β。

此外,在目标相关性滤波算法中,实验取 $K=10$,$\lambda=0.6$。图 7.11 为目标相关性滤波中不同 λ 取值在视频 GVEII 中的精确率和召回率的比较结果。从图 7.11 可以看出:随

着 λ 取值的增大,精确率逐渐升高,召回率逐渐降低。λ 从 0.5 增大到 0.6,精确率有较大幅度上升,但此后上升幅度变小。同时,召回率的下降曲线斜率变化不大,由此确定 λ = 0.6 为最优值。

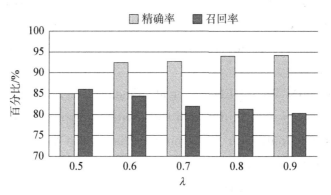

图 7.11　GVEII 视频中不同 λ 值对应精确率和召回率比较

参考文献

[1] CHEN C, WANG R, LIEN J J. AdaBoost learning for human detection based on histograms of oriented gradients [C], ACCV2007,2007,4843: 885 – 895.

[2] DONG N, JIA Z, SHAO J, et al. Traffic abnormality detection through directional motion behavior map [C], Advanced Video and Signal Based Surveillance (AVSS), 2010 Seventh IEEE International Conference on, Boston, USA, Mar. 2010, pp. 80 – 84.

[3] RYAN, D., DENMAN, S., FOOKES, C., et al. Crowd counting using group tracking and local features [C], Advanced Video and Signal Based Surveillance (AVSS), 2010 Seventh IEEE International Conference on, Boston, USA, Mar. 2010, pp. 218 – 224.

[4] PATZOLD, M., EVANGELIO, R. H., SIKORA, T. Counting people in crowded environments by fusion of shape and motion information [C], Advanced Video and Signal Based Surveillance (AVSS), 2010 Seventh IEEE International Conference on, Boston, USA, Mar. 2010, pp. 157 – 164.

[5] ALI S, MUBARAK S. Floor fields for tracking in high density crowd scenes [C], ECCV'08 Proceedings of the 10th European Conference on Computer Vision, Marseille, France, Oct. 2008, pp. 1 – 14.

[6] RODRIGUEZ M, ALI S, KANADE T. Tracking in unstructured crowded scenes [C], Computer Vision, 2009 IEEE 12th International Conference on, Kyoto,

Japan, Sep. 2009, pp. 1389 - 1396.

[7] KRATZ L, NISHINO K. Tracking with local spatio-temporal motion patterns in extremely crowded scenes [C], Proc. of IEEE Conference on Computer Vision and Pattern Recognition CVPR'10, San Francisco, USA, Oct. 2010, pp. 693 - 700.

[8] MOUSSAID M, PEROZO N, GARNIER S, et al. The walking behaviour of pedestrian social groups and its impact on crowd dynamics [J]. PLoS ONE, 2010, 5(4): 1 - 15.

[9] WANG W, LIN W, CHEN Y, et al. Finding coherent motions and semantic regions in crowd scenes: a diffusion and clustering approach [C]//Proceedings of 13th European Conference in Computer Vision ECCV. Switzerland: Springer International Publishing. 2014: 756 - 771.

[10] SHAO J, DONG N, ZHAO Q. An adaptive clustering approach for group detection in the crowd [C]//Proceedings of 2015 International Conference on Systems, Signals and Image Processing (IWSSIP). Washington D C: IEEE Computer Society Press, 2015:

[11] ZHOU B, TANG X, WANG X. Coherent filtering: detecting coherent motions from crowd clutters [C]//Proceedings of 12th European Conference on Computer Vision (ECCV 2012). Switzerland: Springer International Publishing. 2012: 857 - 871.

[12] BAZZANI L, CRISTANI M, MURINO V. Decentralized particle filter for joint individual group tracking [C]//Proceedings of 2012 International Conference on Computer Vision and Pattern Recognition (CVPR). Washington D. C. : IEEE Computer Society Press, 2012: 1886 - 1893.

[13] GE W, COLLINS R, RUBACK R. Vision-based analysis of small groups in pedestrian crowds [J]. IEEE Transactions on Pattern Analysis and Machine Intelligence. 2012,34: 1003 - 1016.

[14] SOCHMAN J, HOGG D C. Who knows who-inverting the social force model for finding groups [C]//Proceedings of IEEE International Conference on Computer Vision Workshops (ICCV). Washington D C: IEEE Computer Society Press, 2011: 830 - 837.

[15] MAZZON R, POIESI F, CAVALLARO A. Detection and tracking of groups in crowd [C]//Proceedings of 10th IEEE International Conference on Advanced Video and Signal Based Surveillance. Washington D. C. : IEEE Computer Society Press, 2013: 202 - 207.

[16] SOLERA F, CALDERARA S, CUCCHIARA R. Socially constrained structural

learning for groups detection in crowd [J]. IEEE Transactions on Pattern Analysis and Machine Intelligence. 2015,38: 995 - 1008.

[17] RODRIGUEZ M, LAPTEV I, SIVIC J, et al. Density-aware person detection and tracking in crowds [C]//Proceedings of the IEEE International Conference on Computer Vision. Washington D C: IEEE Computer Society Press, 2011: 2423 - 2430.

8

电力厂区事故状态下人群疏散的安全保障

近年来,为了缓解电力供需矛盾,国家采取了一系列措施,加快了电力工程建设进度,全国电力开工和投产规模快速增长,供需矛盾已明显缓解。但是,在加快电力建设的同时,也存在着电力工程建设质量下降、安全事故增多等问题。尤其是电路工程建设质量和安全隐患不容乐观,这些问题的发生大部分是由于违章作业、安全监护不到位造成的,反映出事故单位在安全管理、责任制落实、培训教育及强制性标准的贯彻执行等方面存在不足,同时也反映出安全保障中现代化手段投入不足。此外,如何确保事故状态下人身安全、财产安全等问题都需要经过更细致的研究和应对。虽然经过多年的事故和经验总结,人们制定了一系列的安全措施,但事故发生率依旧不可能降低为零,因此对于事故状态下的安全措施、预警机制要做一个合理的布置,尤其对于电力厂区需要增强视频监控系统,在事故发生的时候,对密集人群进行合理快速疏散。可以推测,要想合理疏散人群,必然要对事故现场人群的运动进行自动分析,分析事故现场每个出口人流量是否超过极限,引导人群按正常秩序疏散,否则人群在逃离现场时,有可能造成踩踏事故。因此,密集场景中的行人分群问题是合理疏散人群的首要问题。

8.1 概述

在人群密度较大的公共场所,通过计算机技术对场景中的人群行为进行仿真,可以在发生安全事件时的第一时间为混乱的人群提供科学有效的疏散指导方案。毫无疑问,通过对真实场景进行仿真模拟来分析运动人群中的运动特征是最有效的仿真方法。但是,模拟分析场景中的个体运动特征需要消耗大量的人、物、财,以及对一些人群特别密集甚至发生遮挡的场景来说,这种方法也并不是非常的高效。近年来,随着计算机技术在图像处理领域上的迅速发展,在国内外相关研究人员的共同努力下,计算机技术、VR 和 AI 被很好地结合起来,一系列的人群仿真系统应运而生(见图 8.1)。把人群分群作为模拟仿真的第一步不仅可以有效地减少人、财、物的消耗,还可以更好地制定出面对突发事件时疏散人群的方案,最大程度上减少灾难发生后造成的损失。所以,作为视频群体检测的研究基础,对视频场景中的人群分群是视频检测中不可缺少的重要一环[1]。

图 8.1 人群仿真系统

事故状态下,人群中的行人朝各出口方向聚集,朝向相同的行人必然形成连贯的小群体,这也符合通常的小群体理论,即在人群中的人们倾向与周围的行人相互联系,并形成连贯的小群体,小群体内的成员往往拥有相似的运动行为,小群体假设理论认为运动的人群当中 $50\%\sim70\%$ 的人是以小群体的形式存在的[2]。在计算机视觉研究中,视频序列中运动行人拥有一致的运动行为是进行行人分群的评判标准。根据视频序列有无分群标签,行人分群算法可以分为有监督和无监督两类。无监督的行人分群算法有较高的实时性,而有监督的行人分群算法有较好的准确性,本章分别通过有监督和无监督两种算法来实现对行人的分群[3]。

无监督的行人分群算法,一般需要经过运动前景的提取、运动特征点的提取,以及由运动特征点的相似性进行分群等基本步骤。经典的前景提取方法包括帧差法、背景减除法、光流法等,常用的运动特征包括速度方向、欧氏距离和运动相关性特征。有监督的行人分群算法往往不进行特征点的提取,而是在行人检测器定位行人位置的基础上进行的,场景中的行人被视为一个点,而不是大量特征点。有监督的行人分群算法所提取的运动特征除了行人的距离、速度、方向等物理特征,还包括反映行人社会属性的特征。在分群算法中,一般通过对运动特征的相似性度量来对行人进行聚类。常见的聚类算法一般包括 K -均值聚类、基于层次聚类、基于密度聚类、基于网格聚类、基于模型的聚类、相关性聚类等,每种聚类算法各有优缺点。

算法优化是指对算法的空间复杂度、时间复杂度、正确性等的优化,通过优化可以使算法有更好的泛化能力。常见的算法优化方法有随机搜索法、梯度下降法、遗传法、模拟退火法和 Frank-Wolfe 优化算法等。

虽然行人分群技术的研究已经取得了一定的成果,但由于运动场景的多变性和人群运动的复杂性,人群分群技术的研究仍有许多难点,如多个运动个体之间交互、运动背景的复杂性、运动背景的稳定程度、个体颜色与背景颜色的相似度、多个运动个体比例变化等[4],当前行人分群技术中主要存在以下问题:

（1）遮挡问题。由于人群运动的复杂性及场景的密集性,使得行人之间的遮挡问题变得格外严重。行人形成遮挡的原因各有不同,例如被场景中的背景物体覆盖遮挡,被其他行人遮挡等,而遮挡的严重程度也不尽相同,这些都会造成行人个体的有效信息缺失。遮挡给行人分群带来了困难,很大程度上导致对行人的错误分群。

（2）小群体人数可变性[5]。在一个人群运动的场景中,一个小群体中包含的个体数目的变化是常见的问题,小群体个体总数的变化包括两种:一是总数量的增加,有新的个体加入或两个及以上小群体的合并;二是总数量的减少,有个体从原群体离去,目标群体从场景中消失,或分裂成两个及以上新群体。

（3）背景的复杂性。行人所在的场景的复杂程度严重影响行人分群的效果,背景中有许多干扰因素,包括:①背景的变化;②光线的明暗发生改变,导致背景颜色或亮度发生变化;③存在阴影部分,对行人目标检测带来困难;④场景中的物体与行人有类似特征,会对行人的检测跟踪产生干扰,进而影响分群的准确性。

（4）运动特征的选取。行人的运动特征既包括行人个体的运动特征,也包括小群体的运动特征,故选取有效的运动特征对于后续行人的分群极其重要。视频序列中的运动特征主要包括行人之间的距离、运动速度、运动方向等基础特征。根据不同的背景、场合来合理选取不同的运动特征,对于人群分割至关重要。

8.2 » 基于行为一致性的人群疏散算法

通常在密集人群运动场景中,人群普遍表现为一种无规律的运动组合形式,即无序运动。这种复杂的特性大大地增加了研究的难度,之前也较少有研究成果。针对密集场景的传统分析思路:将场景看作目标的运动集合,以实现提取目标轨迹及行为识别的目的[6-8]。如基于目标中心对象的处理方法,将密集人群看作大量个体的集合,从个体分析角度出发提取其速度和方向,然后采用加权的连接图和由底向上的多层聚类方法实现群体检测[9]。这类算法的有效性保证条件为目标聚集密度低,目标个体的像素分辨率高。但在无序运动密集场景中,人群之间遮挡非常严重且遮挡关系通常未知,导致目标的正确分割成为一个难点。另外一类方法是基于场景类的,比如光流法、动态纹理和网格粒子,这些算法通常用在人群高度集中以致个体跟踪根本无法实现的场景[9]。如 Wang 等[10]利用光流建立了一个连续运动判别域,并按照连续运动类型划分实现区域分析,但该算法未提供非连续运动场景的实验结果。由于人类行为固有的社会属性,人们的群体行为通常是涉及少数行人,即"三五成群"的小团体,而不常发生在个体级或者场景级上[11]。Zhou等[12]采用一致性运动滤波算法实现密集群体的分群检测,不同于其他方法,他们在预先提供背景信息的基础上提取的特征点,而不是个体目标来建立相关运动过滤器,从而得到了更适应于一般事故场景中的群体运动分析算法。Shao 等[13]在该方法上,引入自动前景提取策略,并在前景上提取特征点,采用分层聚类的方法进行人群分割,该算法受噪声的干扰比较明显,不同于光流法、特征点或行人跟踪法。最近,社会力模式[14]通过建模行人间的相互作用,跟踪多个行人,这种方法建立在对场景结构具有大量先验信息的基础上。

本章的目的是在无序运动的事故密集场景中对复杂运动模式的人群进行分群检测,进而用于后续的视频分析、监控、人群密度估计、场景理解。当行人构成群体时,这群行人的运动通常表现为朝着同一目标方向的集体运动[15],在密集人群中由于严重的遮挡问题,使得跟踪行人非常困难,而在视频图像的一定时间窗口中,特征点的跟踪可以提供有关人群分析的精确信息[15]。因此本节以前景中的目标特征点为分析对象,提出一种无监督的自动人群分群检测算法。该算法不需要任何先验知识,用特征点的运动状态估计人群的运动状态,仅根据特征点统计特性,如空间距离、运动特性及运动轨迹,实现对无序运动密集场景中运动流分割和一致性运动检测[16]。

8.2.1 行人运动特性分析

当行人成群结队时,与邻近的行人通常表现出一致的运动特性,而相距一定距离的行人虽然属于一个人群,但有时候运动方向相反。比如向北行走的队伍绕过某栋大楼后改成向南行走,队首和队尾行人运动方向表现相反,但他们依旧属于一个运动人群,因为他们的运动轨迹是一致的,队尾行人通过与自己邻近行人的行为相似,逐步与队首行人运动间接一致[17]。如果直接计算队尾和队首行人的运动相关性,得到的相关值可能很小,因此,改成用运动轨迹相似性评价非邻域行人之间的群体关系。

无序运动场景中群体检测算法如图8.2所示,主要包括以下3部分:

(1) 运动前景提取。通过运用混合高斯模型(GMMs)对监控场景进行背景建模,然后采用背景差法,把背景和前景分割开来,得到运动前景。

(2) 前景中特征点的提取。采用KLT算法提取前景中的特征点并进行跟踪。

(3) 行为一致性过滤。采用空间距离计算将前景中的每个特征点划分为邻域特征点和非邻域特征点。对各特征点的邻域特征点进行速度方向一致性和运动相关性过滤;对非邻域特征点进行运动轨迹相似性过滤。遍历每帧图像的所有特征点,对特征点一一归类,从而完成群体检测。

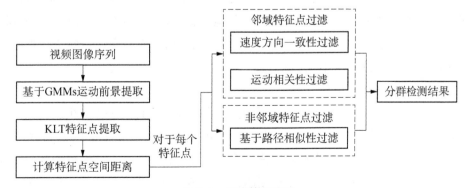

图8.2 群体算法流程

1. 基于 GMMs 和 KLT 的前景特征点提取

在对视频信息进行分析判断的过程中,只对监控场景中运动的行人感兴趣,因此要在序列图像中检测出变化区域并将运动目标从背景中提取出来,完成运动目标检测。目前较为广泛使用的运动目标检测方法大致可分为 3 种：光流场法、帧间差分法和背景减除法。这里主要介绍与本节算法相关的背景减除法及基于背景减除分析背景的建模方法。

1) 背景减除法

背景减除法[18]是利用静态背景建模的方法,将视频的每一帧图像序列在相同像素点与背景模型做差分运算,得到的差分图像通过与预设的阈值作对比,超过阈值的部分作为视频图像中感兴趣的前景区域,算法流程如图 8.3 所示。该方法关键点在于如何选取和构建背景模型,比较常见的背景建模方法是将一段时间内的图像序列作为背景模型进行训练,利用平均化图像作为参考背景[3]。

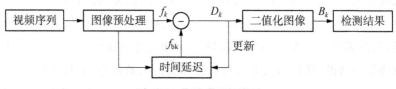

图 8.3　背景减除法流程

选取视频序列中的一帧,也可以建立背景模型获取背景图像 f_{bk},将视频序列中的第 k 帧图像 f_k 与背景图像 f_{bk} 做差分后取绝对值,最终得到差分图像。

$$D_k(x, y) = | f_k(x, y) - f_{bk}(x, y) | \tag{8.1}$$

$$B_k(x, y) = \begin{cases} 255, & D_k(x, y) > T_f \\ 0, & D_k(x, y) < T_f \end{cases} \tag{8.2}$$

式中,B_k 为 $D_k(x, y)$ 经二值化处理后的图像。

对于预先设定的阈值 T_f,若 $D_k(x, y) > T_f$,该区域就是运动区域,否则就是背景区域,背景减除法比帧差法[19]能获得更准确的前景目标区域的原因在于所建立的背景模型的准确度。由于背景模型质量的高低受周围环境的影响很大,周围外界条件不同,所建立的背景模型也会有差异,所以在检测过程中要持续地根据环境的变化更新背景模型,以获得最准确的差分结果和前景目标区域[1]。

2) 混合高斯背景模型的建立

对背景建模是提取前景运动目标区域最关键的步骤,同样也是对视频图像中人群进行分群的重要基础。不同的背景建模算法不仅对周围环境的改变的适应程度不同,同时又决定着运算速度。常见的背景建模方法有平均背景模型、单高斯模型、混合高斯模型和码本模型。在 C. R Wern 等[20]提出的单高斯背景模型的基础上,Stauffer 等[21-22]改进了该模型,建立了一种利用多个高斯分布来表征图像序列中像素点的像素值的混合高斯模型(Gaussian mixture model,GMM),该背景建模对场景的适应性比较强。除此之外,GMM 在场景中存在运动速度较快的目标时仍然可以保持较好的鲁棒性,本节在背景建模这一部分上选用混合高斯模型来提取目标前景区域。

利用混合高斯模型搭建背景的主要思想和步骤:对于图像中每个像素点都用 K 个高斯分布来描述;对于新的图像序列,通过统计差分的方法对目标进行判断,确定该点的像素值能否匹配所建立的 K 个混合高斯模型。若满足匹配条件,那么该点为背景中的像素点;若不满足条件,该点就属于前景。

设 I 表示每个像素点的灰度值,则高斯分布的概率密度函数

$$p(I_{k,t}) = \eta(I_t, \mu_{k,t}, \boldsymbol{C}_{k,t}) = \frac{1}{(2\pi)^{n/2} |\boldsymbol{C}_{k,t}|} \exp\left\{-\frac{1}{2}(I_t - \mu_{k,t})^T \boldsymbol{C}_{k,t}^{-1}(I_t - \mu_{k,t})\right\}$$

$$(8.3)$$

其中,$\mu_{k,t}$ 为第 k 个高斯分布的期望值;$C_{k,t}$ 为第 k 个高斯分布的协方差矩阵。

用样本的方差 σ_t^2 代替协方差,则像素点的混合高斯密度函数

$$p(I_t) = \sum_{k=1}^{K} w_{k,t} \cdot \eta(I_t, \mu_{k,t}, \boldsymbol{C}_{k,t})$$

$$(8.4)$$

其中,$w_{k,t}$ 为第 k 个高斯分布的权重。

高斯模型

$$N_t = [\mu_t, \sigma_t^2]$$

$$(8.5)$$

在建模开始时将 k 个高斯分布的权重设定成同一个值。一般取 K 为 3、4 或者 5,其中既包括用来表示背景的高斯分布,也包含表示前景的高斯分布。K 值越大,建立的背景模型越精确,但是与此同时计算复杂度也变大,导致速度变慢。

将图像序列上待检测的像素点的灰度值 I 和该像素点的 K 个混合高斯分布按权重值大小进行比较,其判定公式为

$$|I_t - \mu_{k,t-1}| < m \cdot \sigma_{k,t-1}$$

$$(8.6)$$

通常取 $m = 2.5$。

对于满足式(8.6)的第 K 个高斯分布,更新该高斯分布的公式为

$$w_{k,t+1} = (1-\alpha)w_{k,t} + \alpha M_{k,t+1}$$

$$(8.7)$$

$$\mu_{k,t+1} = (1-\rho)\mu_{k,t} + \rho I_{t+1}$$

$$(8.8)$$

$$\sigma_{t+1}^2 = (1-\rho)\sigma_{k,t}^2 + \rho(I_{t+1} - \mu_{k,t+1})^T$$

$$(8.9)$$

$$\rho = \alpha(I_{t+1} | \mu_{k,t}, \sigma_{k,t})$$

$$(8.10)$$

其中，ρ 为更新率；α 为学习率，$\rho=\alpha$。

按照式(8.7)～(8.10)更新权重，若均不满足所建立的 K 个高斯分布时，表示没有可以匹配的高斯分布，此时需要建立一个新的高斯分布用来替代已经建立的 K 个高斯分布中权重最小的。

对更新的 K 个高斯分布按 $\dfrac{w_{k,t}}{\sigma_{k,t}}$ 从大到小排序，最后根据以下公式，取权重较大的前 B 个高斯分布建立该像素点的混合高斯背景模型：

$$B=\arg_b\min(\sum_{k=1}^{b}w_{k,t}>T) \tag{8.11}$$

其中，T 为阈值，一般在$[0.5,1]$中取值。

阈值设定得过大或者过小都会影响到像素点灰度值与高斯分布的匹配结果[1]。

在基于混合高斯背景模型的基础上进行背景的减除时，在前景目标检测过程中，如果在相对应的混合高斯背景模型中找不到任何一个高斯分布与该像素点的灰度值上符合条件，则判定该点是前景目标点，否则就是背景图像点，对应地更新高斯背景模型。得到前景区域后，运用形态算法去除区域中孤立的白点，提取的前景目标如图 8.4(b)所示。在此基础上采用 KLT 算法提取前景中的特征点并进行跟踪。

3) KLT 算法提取前景中的特征点

KLT 跟踪算法最早是由 Lucas Kanada 提出的，是一种典型的利用帧间连续性信息的特征点跟踪算法，也称为 LK 光流跟踪法。它采用 KLT 算子提取特征点，利用基于最优估计的 KLT 匹配算子实现特征点之间的匹配。为了减少背景噪声和不稳定点带来的误差，在前景区域提取 KLT 特征点进行光流估计，计算出跟踪点在下一帧图像中所对应的位置，进一步可计算两帧图像间的位移变化量[23]。ζ_t 为第 t 帧的 KLT 特征点集合。图 8.4(c)为提取的前景区域的特征点，可以看到特征点基本聚集在前景目标区域。

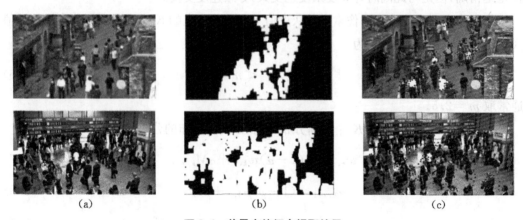

(a)   (b)   (c)

图 8.4　前景中特征点提取结果

(a) 原始视频图像；(b) 运动前景提取；(c) 前景中 KLT 特征点

2. 代表行人位置的特征点距离估算

对于前景中的任一特征点 i，根据空间距离，将特征集 ζ_t 划分为两个子集：邻域特征点集 N_t^i 和非邻域特征点集 $\tilde{N}_t^i$，具体过程分析如下。

在密集场景中，行人以不同的方式聚集在不同的位置，有的地点行人比较集中，两人之间距离比较短；有的可能比较稀疏，两人之间距离比较远。关于每个聚集点的人数聚集的形式没有任何先验信息。由于聚集人数（k 值）未知，采用固定 k 值的均值聚类法并不合理。本节在一帧图像中，依据相邻特征点最大的高斯权值 $w_{\max}$ 进行分类，当相邻特征点之间的高斯权值等于或者大于 $0.5w_{\max}$ 时，则该特征点与指定特征点距离邻近。由于高斯权值是随着距离的增大而减小的，因此 $w_{\max}$ 实际上是与指定特征点最近距离的高斯权值。可以推理：如果行人越集中，两者之间距离越短，则 $w_{\max}$ 值越大，得到与指定点邻近的特征数量应该越大。高斯权值

$$w_{i,j} = \exp\left(-\frac{d(i,j)}{r}\right) = \exp\left(-\frac{\sqrt{(x_i - x_j)^2 + (y_i - y_j)^2}}{r}\right) \tag{8.12}$$

其中，$d(i,j)$ 为特征点 i 和 j（$i,j \in \zeta_t$）之间的欧氏距离；r 是常数，实验中，设定为 20；(x_i, y_i) 和 (x_j, y_j) 为 i 和 j 的坐标。$w_{i,j}$ 将随着 $d(i,j)$ 增大而减小，反之则增大，这也就意味人群越密集，$w_{i,j}$ 越大。

设 N_t^i 为 i 在第 t 帧的最近邻域，对于每个特征点 $j \in \zeta_t$：如果 $w_{i,j} \geqslant 0.5w_{\max}$，则 $j \in N_t^i$；否则 $j \in \tilde{N}_\tau^i$，其中，$w_{\max} = \max(w_{i,j})$。

得到的 N_t^i 中，特征点的个数能根据 $w_{\max}$ 自动调节。$w_{\max}$ 是特征集 ζ_t 中与 i 距离最近特征点之间的高斯权值。

设 $M_{t \to d}^i = \bigcap_{\tau=t}^{t+d} N_\tau^i$ 为特征点 i 在帧 $t \to t+d$ 之间的邻域交集。也即对任一特征点 $j \in \zeta_\tau$，在 $t \to t+d$ 之间经过空间距离邻近过滤得到与特征点 i 相邻的特征点集。

8.2.2 行人疏散方向一致性判断

众所周知，大部分行人趋向跟朋友或家人结伴而行，表现出在一定时间内相互之间有稳定的时空关系、共同的行进方向和一致的速度。根据这些特点，先计算出前景中相邻特征点之间的速度夹角以及运动相关性，并给出一定的过滤标准，从而完成邻域特征点行为一致性检测。

1. 邻域特征点行为一致性检测

1）速度方向一致性过滤

方向信息是运动流分割和一致性运动检测中非常重要的信息，当行人形成群体的时候，他们行走的方向是一致的，即他们之间的速度夹角应该约束在一定的范围内。

对于每个特征点 $j \in M_{t \to d}^i$，在第 τ 帧其速度方向

$$\theta_j^\tau = \begin{cases} 90, & x_j^{\tau+1} - x_j^\tau = 0, \quad y_j^{\tau+1} - y_j^\tau > 0 \\ 270, & x_j^{\tau+1} - x_j^\tau = 0, \quad y_j^{\tau+1} - y_j^\tau < 0 \\ \arctan\left(\dfrac{y_j^{\tau+1} - y_j^\tau}{x_j^{\tau+1} - x_j^\tau}\right), & \text{其他} \end{cases} \tag{8.13}$$

从帧 $t \to t+d$，两特征点 j 和 i 速度夹角

$$\theta_{i,j} = \frac{1}{d+1} \sum_{\tau=t}^{t+d} \text{abs}(\theta_i^\tau - \theta_j^\tau) \tag{8.14}$$

如果 $\theta_{i,j} \geqslant 45°$ 或者 $(360° - \theta_{i,j}) \geqslant 45°$，则将该特征点 j 从 $(M_{t \to d}^i)$ 过滤出去，最后得到 $(M_{t \to d}^i)'$。

2) 运动相关性过滤

如果两个特征点运动轨迹一致，则这两个特征点的运动相关性比较高[12]。从时刻 $t \to t+d$，两特征点 j 和 i 运动相关性系数

$$C_{i,j} = \frac{1}{d+1} \sum_{\tau=t}^{t+d} \frac{\boldsymbol{v}_\tau^i \cdot \boldsymbol{v}_\tau^j}{\| \boldsymbol{v}_\tau^i \| \cdot \| \boldsymbol{v}_\tau^j \|} \tag{8.15}$$

其中，$\boldsymbol{v}_\tau^i$ 和 $\boldsymbol{v}_\tau^j$ 是特征点 i 和 j 在 τ 时刻的速度，如果 j 和 i 运动轨迹不一致，$C_{i,j}$ 将随着 d 增加而减小，否则，$C_{i,j}$ 保持较高值。阈值 C_{th} 用来区分运动轨迹是否一致性。

$$C'_{i,j} = \begin{cases} 1, & \text{如果 } C_{i,j} > C_{\text{th}} \\ 0, & \text{其他} \end{cases} \tag{8.16}$$

实验中设定 C_{th} 为 0.6，如果 $C'_{i,j} = 1$，特征点 $j \in (M_{t \to d}^i)'$ 与 i 为同一人群。如此，通过式(8.16)可以将集合 $(M_{t \to d}^i)'$ 中与 i 不同群的特征点一一滤去，最后剩下的点集即为 i 邻域中与 i 同组的点。

2. 基于路径相似性非邻域特征点过滤

属于 $\tilde{N}_\tau^i$ 的非邻域特征点即使与指定点同群，其与该指定点之间的运动相关性系数 $C_{i,j}$ 却可能较低。因此，对于非邻域特征点，得到基于路径相似性来估计它们与指定点的全局一致性[24]。

假设 $\boldsymbol{C}$ 为与某密集场景相关的带权邻接矩阵，$C_{i,j}$ 为该矩阵的元素，代表互为邻域的特征点 i 和 j 的相似性，其值由式(8.15)计算得到。$r_l = \{p_0 \to p_1 \to \cdots \to p_l\}$ $(p_0 = i,\ p_l = j)$ 表示 i 和 j 之间通过节点 p_0，p_1，$\cdots$，p_l 长度为 l 的路径，这种路径有很多条，构成集合 P_l。$v_{r_l} = \prod_{k=0}^{l} w_{(p_k, p_{k+1})}$ 表示基于一条具体路径 r_l 的相似性。$v_l(i, j) = \sum_{r_l \in P_l} v_{r_l}(i, j)$ 代表路径长度为 l 的所有路径相似性和。为了避免 $v_l(i, j)$ 随 l 指数级增加，引入实数正则因子 $(z < 1)$，得到的 $\tilde{C}_{i,j}$ 表示基于路径 l 的非邻域特征点 i 和 j 的相

似性,计算如下:

$$\widetilde{C}_{i,j} = \sum_{l=1}^{\infty} z^l v_l(i,j) \tag{8.17}$$

$\widetilde{C}_{i,j}$ 为矩阵 $\boldsymbol{Z}$ 的元素,$\boldsymbol{Z}$ 由矩阵 $\boldsymbol{W}$ 计算得出[24],如式(8.18)所示,其中,$\rho(\boldsymbol{W})$ 表示矩阵 $\boldsymbol{W}$ 的谱半径。

$$\boldsymbol{Z} = (\boldsymbol{I} - z\boldsymbol{C})^{-1} - \boldsymbol{I} \quad \text{其中} \ 0 < z < \frac{1}{\rho(\boldsymbol{W})} \tag{8.18}$$

将矩阵 $\boldsymbol{Z}$ 中的非邻域点对应的元素 $\widetilde{C}_{i,j}$ 与阈值 $\widetilde{C}_{\text{th}}$ 比较,大于 $\widetilde{C}_{\text{th}}$ 则表示该非邻域特征点与 i 同群,否则去除该特征点。实验中,$z = \dfrac{0.5}{N}$,$\widetilde{C}_{\text{th}} = \dfrac{0.6}{N}$,$N = \text{size}(N_t^i)$。

3. 特征点的分类与合并

通过邻域特征点和非邻域特征点的过滤,得到所有前景特征点的初始同群点集。根据该点集中特征点的数目降序排列为:CL_t^1,CL_t^2,$\cdots$,CL_t^k,其中 CL_t^1 为特征点数最大的集合,当 k 小于等于 ζ_t 的特征点数时,点集中特征点的数目少于 8,不考虑。

对特征点进行分类标号,具体步骤如下:

(1) 对集合 CL_t^1 中所有特征点标号,标记为 1。

(2) 对 CL_t^2 中特征点进行标号,如果该集合中,全部特征点都没被标记过,则标记为 2,如果集合中有特征点已经标记为 1 了,则 CL_t^2 全部特征点标记为 1,也即 CL_t^1,CL_t^2 合并。

(3) 同理,对于集合 CL_t^k,如果此集合中所有特征点未被标记过,则产生新的标记号,所有特征点均标记为新的标号。如果集合中,已有个别特征点被标记,且标记号不同,则 CL_t^k 所有特征点标记为已标特征点里标记号最小的号。

按此步骤,完成 CL_t^1,CL_t^2,$\cdots$,CL_t^k 中所有特征点的标号。

(4) 把分类标号相同的特征点归为同一类群体,在视频图像中用相同颜色表示出来,从而实现分群检测。

8.2.3 基于行为一致性的人群分散算法实例分析

实验中,所用测试数据由两个数据集组成:CUHK 密集群体数据集[9]和课题组自行收集真实密集人群的视频图像建立的数据集,这些数据包括不同人群密度和多种运动类型。本节算法采用 Matlab 实现,工作平台为:Intel i5 CPU,4G RAM,能够实现 5 帧/s 的计算速度。对本节算法、MC 算法、自适应聚类算法和 CF 算法进行了定性和定量分析。实验中,采用不同颜色对不同群体的特征点进行标注。图 8.5 给出了 4 种算法对 4 个真实拍摄的密集场景视频的分群检测结果。

1. 定性分析实验效果

图 8.5 中,第 1,4 排所示场景为室外场景,第 2,3 排为室内场景。场景人群散乱,方向各异且人群混叠现象严重,个体间间隔不明显,场景中运动类型的复杂性更加大了分群检测的难度。对于第 1 排室外场景中,MC 和 AC 算法检测出 8 个小团体,CF 和本文算法各检测出 6～7 个团体。但是本节算法的 7 个团体从视觉效果上看全部是正确的。MC,AC 和 CF 算法正确的团体数为 6 个。而且可以看到在 MC、AC 和 CF 算法结果中,分布在同一个人身上的特征点颜色却不同,如第 3 排的第 2 个图左下角,此人上半身和下半身特征点颜色是不同的;而不同群体上的特征点却有相同的,如第 3 排的第 3,4 幅图左下角的两个行进方向不同的行人身上的特征点颜色却是相同的,显然这是错误的。AC 采用基于空间距离及角度进行分层聚类,这种算法容易受噪声干扰且没有考虑到特征点的运动特性。CF、MC 算法根据运动特性一致性进行检测,没有区别速度的方向特性,因此导致比本文算法更多的错误。

2. 定量分析实验效果

采用特征点错检率(Point Detecting Error Rates,PDER)和分群数量错误率(Average Group Detecting Number Error,GDNE)两个指标定量评价不同算法密集人群分群效果,两指标计算公式如下

$$\text{PDER} = \frac{\sum_t N_{\text{err}}(t)}{\sum_t N_{\text{total}}(t)} \tag{8.19}$$

$$\text{GDNE} = \frac{\sum_t | N_{\text{d}}(t) - N_{\text{gt}}(t) |}{\sum_t t} \tag{8.20}$$

其中,$N_{\text{err}}(t)$、$N_{\text{total}}(t)$、$N_{\text{d}}(t)$ 和 $N_{\text{gt}}(t)$ 分别为图中错误划分特征点个数、图中所有有效特征点个数、算法正确分群个数和实际图像真实分群个数,t 为视频帧数。从数据集中随机抽取 20 段真实场景视频测试对得到的平均值进行比较,结果如表 8.1 所示。可以看到本节算法的特征点错检率和分群数量错误率略小于其他 3 种算法。

表 8.1　错检率和分群数量错误率比较

方法	本节算法	MC	AC	CF
PDER/%	9.2	9.6	10.3	10.8
GDNE	0.9	1.2	1.5	2.0

疏散方向判断是密集场景群体行为、群体事件以及异常行为检测的基本步骤。本节通过对局部邻域和全局特征点运动一致性过滤实现对密集场景复杂人群进行检测和分类,该算法不需要对群体运动场景类型进行任何限制也无须任何先验知识,通过对代表目

标的每个 KLT 特征点进行跟踪和分析,对邻域特征点采用速度方向和运动相关性过滤;对非邻域特征点采用运动轨迹相似性过滤,从而完成特征点的分类,最终实现分群检测。在对大量真实密集运动场景视频图像数据进行实验后,证明本算法的检测效果和稳定性均高于现有算法。本节的研究成果为密集场景的人流运行规律提供数据,从而为开展缓解密集场所拥堵和提高公共场所及事故现场疏通能力方面的研究提供理论基础。

图 8.5　典型密集场景分群检测结果
(a) 本节算法;(b) MC 算法;(c) AC 算法;(d) CF 算法

8.3 » 基于支持向量机特征权值优化的人群疏散算法

行人分群检测是计算机视觉领域对时间和空间分析的应用,它的目的是从输入的视频序列中提取行人的一系列特征,然后通过特征相似性来确定行人之间的相互关系,最后由聚类的方法来获取行人分群的检测结果。

密集人群的运动场景从整体来看可以分成两种类型:结构化的运动场景和非结构化的运动场景[25]。在结构化的运动场景中,行人运动往往发生在共同的路径上,而且运动的路径不会频繁地发生改变,场景当中的每个个体都有一个相似的群体行为,例如公路自行车赛、马拉松等群体性运动。图 8.6(a)为奔牛节现场,场景中奔跑的行人拥有一致的运动目的、相似的运动方向,整体上呈一定的规则运动。在非结构化拥挤的场景中,行人朝着不同的方向上自由移动,每个空间位置通常有几个群体行为,例如事故现场、大型商场、街头马路、大型广场等。图 8.6(b)为一个街道上人来人往的密集场景,不同的行人群体有着不同的目标方向,运动轨迹也各不相同,整体呈非结构化。另外,人与人之间由于存在遮挡等复杂的情况,进一步增加了在非结构化运动场景中对人群分割的难度,而本节将在非结构化的密集运动场景中进行群体检测[26]。

(a)   (b)

图 8.6　密集人群运动状态

(a) 结构化密集人群；(b) 非结构化密集人群

对于结构化的运动场景,其中行人运动不会频繁变化,对其进行行人分群检测难度较小。对于非结构化的运动场景,由于行人的无序运动以及每个空间位置存在多个群体行为,对其进行行人分群检测的难度较大。针对这种非结构化的复杂运动场景,本节提出一种基于结构化支持向量机特征权值优化的人群分群检测算法,能够在有先验信息的情况下对行人准确定位分群。提取了行人的空间距离特征、运动相关性特征、格兰杰因果性特征、运动方向特征和热能图特征,根据特征的相似度通过相关性聚类获取分群方法,然后由结构化支持向量机的算法计算出该分群方法对应的权值向量,并通过 Frank-Wolfe 算法对权值向量进行优化,最终输出符合人们社会观念的分群结果。实验数据库采用了多个非结构化的无序密集场景,实验结果表明提出的基于结构化支持向量机特征权值优化的人群分群算法实现了行人分群检测,并且该算法在密集人群场景中具有较好的准确度。实验所用的坐标轨迹信息由快速特征金字塔(fast feature pyramids,FFP)[27]和连续能量最小化(continuous energy minimization,CEM)[28]获得,本文算法实验流程如图 8.7 所示。

8.3.1　现场中的行人特征提取

特征提取是图像处理、模式识别的关键步骤之一,也是图像分析领域里的重要研究课题,特征提取的好坏直接影响系统的最终性能。为了对密集场景中的行人进行分群,需要提取视频场景中能反映人群运动特性的信息来表征行人的运动。对于无序密集场景,特征选择往往对分群效果的好坏起决定性的影响。为了能够更加全面地捕捉运动的行人所具有的有效信息,更好地利用行人之间的共同行为,本算法采用了 5 个基本特征,包括行人轨迹空间距离特征 d_1,格兰杰因果性特征 d_2,热能图特征 d_3,行人运动方向特征 d_4 以及运动相关性特征 d_5。由此,行人 a 和行人 b 之间的特征向量定义为

$$\boldsymbol{d}(a,b)=[d_1,d_2,d_3,d_4,d_5] \tag{8.21}$$

1. 空间距离特征

空间关系理论[29]认为大多数人在交往时分成 4 种不同距离,即亲密距离、个人距离、

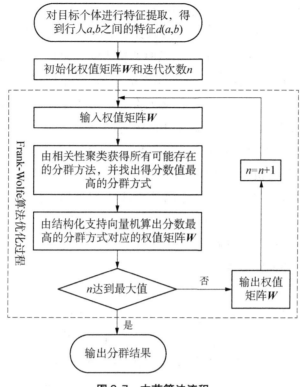

图 8.7　本节算法流程

社交距离和公众距离。每个人都有自己的私人空间、安全空间，即人们平时不愿意他人进入的距离范围，这个距离称为个人空间。不同关系的人，人与人的距离也是不同的。以两个人之间的社交距离为标准，社交空间可以分为 4 类，空间关系与距离的联系如表 8.2 所示。

表 8.2　Hall 空间关系理论的描述

空间关系	距离/m	描述
亲密空间	0.1～0.5	拥抱、触摸或窃窃私语
个人空间	0.5～1.2	家庭关系
社交空间	1.2～3.7	一般熟人之间的交互
公共空间	3.7～7.6	公共演讲

（1）亲密空间。是一个人与其最亲近的人（包括朋友、爱人、孩子和亲密的家庭成员）之间所处的距离，一般为 0.1～0.5m 之间。当陌生人进入这个领域时，可能会使人产生强烈的排斥反应。亲密距离是人际中最为重要同时也是最为敏感的距离。

（2）个人空间。该空间中的人们可以亲切交谈，又不致触犯对方的近身空间，空间中成员的社会关系较为亲密，如普通家庭成员之间。个人距离的范围是 0.5～1.2m，一般朋友和熟人在街上相遇,在这个距离内问候和交谈。

(3) 社交空间。一般为 1.2～3.7m 之间,其中 1.2～2.0m 之间通常是人们在社会交往中处理私人事务的距离。比如在银行取款时要输入密码,为了保护客户的机密,银行会要求其他客户必须站在一米线以外。2.0～3.7m 是远一些的社交距离。总之,在社交空间中,人与人之间的社会关系为一般关系,通常存在于两个普通关系的熟人之间。

(4) 公共空间。往往是公众集会时采用的距离,一般在 3.7～7.6m。在此空间下的人与人之间一般为陌生人的关系,超过这个距离人们就无法以正常的音量进行语言交流了。该空间适用于公共演讲时讲师与观众的距离、戏剧观赏时演员与观众的距离。

对于不同关系的人,人与人之间的距离是不同的,只有当不合适的人进入了这个距离的时候,当事人就会自然地察觉并且感觉不舒服。关系亲密的两个人之间的距离要远小于关系陌生的两个人之间的物理距离,人类学家霍尔的空间关系理论表明了个体之间社交关系与个体之间的空间距离的关系。

在现实场景中,行人会在不同的位置形成不同的小群体,同一个小群体内的成员间的距离通常小于群体外成员间的距离。在一个时间窗 T 当中,对于行人 a 的轨迹为 l_a,行人 b 的轨迹为 l_b。由于在行走路线上遇到障碍物的遮挡或个体之间的互相遮挡的影响,行人 a 和 b 不一定在每一帧图像当中都同时出现,因而设行人 a 和 b 共同出现在一帧图像中形成的轨迹分别为 l'_a 和 l'_b,共同出现的时间为 $\{t_1, t_2, \cdots, t_n\}$。那么行人 a 和行人 b 之间的距离

$$\mathrm{dab} = \sum_{\tau=t_1}^{t_n} \exp\left(-\sqrt{(x_a^t - x_b^t)^2 + (y_a^t - y_b^t)^2}\right) \tag{8.22}$$

其中,(x_a^t, y_a^t) 为 t 时刻行人 a 的位置坐标,(x_b^t, y_b^t) 为 t 时刻行人 b 的位置坐标,然后定义

$$d_1(a, b) = \frac{\mathrm{dab}}{\max(N_a, N_b)} \tag{8.23}$$

其中,N_a 为在时间窗 T 内,行人 a 在图像中出现的次数;N_b 为在时间窗 T 图像中行人 b 出现的次数。

2. 格兰杰因果性特征

在运动轨迹足够平稳的情况下,在一个时间窗内采用格兰杰因果性(Granger causality, GC)关系[30]表示行人 a 对行人 b 运动路径影响的程度。对于格兰杰因果性关系模型需要满足两个条件:

(1) 假定行人 a 对行人 b 运动路径产生影响,则要满足行人 a 运动要超前于行人 b;

(2) 行人 a 和行人 b 之间的影响仅存在于两人之间,对两者之外的其他人不会产生影响。

设 $\bar{l}_a(t-k)$ 为轨迹 l_a 在时间窗 $t-k \sim t-1$ 的轨迹信息,k 称为因果分析的迟延值,

利用 $\overline{l_a}(t-k)$ 通过最小二乘法对轨迹 l_a 在 t 时刻预测为 $P_t(l_a \mid \overline{l_a}(t-k))$。预测的误差定义为 $\varepsilon_t(l_a \mid \overline{l_a}(t-k)) = l_a(t) - P_t(l_a \mid \overline{l_a}(t-k))$，$\varepsilon_t(l_a \mid \overline{l_a}(t-k))$ 的方差定义为 $\sigma^2(l_a \mid \overline{l_a}(t-k))$。

$$\sigma^2(l_a \mid \overline{l_a}(t-k)) > \sigma^2(l_a \mid \overline{l_a}(t-k), \overline{l_b}(t-k)) \tag{8.24}$$

如果式(8.24)成立，则说明行人 b 对行人 a 的运动轨迹产生了影响。接下来引入约束和非约束模型的残差平方和

$$Re1 = \sum_{t=1}^{n} \varepsilon_t(l_a \mid \overline{l_a}(t-k))^2 \tag{8.25}$$

$$Re2 = \sum_{t=1}^{n} \varepsilon_t(l_a \mid \overline{l_a}(t-k), \overline{l_b}(t-k))^2 \tag{8.26}$$

其中，n 为分析图像的总帧数，定义测试统计为

$$S_{b \to a} = \frac{(Re1 - Re2)/k}{Re2/(K - 2k - 1)} \tag{8.27}$$

本节采用 Fisher-Snedecor 分布来计算格兰杰因果性特征，故

$$d_2(a, b) = \max_{S\{S_{b \to a}, S_{a \to b}\}} \int_0^S F(x \mid k, n - 2k - 1)\mathrm{d}x \tag{8.28}$$

3. 热能图特征

空间距离和格兰杰因果性特征主要针对已形成的群体的静态和动态方面的特征描述，但忽略了群体形成的过程。人们可能从不同的位置形成小群体，或小群体分散开成为一个个单独存在的个体。小群体的形成和散开的过程对于群体检测也是一个非常有效的信息。热能图(Heat Map, HM)[31]表示群体的行为活动非常有效，故采用热能图特征来对群体行为进行描述。

当行人轨迹穿过一个区域，这个区域将被定义为一个区域热源。通过这种方式，行人轨迹可以被转换成一系列热源。此外，为了进一步捕捉行人轨迹的时间信息，在不同的热源上引入衰减因子，使得"较早的"热源(即离轨迹起点较近的小块)的热能较小，而"较新的"(即离轨迹起点较远的小块)热源将具有较大的热能，这是因为热源发生了衰减。

假设在当前的分组中的轨迹 l_a，热源区域 $R_{u \times v}$ 的能量衰减为

$$E_a = \overline{E_{a(u \times v)}} \cdot \mathrm{e}^{-kt \cdot t_{\mathrm{int}}} \tag{8.29}$$

其中，$\mathrm{e}^{-kt \cdot t_{\mathrm{int}}}$ 为衰减周期；kt 为衰减因数；t_{int} 为行人 a 在热源区域的时间；$\overline{E_{a(u \times v)}}$ 为累积

的热能。

当行人 a 的轨迹 l_a 进入热源区域 $R_{u \times v}$,热源开始激发,此时热源开始不断衰减,热源衰减过程为

$$H_{a(u, v)} = \sum_{i=1}^{u_1} \sum_{j=1}^{v_1} E_a \cdot e^{\exp(-ks \| (i-u, j-v) \|)} \tag{8.30}$$

对每一个行人的轨迹进行热能图构建,故而热能图特征

$$d_3(a, b) = \sum_{u=1}^{u_1} \sum_{v=1}^{v_1} H_a(u, v) H_b(u, v) \tag{8.31}$$

4. 运动方向特征

通常在一个无序运动的场景中,同一群体中的个体运动方向相近,不同群体中的个体运动方向不同或差别很大。同一群体即使遇到障碍物,群体中的个体也会同时改变方向绕过障碍物。因此,运动方向是同一群体的重要特征之一[32]。

对于行人 a 在第 τ 帧时在 $i \in l_a$ 的运动方向

$$\theta_i^\tau = \begin{cases} \dfrac{\pi}{2} & x_i^{\tau+1} - x_i^\tau, \ y_i^{\tau+1} - y_i^\tau > 0 \\[2mm] \dfrac{3\pi}{2} & x_i^{\tau+1} - x_i^\tau, \ y_i^{\tau+1} - y_i^\tau < 0 \\[2mm] \arctan\left(\dfrac{y_i^{\tau+1} - y_i^\tau}{x_i^{\tau+1} - x_i^\tau}\right) & \text{其他} \end{cases} \tag{8.32}$$

对于行人 b 在第 τ 帧时在 $j \in l_b$ 的运动方向 θ_j^τ 近似计算为

$$\theta_j^\tau = \begin{cases} \dfrac{\pi}{2} & x_j^{\tau+1} - x_j^\tau, \ y_j^{\tau+1} - y_j^\tau > 0 \\[2mm] \dfrac{3\pi}{2} & x_j^{\tau+1} - x_j^\tau, \ y_j^{\tau+1} - y_j^\tau < 0 \\[2mm] \arctan\left(\dfrac{y_j^{\tau+1} - y_j^\tau}{x_j^{\tau+1} - x_j^\tau}\right) & \text{其他} \end{cases} \tag{8.33}$$

运动方向特征 d_4 定义为行人 a 和行人 b 的运动方向的夹角。若 d_4 数值接近于 0 时,表明此时行人 a 和行人 b 运动方向基本一致,行人 a 和行人 b 共属同一小群体;若 d_4 数值较大,则说明行人 a 和行人 b 运动方向相差较大,两人不属于同一小群体。d_4 准确定义为

$$d_4(a, b) = | \theta_i^\tau - \theta_j^\tau | \tag{8.34}$$

5. 运动相关性

如果两个行人 a 和 b 属于同一小群体,其拥有共同的群体性行为,则行人 a 和 b 运动轨迹基本一致,运动相关性比较高。如果两个人不属于同一群体,则群体行为有一定程度

的差异,其运动轨迹必然有较大的差别[35]。从 $t \to t+1$ 时刻,行人 a 和行人 b 的运动相关性表示为

$$d_5(a, b) = \frac{1}{2} \sum_{\tau=t}^{t+1} \frac{v_\tau^a \cdot v_\tau^b}{\| v_\tau^a \| \cdot \| v_\tau^b \|} \tag{8.35}$$

其中, v_τ^a 和 v_τ^b 分别为行人 a 和行人 b 在 τ 时刻的速度。

8.3.2 现场中行人特征相关性聚类

许多经典聚类算法要求使用者在进行算法聚类之前预先指定所要划分类的数目,如 K-均值、K-中值等,但实际情况下对于这个预设数量无法估计,这使得在现实应用中无法使用于这些经典聚类算法。然而相关性聚类算法(correlation clustering,CC)[33]则不需要预先设置分类的数目,它可以根据数据节点之间的相似程度把数据划分为合适数量的类。本节中将对行人分群视为聚类问题,采用相关性聚类来实现对行人的分群。本节中一个群体被定义为两个或两个以上的人员,根据物理身份(空间邻近性)和社会身份(小群体内规则)达成共同目标并共享成员。

首先将一组行人编号为 $P = \{a, b, \cdots\}$,设函数 $Y(P)$ 作为解决这个聚类问题的所有可能出现的方案。那么当 $a \in P$,$\exists! \ y \in Y(P)$ 且 $\bigcup y \in Y(P) \ y = P$,$y = \{y_1, y_2, \cdots\}$ 为该问题的一系列有效解。

相关性聚类算法将 W^{ab} 作为输入,W^{ab} 表示两个行人 a 和 b 之间的亲密程度。对于一个确定的 $|W^{ab}|$,当 $W^{ab} > 0$ 时,行人 a 和 b 属于同一个小群体。当 $W^{ab} < 0$ 时,行人 a 和 b 不属于同一小群体。该算法返回一组行人 $P = \{a, b, \cdots\}$ 的分割方法 y,因此需要将同一聚类方法 y 中所有元素对的亲密度总和最大化:

$$\text{Sum}_{cc} = \underset{y \in Y(P)}{\arg\max} \left(\sum_{y \in Y} \sum_{a \neq b \in y} W_d^{ab} \right) \tag{8.36}$$

将 y 中的成对元素的亲密度参数化为特征与权值的线性组合:

$$W_d^{ab} = \boldsymbol{d}(a, b) \cdot \boldsymbol{W}^T \tag{8.37}$$

根据不同场景不同的聚类方法(权值不同,视为聚类方法不同),式子(8.37)中的参数 $\boldsymbol{W} = [w_1, w_2, w_3, w_4, w_5]$ 保证了每一个特征在检测群组时所占的比重有所不同。

$$W_d^{ab} = d_1 w_1 + d_2 w_2 + d_3 w_3 + d_4 w_4 + d_5 w_5 \tag{8.38}$$

下一节采用有监督的通过 Frank-Wolfe 优化算法进行特征学习,最终得到各特征的优化权值,获取最大的聚类分群效果。

8.3.3 基于支持向量机的权值计算

支持向量机(support vector machine,SVM)是一种基于统计学习理论的有监督的机

器学习方法,主要针对分类和回归问题,并将其问题转化为一个标准形式的二次凸优化问题。在这种方法中,支持向量机被用来表示决策边界,然后将低维输入空间的线性不可分数据映射到高维特征空间以使其线性可分离。但在实际应用中,大部分要处理的数据(如树状结构、队列结构和网状结构等)都是比较复杂,彼此之间互相依赖的,常存在特定的结构化关系,对于这些问题传统的支持向量机往往难以处理。因此,结构化支持向量机(SVM-Struct)[34]对传统的支持向量机做出了改进,由数据内部的结构性提出结构化函数 $\phi(x, y)$,对于结构化数据有较好的处理效果。

1. 结构化支持向量机

本章采用结构化支持向量机算法来模拟和学习预测解决方案,该算法将在第 i 个时间窗口中所有可能两两成组的行人轨迹所提取的特征作为输入 x_i,$x_i = \{[d^i(a, b)]\}$,y_i 为第 i 个时间窗中人群分类结果。构建一个由输入到输出的分类映射,输入输出对为 $\{(x_1, y_1), (x_2, y_2), (x_3, y_3), \cdots, (x_n, y_n)\}$。根据相关性聚类算法获得一个群体的分群方法,并计算出权值矩阵 $\boldsymbol{W}$,然后经过 Frank-Wolfe 算法迭代优化得到最优权值 $\boldsymbol{W}$。由判别函数 F 测量输入输出对 (x, y) 之间的兼容性,并为那些良好的匹配给出高分。判别函数为:

$$F(x, y; \boldsymbol{W}) = \phi(x, y) \cdot \boldsymbol{W}^{\mathrm{T}} = \sum_{y \in Y} \sum_{a \neq b \in y} x \cdot \boldsymbol{W}^{\mathrm{T}} \tag{8.39}$$

其中,$Y = \{y_1, y_2, \cdots, y_n\}$ 为所有可能的分群结果;$\boldsymbol{W} = [w_1, w_2, w_3, w_4, w_5]$ 为行人之间的特征 $\boldsymbol{d}(a, b) = [d_1, d_2, d_3, d_4, d_5]$ 的权值向量。

结构化数据分析问题的目的是要找出样本的输入 X 与输出 Y 对之间的一个函数 f:$X \rightarrow Y$,假定函数 f 的形式为

$$f(x; \boldsymbol{W}) = \arg\max_{y \in Y} F(x, y; \boldsymbol{W}) \tag{8.40}$$

通过最小化一个凸目标函数,参数可以通过一组实例 $\{(x_1, y_1), (x_2, y_2), (x_3, y_3), \cdots, (x_n, y_n)\}$ 在大范围框架中学习。凸目标函数为

$$\min \frac{1}{2} \|\boldsymbol{W}\|^2 + \frac{C}{n} \sum_{i=1}^{n} \varepsilon i, \ \forall i: \varepsilon i \geqslant 0$$

$$\forall i, \ \forall y \neq y_i: \boldsymbol{W}^{\mathrm{T}} \delta \phi_i(y) \geqslant \Delta(y, y_i) - \varepsilon i \tag{8.41}$$

其中,式子(8.41)中,$\delta(\phi_i(y)) = \phi(x_i, y_i) - \phi(x_i, y)$,$\Delta(y, y_i)$ 为损失函数,y_i 和 y 为两种不同的分群方式,C 为惩罚系数,εi 是为适应变化而引入的松散变量。

损失函数采用了 GROUP-MITRE loss(G-MITRE)ΔGM(y_i, y)[35] 函数,与其他损失函数相比,对于处理大量人群和单独个人有较好的效果。该算法假设每一个单独存在的行人轨迹 T_i 会与自身的影子 αT_i 相连接,y 和 y_i 两种聚类方法各自对应的生成森林为 Q 和 R。Q 和 R 各自连接的元素分别为树集 $\{Q_1, Q_2, \cdots\}$ 和 $\{R_1, R_2, \cdots\}$。Q_j 中元素的个

数为 $|Q_j|$，创建生成树需要的链接为 $c(R_j) \overset{\text{def}}{=} |R_j|-1$。定义子树 $\pi_Q(R_j)$ 为仅考虑 R_j 中存在的 Q 部分之间的成员关系，树 R_j 对应森林 Q 的部分。如果 R 中 Q_j 部分在子树 $|\pi_R(Q_j)|$ 中，则 $v(R_j) \overset{\text{def}}{=} |\pi_Q(R_j)-1|$ 为恢复原始树的链接数。R_j 的精确度可以计算为缺失链路的数量除以创建该生成树所需的最小链路数量，故精确度为

$$P_R = 1 - \frac{\sum_j v(R_j)}{\sum_j c(R_j)} = \frac{\sum_j (|R_j|-|\pi_Q(R_j)|)}{\sum_j (|R_j|-1)} \tag{8.42}$$

y_i 和 y 两种聚类方法各自对应的生成森林为 Q 和 R。Q 和 R 各自连接的元素分别为树集 $\{Q_1,Q_2,\cdots\}$ 和 $\{R_1,R_2,\cdots\}$。Q_j 中元素的个数为 $|Q_j|$，创建生成树需要的链接为 $c(Q_j) \overset{\text{def}}{=} |Q_j|-1$。定义子树 $\pi_R(Q_j)$ 为仅考虑 R 中存在的 Q_j 部分之间的成员关系，树 Q_j 对应森林 R 的部分。如果 R 中 Q_j 部分在子树 $|\pi_R(Q_j)|$ 中，则 $v(Q_j) \overset{\text{def}}{=} |\pi_R(Q_j-1)|$ 为恢复原始树的链接数。Q_j 的召回误差可以计算为缺失链路的数量除以创建该生成树所需的最小链路数量。故 Q 的召回率

$$R_Q = 1 - \frac{\sum_j v(Q_j)}{\sum_j c(Q_j)} = \frac{\sum_j (|Q_j|-|\pi_R(Q_j)|)}{\sum_j (|Q_j|-1)} \tag{8.43}$$

由给定精确度、召回率，损失函数

$$\Delta(y_i,y) = 1 - \frac{2P_R R_Q}{P_R + R_Q} \tag{8.44}$$

2. 特征权值计算

在章节 8.3.2 中每一次迭代相关性聚类算法都会产生一个群体的划分方法，该分群方法对应的权值矩阵

$$\mathbf{W} = \frac{C}{n} \cdot \delta(\phi_i(y)) \tag{8.45}$$

$$\delta(\phi_i(y)) = \arg\max_{y \in Y} \phi(x_i,y_{\text{lab}}) - \phi(x_i,y) \tag{8.46}$$

其中，y_{lab} 为数据集中标签对应的分群方案，在本节实验中 C 取值为 10，n 取值为 1。

$$\phi(x_i,y_{\text{lab}}) = \sum_{p_1 \neq p_2 \in y_{\text{lab}}} x^{p_1 p_2} \tag{8.47}$$

$$\phi(x_i,y) = \sum_{p_1 \neq p_2 \in y} x^{p_1 p_2} \tag{8.48}$$

8.4.4 基于 Frank-Wolfe 特征权值优化算法

人群分群是一个很复杂的问题，不同场景人群的特征表现不尽相同，提取的特征起的作用也不一样，初步提取的特征是否存在着冗余，或者是否在人群分类中起着不同重要的

作用,需要进行评估,最终得到的最优组合即为每个特征加一个特征权值 $\boldsymbol{W} = [w_1, w_2, w_3, w_4, w_5]$,让不同的特征在聚类中起不同的作用,对分群贡献大的特征权值大,反之权值小。特征权值的优化组合也是一种优化算法。在机器学习的世界中,很多问题并没有最优解,或者是计算出最优解要花很大的计算量,面对这类问题一般的做法是利用迭代的思想尽可能地逼近问题的最优解,这就是所谓的优化算法。常见的优化方法有:梯度下降法、遗传算法、模拟退火法、牛顿法和 Frank-Wolfe 优化算法等。

优化算法通常一般算法具有 5 个重要特征:有穷性、确切性、输入项、输出项和可行性。

(1) 算法的有穷性是指在执行过有限个步骤之后算法能够停止;

(2) 确切性是指算法的每一步都要有明确的意义;

(3) 一个算法一般情况下必须有 0 个输入项或者多个输入项,以表示对象的初始情况,0 个输入项是指算法将初始条件给定;

(4) 一个算法通常有一个或者多个输出项,以表示对输入数据的处理结果,没有输出的算法是没有实际意义的;

(5) 算法中的每一步都能够在有限的时间内完成。

Frank-Wolfe 优化算法[36-37]是 Frank 和 Wolfe 在 1956 年提出的一种求解约束问题的迭代算法,又称为条件梯度法。其基本思想是把目标函数线性近似处理,通过求解线性规划的问题来求出可行下降方向,进而找出最优步长,然后在沿此方向上按最优步长截取,找出下一步迭代的起点并不断重复迭代,直到求出最优解为止。本节采用 Frank-Wolfe 优化算法,以分群方法的相关性得分为目标,对特征权值进行优化计算,最终获取聚类分群效果最佳的特征权值组合。Frank-Wolfe 算法的基本原理如下。

假设有非线性规划问题

$$\begin{cases} \min \boldsymbol{Z} = f(\boldsymbol{X}) \\ \text{s. t.} \quad \boldsymbol{A}\boldsymbol{X} = \boldsymbol{B} \\ \boldsymbol{X} \geqslant 0 \end{cases} \tag{8.49}$$

其中,$\boldsymbol{A}$ 为 $m \times n$ 矩阵,秩为 m;$\boldsymbol{B}$ 为 m 维列向量;$f: R^n \to R$ 为连续可微函数,其可行域为

$$S = \{\boldsymbol{X} \mid \boldsymbol{A}\boldsymbol{X} = \boldsymbol{B}, \boldsymbol{X} \geqslant 0\} \tag{8.50}$$

将 $f(\boldsymbol{X})$ 在 $\boldsymbol{X}_0$(假设为已知可行点)处一阶 Taylor 展开:

$$f(\boldsymbol{X}) = f(\boldsymbol{X}_0) + \nabla f(\boldsymbol{X}_0)(\boldsymbol{X} - \boldsymbol{X}_0) \tag{8.51}$$

使用一阶 Taylor 展开,非线性规划问题的目标函数可以近似表示为线性函数,该非线性规划问题转化为求解线性规划模型:

$$
\begin{cases}
\min \boldsymbol{Z} = f(\boldsymbol{X}_0) + \nabla f(\boldsymbol{X}_0)(\boldsymbol{X} - \boldsymbol{X}_0) \\
\text{s. t.} \quad \boldsymbol{A}\boldsymbol{X} = \boldsymbol{B} \\
\boldsymbol{X} \geqslant 0
\end{cases}
\tag{8.52}
$$

去掉目标函数中的常数项,该模型可以等价为

$$
\begin{cases}
\min \boldsymbol{Z} = \nabla f(\boldsymbol{X}_0)\boldsymbol{X} \\
\text{s. t.} \quad \boldsymbol{A}\boldsymbol{X} = \boldsymbol{B} \\
\boldsymbol{X} \geqslant 0
\end{cases}
\tag{8.53}
$$

求解该线性规划,得出最优解 $\boldsymbol{X}_k$,可行下降方向为 $\boldsymbol{X}_k - \boldsymbol{X}_0$,在该方向上函数下降速度最快,然后通过求以下极值

$$
\min \mid f(\boldsymbol{X}_0) + \lambda(\boldsymbol{X}_k - \boldsymbol{X}_0) \mid
\tag{8.54}
$$

确定一维搜索步长 λ,令

$$
\boldsymbol{X}_1 = \boldsymbol{X}_0 + \lambda(\boldsymbol{X}_k - \boldsymbol{X}_0)
\tag{8.55}
$$

获得下一步迭代的起点。以此方法进行循环迭代,直到 $\boldsymbol{X}_n$ 与 $\boldsymbol{X}_{n+1}$ 近似相等时为止。

以聚类分群的相关性得分为目标,特征权值优化的具体过程:初始化 $\boldsymbol{W} = [0, 0, 0, 0, 0]$;并对人群进行编号,令 y 为初始分群组合,假设 y 为 $y = \{p_1, p_2, \cdots, p_n\}$。

第 1 步:计算初始分群 y 的相关性得分

$$
\text{score} = \Delta(y_{\text{lab}}, y) + F(y_i, y, \boldsymbol{W})
\tag{8.56}
$$

第 2 步:将 y 中编号为 1 的组员分别与其他组员合并,得到的所有新分群组合为 $y_1 = \{(p_1, p_2), p_3, \cdots, p_n\}$,$y_2 = \{(p_1, p_3), p_2, \cdots, p_n\}$,$\cdots$,$y_{n-1} = \{(p_1, p_n), p_2, \cdots, p_{n-1}\}$,$y_n = \{p_1, (p_2, p_3), \cdots, p_n\}$,$y_{n+1} = \{p_1, (p_2, p_4), p_3 \cdots, p_n\}$,$\cdots$,$y_j = \{(p_{j1}, p_{j2}), p_1, p_2, \cdots, p_n\}$;

第 3 步:代入式(8.56),计算第 2 步得到的各分群组合 y_1,y_2,$\cdots$,y_{n-1},y_n,y_{n+1},$\cdots$,y_j 的得分,分别记为 score^1,score^2,$\cdots$,score^{n-1},score^n,score^{n+1},$\cdots$,score^j,其中最大值记为 $\text{score}_{\max}$,对应的分群为 $y_{\max}$;

第 4 步:对比 $\text{score}_{\max}$ 与 score 的大小,如果 $\text{score}_{\max} > \text{score}$,则将 $y = y_{\max}$,$\text{score} = \text{score}_{\max}$;如果 $\text{score}_{\max} < \text{score}$,则 y 仍为步骤一中的初始分群组合;

第 5 步:将分群组合 $y = \{(p_{j1}, p_{j2}), p_1, p_2, \cdots, p_n\}$ 中第一组的元素 (p_{j1}, p_{j2}) 分别与其他剩余组员合并,得到的所有新的分群组合为:$y_1 = \{(p_{j1}, p_{j2}, p_1), p_2, \cdots, p_n\}$,$y_2 = \{(p_{j1}, p_{j2}, p_2), p_1, \cdots, p_n\}$,$\cdots$,$y_{n-2} = \{(p_{j1}, p_{j2}, p_n), p_1, \cdots, p_{n-2}\}$;

第 6 步:按照步骤一再次计算步骤 5 中每个分群组合对应的得分分别为 score^1,

$score^2$，…，$score^{n-2}$，其中最大值记为 $score_{max}$，对应的分群为 y_{max}；

第 7 步：对比 $score_{max}$ 与 score 的大小，如果 $score_{max}>score$，则将 $y=y_{max}$，score $=$ $score_{max}$；如果 $score_{max}<score$，则 y 仍为步骤 4 中的分群组合；

第 8 步：不断重复步骤 5～7，直至 score 不再变化，最终得到第一个组员的分群组合 $y=\{(p_{j1}, p_{j2}, \cdots, p_{jn}), p_1, p_2, \cdots, p_n\}$，其中 $jn\leqslant n$；

第 9 步：以同样的方法来获取每个小组的分群，得出该组人群的分群结果 y，由此可得出得分 score 数值最高的方案的权值 $\boldsymbol{W}_1$，$\boldsymbol{W}_1$ 是第一次迭代所获得的权值矩阵；

第 10 步：将步骤九中得到的权值矩阵 $\boldsymbol{W}_1$ 代入步骤一中，重复步骤 1～9 的操作，得到新的人群划分方法 y，其对应第二次迭代的权值矩阵 $\boldsymbol{W}_2$。

重复以上步骤直至权值矩阵 $\boldsymbol{W}$ 不再发生变化时停止，此时得到权值矩阵 $\boldsymbol{W}$ 为最适合该场景的一组权值，对应的迭代次数作为优化算法的最大迭代次数，分群结果 y 为最终的分群方案[3]。

8.3.5 人群疏散算法实例分析

为了评估本节算法的有效性和可靠性，采用公开数据样本集 MPT，GVEII，数据集 MPT，GVEII 包括来自公共场所摄像机下不同的场景条件下大量行人活动的视频，数据集中行人的密度也各不相同，人们运动方式和场景意义也各不相同，取包括 seq1，1japancross2，1airport，1chinac-ross4 等群体活动典型的视频。数据集包括的群体和行人数据信息参考如表 8.3 所示，其中 p 表示数据集中的行人（Pedestrian）数据；g 代表数据集中群体（Group）个数。seq1 数据集为一个包括 2 400 幅视频序列图像的室内场景；1japancross2 数据集为日本的一个街道场景，包括 100 幅视频序列图像；1airport 数据集包括 100 幅视频序列图像的机场场景；1chinacross4 数据为包括 100 幅视频图像的中国的一个街道路口。算法使用 MATLAB 软件实现，运行环境为 Intel i5 CPU，4G RAM。本节算法在 4 个数据集下的精确度和召回率如表 8.4 所示，精确度和召回率按照式(8.42)，(8.43)计算。

表 8.3 各数据集基本信息

数据集	行人数据 p	群体个数 g
seq1 室内场景	630	207
1japancross2 街道场景	148	18
1airport 机场场景	73	11
1chinacross4 街道场景	56	4

从表 8.4 可以看出，采用的算法在第 3 个数据集机场场景 1airport 上精确度和召回率

最低,分别为85.48%,81.54%。而在第4个场景中国街道路口1chinacross4精确度和召回率最高,分别为98.08%,96.23%。因此可以推算本节提出的算法在不同的场景中分群效果较好。为了进一步评估本节提出的算法,后面还将对算法进行进一步的分析,并与其他先进算法进行对比。

表8.4　本节算法分群结果　（％）

数据集	精确度	召回率
seq1 室内场景	88.76	88.16
1japancross2 街道场景	91.54	88.81
1airport 机场场景	85.48	81.54
1chinacross4 街道场景	98.08	96.23

1. 特征重要性分析

1）各特征权值均为1的分群效果

算法中最初提取的特征包括行人轨迹的空间距离特征、行人运动方向特征、格兰杰因果性特征、热能图特征以及运动相关性特征5项,表8.4在4个数据集上的精度度和召回率是在特征权值进行优化组合得到的结果,假设所有特征权值均为1,即$W=[1,1,1,1,1]$,计算一下4个数据集上的分群效果,如表8.5所示。

表8.5　相同权值分群结果　（％）

数据集	精确度	召回率
seq1 室内场景	38.64	27.27
1japancross2 街道场景	84.62	74.83
1airport 机场场景	79.03	68.06
1chinacross4 街道场景	86.54	81.82

对比表8.4和8.5中各数据集分群的精确度和召回率,可以看出:经过特征权值优化后的效果比权值均为1的效果好,所以初步提取的特征在分群中所起的作用不一样,所做的贡献也不一样。为了得到更好的分群结果,必然要加优秀特征的权重,减小次重要的特征权值。

2）特征的冗余性分析

由表8.5可以看出:当5个特征权值均为1时,分群效果不理想。那是否这几个特征有冗余,可以减少一个或者几个特征,也就是将不重要的特征权值设为0。表8.6为特征冗余性实验。表中的d_1,d_2,d_3,d_4,d_5分别代表行人轨迹空间距离特征、格兰杰因果性特征、热能图特征、行人运动方向特征以及运动相关性特征。对于本节所选择的特征中是否有冗余项，随机采用一个数据集 1airport 为例来进行实验验证。

表8.6　不同特征组分群结果分析　　　　　　　　　　　　　　　　　（%）

特征组	精确度	召回率
d_1, d_2, d_3, d_4	79.03	75.38
d_1, d_2, d_3, d_5	79.03	79.03
d_1, d_2, d_4, d_5	83.71	79.62
d_1, d_3, d_4, d_5	84.36	79.45
d_2, d_3, d_4, d_5	75.81	65.28
d_1, d_2, d_3, d_4, d_5	85.48	81.54

从表8.6可以看出，对于同一数据集 1airport 进行分群的结果中，当最后一排5个特征全参与分群时，精确度和召回率最高，在缺少其他任何一个特征参与的情况下，分群效果不如特征全参与的效果。因此可以得出这5个特征不存在冗余，只是每个特征对分群所起的重要性不同而已。

3) 特征权值的计算

不同场景各特征所起的作用也不一样，为获得适合各自场景的聚类方法，本节通过基于 Frank-Wolfe 权值优化算法来获取最优的权值矩阵 $\boldsymbol{W}$，表8.7为各场景在经过优化之后的最优权值矩阵。通过权值矩阵对各个特征的重要性进行分级，每个特征占分群得分的比例由权值向量决定。

表8.7　各场景优化后的最终权值

数据集	权值				
	w_1	w_2	w_3	w_4	w_5
seq1 室内场景	0.052	0.009	0.023	0.017	0.006
1japancross2 街道场景	0.044	0.008	0.011	0.001	0.012
1airport 机场场景	0.049	0.007	0.009	0.018	0.024
1chinacross4 街道场景	0.041	0.010	0.012	0.004	0.004

从表8.7可以看出，4个数据集中行人轨迹空间距离特征的权值最大，远远超过其他4个特征，因此它对各场景的分群作用最大。这与人们平时感觉也是相同的，距离是分群的首要因素。其他4个特征在4个数据集上权值重要性各不相同。对于 seq1，数据集热能图特征为第二重要的特征，运动相关性特征为最不重要特征；而对于 1airport 数据，运动相关性特征为第二重要的特征，行人运动方向特征为最不重要的特征。所以5个特征在不

同的场景中起的作用不同,不能采用权值全为 1 的聚类算法。本节算法可以针对不同的场景自动生成最适合该场景的 5 个最优特征权值,最优的 5 个特征权值能够保证对不同的群体进行分群时都能取得较好的聚类效果。

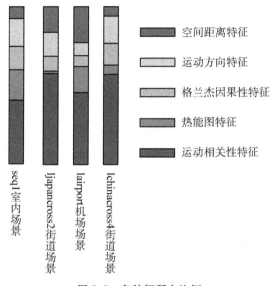

图8.8　各特征所占比例

从图 8.8 可以看出,在数据集 seq1、1japancross2、1airport 和 1chinacross4 中,空间距离特征都占有最高比重,这表明了空间距离特征在于行人分群中占重要地位。而其他特征在分群时的比重随着场景的改变有所变化。在数据集 seq1 和 1airport 中,运动方向特征在测量分群算法得分时占有较高比重;而在数据集 1japancross2 中,由于行人在道路上行走,其运动方向差别较小,故运动方向特征在分群时所占比例极小;运动相关性特征在数据集 1japancross2 和 1airport 中有较高的影响力,然而在数据集 1chinacross4 和 seq1中,热能图特征重要性要更高。

2. 算法的优化分析

图 8.9 为分群精确度和召回率随迭代次数的改变,红色的曲线代表精确度 P,蓝色的线代表召回率 R。显然最初阶段,随着迭代优化次数的增加,精确度和召回率不断震荡上升,直到两指标几乎不变,曲线基本水平,迭代完成。

从图 8.9 可以很直观地看到,在迭代次数为 1～75 次时,算法的精确度和召回率随迭代次数的增加而急剧波动,此时对算法优化的效果最为明显,每次优化都会对算法的精确度和召回率产生较大的影响。当迭代次数在 75～100 次之间时,算法的精确度和召回率的变化逐渐减小,迭代优化对其带来的效果逐渐减弱。当迭代次数为 150～200 次时,算法的分群效果的指标基本不再变化。当迭代次数超过 200 次时,算法的精确度和召回率不再变化,保持稳定。此时,算法的分群效果达到最佳。因此,为保证算法的优化效果,本

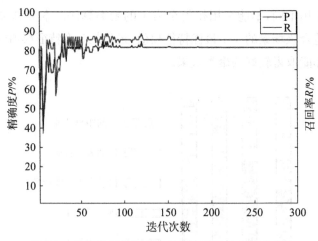

图 8.9 算法分群精确度与召回率随迭代次数的变化

节算法将优化迭代次数设置为 300。

3. 算法分群效果对比

1) 实验运行结果数据比较

本节算法和文献[35]方法作对比,文献[35]采用物理身份、轨迹形状相似性、行人因果性和热能图特征,通过聚类的思想实现对行人分群,对比结果如表 8.8 所示。可以看到,在 4 个数据集上,本算法的精确度和召回率均高于文献[35]。

表 8.8 两种算法结果对比

数据集	本章算法		文献[35]	
	精确度/%	召回率/%	精确度/%	召回率/%
seq1 室内场景	88.76	88.16	84.12	84.71
1japancross2 街道场景	91.54	88.81	88.46	87.12
1airport 机场场景	85.48	81.54	83.87	80.00
1chinacross4 街道场景	98.08	96.23	96.15	92.59

2) 实际场景分群结果比较

如图 8.10 所示,第一列为本节算法分群结果图,第二列为文献[35]分群结果图,第三列为数据集标签显示的场景中实际分群情况,图中的小群体均以封闭曲线圈出。

(1) seq1 为数据集 GVEII 中某一帧的室内人群随机运动画面,从图 8.10(a)中可以看出场景中的人群运动比较混乱,运动路径各不相同,人与人之间的间隔各不相同,有明显的区别。本节算法在 seq1 中正确分组 6 个,错误分组 0 个;文献[35]中算法正确分组 5 个,错误分组 1 个。

(2) 数据集 1japancross2 是日本某个街道交叉口的场景,该场景相对于数据集 seq1

包含了更多的人，并且在室外，人群更加密集，行人之间间隔差异较大，分群的困难程度明显增加。本节算法正确分组 10 个，错误分组 2 个；文献[35]中算法正确分组 9 个，错误分组 5 个。

（3）数据集 1airport 为机场中的一个场景，与数据集 1japancross2 相比行人运动更加复杂多变，在 1japancross2 中行人在路径上运动，运动方向基本不变，而 1airport 中行人在人群中穿插行走，运动方向变化较大。本节算法正确分组 5 个，错误分组 3 个；文献[35]中算法正确分组 5 个，错误分组 3 个。

（4）数据集 1chinacross4 为中国一个马路上的场景，该场景与前几个相比行人的密度较小，场景中个体数量较少，群组也较少，但场景中车辆、路灯等障碍物干扰因素较多。本节算法正确分组 3 个，错误分组 0 个；文献[35]中算法正确分组 2 个，错误分组 0 个，本节算法分组精确度在整体上优于文献[35]。

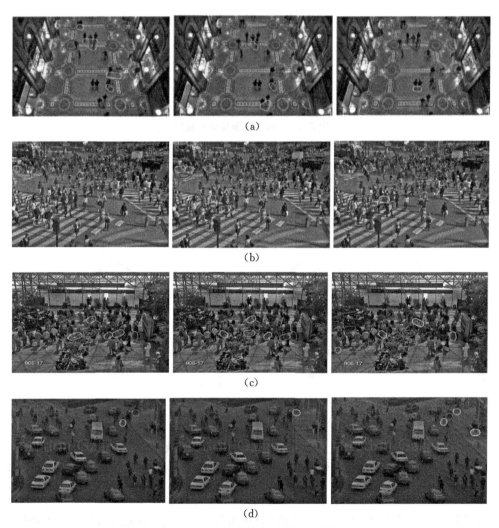

图 8.10　实际场景分群结果图比较

（a）seq1 室内场景；（b）1japancross2 街道场景；（c）1airport 机场场景；（d）1chinacross4 街道场景

4. 个体和群体运动轨迹分析

图 8.11~图 8.16 为场景中视频序列从开始到当前帧的行人运动轨迹信息,图片中的数字代表行人的编号,其中个体的运动轨迹比较稀疏,而以小群体形式运动的行人轨迹比较密集,其小群体内的成员编号常常重叠在一起。为了显示本节算法与对比文献[35]算法分群结果的差别,在轨迹图中手动将本节算法与对比算法群体分割的不同之处以圈圈出,便于观察对比。

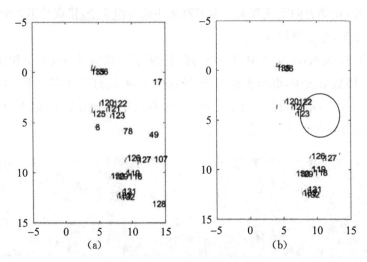

图 8.11　seq1 数据集运动轨迹

(a) seq1 场景中所有行人从开始到当前帧运动轨迹;(b) seq1 数据集中实际呈小群体形式存在的行人运动轨迹

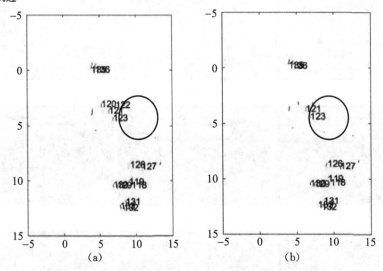

图 8.12　数据集 seq1 中不同算法运动轨迹对比

(a) 以小群体形式存在的行人从开始到当前帧的运动轨迹;(b) 对比文献[35] 算法的出小群体的运动轨迹

由图 8.11(b)和图 8.12(a)、8.12(b)对比可以看出,在当前帧中 120~123 号行人为一个小群体,位于一个小群体内的行人,在轨迹图上相互靠近重叠。而对比算法把 121 和

123 号行人归为一个群组,忽略了 120 和 122 号行人。本节算法与对比算法分群结果差异在轨迹图上以红色圆圈标记。而且可以看出,对于以 V 字型排列的由多个行人组成的小群体分群时,本节算法仍能够准确地检测出来,而对比算法不能正确将其分群。

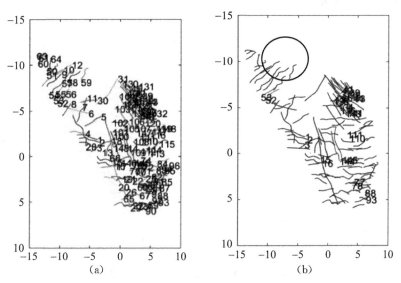

图 8.13　在数据集 1japancross2 中运动轨迹
(a) 1japancross2 场景中所有行人从开始到当前帧的运动轨迹;(b) 1japancross2 数据集场景中实际呈小群体形式存在的行人运动轨迹

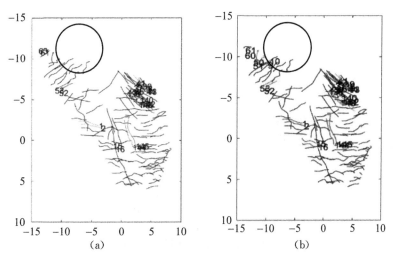

图 8.14　数据集 1japancross2 不同算法下运动轨迹
(a) 以小群体形式存在的行人从开始到当前帧的运动轨迹;(b) 文献[35]算法下得到的以小群体的运动轨迹

通过图 8.13(b) 和图 8.14(a)、(b) 的轨迹运动图对比,将本节算法分群结果与对比算法分群结果的差异在轨迹图中用红色圆圈圈出,对比算法错误地将 9 号和 10 号行人以及 50 号和 51 号行人归为小群体,而本节算法则并未将这 4 个行人错误分组。可以看出对于距离摄像头较远的区域,由于摄像头的视角原因从图像中检测到的远处的行人之间间隔要远小于该区域行人之间的实际距离,另外行人轨迹的空间距离特征在分群时占有最高的影响,故算法容易错误将其中的行人划分为小群体,但本节算法在该区域仅错误标记一组行人,而对比算法错误划分 3 组行人。

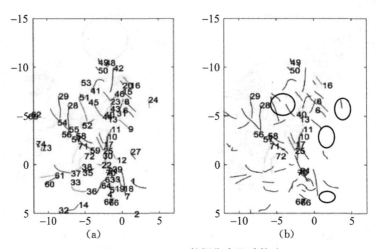

图 8.15　1airport 数据集中运动轨迹

（a）1airport 场景中所有行人从开始到当前帧的运动轨迹；（b）1airport 数据集场景中实际呈小群体形式存在的行人运动轨迹

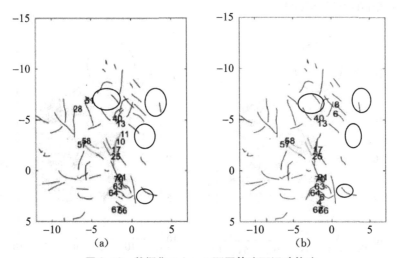

图 8.16　数据集 1airport 不同算法下运动轨迹

（a）在本章算法下得出的以小群体形式存在的行人从开始到当前帧的运动轨迹；（b）文献[35]算法下得到的以小群体的运动轨迹

将图 8.15 的(b)和图 8.16 的(a)、(b)分别作对比,将本节算法分群结果与对比算法分群结果的差异在轨迹图中用圆圈圈出,在本节算法下,正确将 10 号与 11 号行人组成的小群体检测出来,但未能检测出 6 号和 8 号的组合以及错误地将 28 号与 51 号行人划分为小群体。对比算法正确地将 6 号与 8 号行人的组合成功检测出来,但忽略了 10 号与 11 号行人的群组,并且错误地将 4 号与 5 号行人归为一个小群体。在该场景中,由于行人之间结构性较强,联系紧密,小群体之间的相互影响对群体的检测带来了极大的困难,因而在该场景中本章算法与对比算法分群效果都比较一般。

在密集度较小的场景中,行人运动轨迹受同一组行人运动影响较大,文献[35]中的轨迹相似性特征对于行人分组是十分有利的,但在密集度较大的场景中,一个人的运动轨迹不仅仅受到同一组行人的影响,往往也受到周围多个行人的影响,故文献[35]中的轨迹相似性特征在密集度大的拥挤场景中会使错误分组的情况增多。

在实验中,本算法通过连续能量最小化的方法提取了行人的坐标和轨迹信息[16]。在现实场景中经常会有不精确的地平面投影或跟踪误差而造成定位行人坐标误差,由于自动人体检测器的定位误差会产生许多轨迹碎片,当计算轨迹时空距离特征和格兰杰因果性特征时,大量的轨迹碎片会影响群体检测的效果。所以通过减小窗口的大小,可以最小化每个例子中的分割轨迹的数量并恢复大部分轨迹的原始效果。用同样的输入数据对比了文献[35]中的算法,结果如表 8.8 所示,本节的算法精确度优于对比算法。

5. 小结

本节从学习的角度来解决检测人群中小群体的问题,现在许多算法依赖于单一类型的参数特征,从而限制了这类算法在现实场景中的适用性。由于在无序运动的场景中,人群不仅有空间性特征,还保留有社会特征,故提取了个体之间运动轨迹空间距离特征、运动方向特征、格兰杰因果性、热能图特征以及运动相关性特征来捕捉和表征不同群体的特性。为了能够合理地分群,本章中采用了相关性聚类的方法来获取分群方案,并通过结构化支持向量机算法计算出该分群方案对应的权值矩阵,然后由基于 Frank-Wolfe 权值优化算法来得出聚类得分最高的特征权值矩阵,其对应的分群方案为该场景最佳分群方式。该算法综合了各个物理特征和社会特征,最大程度地利用了群体当中的有效信息,通过不断对特征权值的优化来获取效果最好的分群方法。实验分析证明了本算法所采用的各特征的重要性,优化算法使分群效果明显提升,与对比文献[35]的结果作对比,证明了本章的分群算法有更好的精度,对行人群体的划分更加准确。

8.3.6 算法的泛化能力分析

算法的泛化能力是指从样本数据得到的优化模型也能够很好地适应测试样本数据。泛化能力分析模型可以通过对一个数据集测试优化得到,用于其他数据集上测试,根据测试精度判断聚类算法的泛化能力。本节主要分析同类场景分群算法的泛化能力。

1. 人群行为不变性

在一个特定场景中,人群的行为通常是不变的,如图 8.17 中,小区公园行人的散步,街道交叉口人们的快速行走,大型商场顾客的缓慢闲逛,广场上行人的行走驻足。此外,场景中的行人通道、路口、障碍物等位置通常为固定的,因而处于同一场景中不同时间段的视频序列往往有相似的分群规则,该分群规则适用于对该场景不同时间段的人群进行分群。因此,对于一个场景优化过的模型,可以将其用于该场景其他群体行人分群。

图 8.17　不同场景的行人

对于密集场景的行人分群,不同的特征权值代表着不同的聚类方法,因此在本节中将一个场景中的人群优化测试得到的特征权值矩阵应用于该场景不同人群的分群测试,通过测试分群的结果来分析基于结构化支持向量机特征权值优化的人群分群算法的泛化能力。

2. 系统运行结果

系统通过 Matlab 实现,在 Intel i5 CPU,4G RAM 下进行。本节在 MTP 数据集上进行实验,数据集 1chinacross2 和 1chinacross4 为位于中国街道场景不同时间的两个数据集;数据集 1dawei5 与 1dawei1 也是位于一个场景不同时间段的两个视频图像序列。首先将数据集 1chinacross2 作为样本优化,对数据集 1chinacross4 进行分群测试。然后把数据集 1chinacross4 作为样本优化,对数据集 1chinacross2 进行行人分群测试。采用同样的方法对数据集 1dawei1 和 1dawei5 进行交叉测试。

如图 8.18(a)所示,当把数据集 1chinacross2 作为优化样本,在数据集 1chinacross4 测试分群,识别出 2 组行人。图 8.18(b)为对数据集 1chinacross4 自身优化分群共检测出 3 组行人。可以看出以数据集 1chinacross2 为样本对数据集 1chinacross4 的测试分群结果仅比对数据集 1chinacross4 优化分群结果少检测出 1 个小群体。如图 8.19 所示,把数据集 1chinacross4 作为优化样本,在数据集 1chinacross2 测试分群结果与对数据集 1chinacross2 自身进行优化分群的结果相同,都正确识别 5 组行人。如图 8.20 所示,以数据集 1dawei5 作为优化样本,在数据集 1dawei1 测试分群共检测出 5 组行人,错误识别 1 组行人,而对数据集 1dawei1 直接优化测试正确识别出小群体为 5 个。如图 8.21(a)所示,把 1dawei1 作为优化样本,在 1dawei5 测试分群结果显示共正确检测出 2 组行人,错误划分 1 组行人且少检测出一个小群体,而图 8.21(b)对 1dawei5 自身作为优化样本测试的结果为正确识别 4 组行人。因此可以看出,将一个场景中的群体作为样本对相同场景不同群体测试分群结果与将该场景的群体直接优化分群的结果相差不多。

(a)   (b)

图 8.18   数据集 1chinacross4 分群结果对比

(a) 把 1chinacross2 作为优化样本,在 1chinacross4 测试分群结果;(b) 对 chinacross4 优化测试分群结果

(a)   (b)

图 8.19   数据集 1chinacross2 分群结果对比

(a) 把 1chinacross4 作为优化样本,在 1chinacross2 测试分群结果;(b) 对 1chinacross2 优化测试分群结果

(a)   (b)

图 8.20   数据集 1dawei1 分群结果对比

(a) 把 1dawei5 作为优化样本,在 1dawei1 测试分群结果;(b) 对 1dawei1 优化测试分群结果)

(a)　　　　　　　　　　　　　　　　(b)

图 8.21　数据集 1dawei5 分群结果对比

(a) 把 1dawei1 作为优化样本，在 1dawei5 测试分群结果；(b) 对 1dawei5 优化测试分群结果

　　表 8.9 为各场景交叉优化分群结果的精确度和召回率，可以看出在各场景中都有较高的精确度和召回率。表 8.10 是对各场景数据集直接优化的分群结果。对比表 8.9、8.10 的分群结果的精确度和召回率可知：以数据集 1chinacross2 为优化样本对数据集 1chinacross4 测试分群结果的精确度和召回率比对数据集 1chinacross4 直接优化测试分群的精确度和召回率分别低 1.93%，3.64%。把数据集 1chinacross4 作为优化样本对数据集 1chinacross2 进行测试分群结果的精确度和召回率比对 1chinacross2 自身进行优化测试分群结果的精确度和召回率分别低了 2.22%，4.35%。将数据集 1dawei5 作为优化样本对数据集 1dawei1 进行测试分群结果的精确度和召回率比对数据集 1dawei1 直接优化测试的分群结果的精确度和召回率分别低了 3.23%，1.64%。另外，把数据集 1dawei5 作为优化样本对数据集 1dawei1 进行测试的分群结果精确度和召回率比对数据集 1dawei5 直接优化测试的分群结果的精确度和召回率分别低 5.12%、5.12%。可以看出将场景中一个数据集作为优化样本对该场景其他数据集进行测试与对数据集自身进行优化测试分群结果相差不大，表明本文算法有较高的稳定性和泛化能力。虽然分群精确度略有下降，但从表 8.9 和 8.10 可以看出通过代入该场景已优化过的模型对人群进行分割仅需要不到 1min 的时间，而对一个场景的数据集直接优化测试则需要花费几个小时到十几个小时的时间，因而该方法能省去优化模型所消耗的大量时间，并且精度满足工程应用的需要。

表 8.9　各场景交叉优化测试分群结果

测试集	优化样本	精确度/%	召回率/%	运算时间/s
1chinacross4	1chinacross2	96.15	92.59	5
1chinacross2	1chinacross4	97.78	95.65	5
1dawei1	1dawei5	96.77	98.36	20
1dawei5	1dawei1	94.88	94.88	19

表 8.10　各场景直接优化分群结果

测试集	精确度/%	召回率/%	运算时间/h
1chinacross4	98.08	96.23	8
1chinacross2	100	100	8
1dawei1	100	100	14
1dawei5	100	100	14

本章提出了人群行为的不变性,即在特定场景中,人群拥有相似的运动行为,又由于在一个场景中障碍物、路径、门和通道的位置是固定的,故认为同一场景不同的人群拥有相似的运动模型,因此对于一个场景的优化模型可以快速应用于该场景不同群体的行人分群。实验结果表明本节算法有较强的鲁棒性和泛化力。

在电力环境事故状态下,人们通常处于慌乱无助的心理状态,行为轨迹混乱,容易造成踩踏事件,给企业带来重大的经济损失和人员伤亡。除了对事故责任人进行严肃处理和加强监督管理外,还应该大力发展监控技术和监控设备,保证对事故易发生场所实时监控,提前发现和预警公共安全隐患。事故发生时能自动分析人群分散特性,评估各出入口人员数量,及时合理地指导人群有序分散,保证疏散时间最短。本章提出的密集场景人群分群算法为人群分流策略提供了很好的出入口统计模型,根据分群结果解决自动分析各疏散出口人流吞吐量和行人速度等问题。

参考文献

[1] 程详. 基于行为一致性的密集人群分群检测算法研究[D].上海:上海电力大学,2019.

[2] MAZZON R, POIESI F, CAVALLARO A. Detection and tracking of groups in crowd [C]//IEEE International Conference on Advanced Video & Signal Based Surveillance. IEEE Computer Society, 2013.

[3] 吴福豪,基于视频图像的行人分群算法研究[D].上海:上海电力大学,2019.

[4] 杨涛,李静,潘泉,等. 基于场景模型与统计学习的鲁棒行人检测算法[J].自动化学报,2010,36(4):499 - 508.

[5] VOON W P, MUSTAPHA N, AFFENDEY L S, et al. A new clustering approach for group detection in scene-independent dense crowds [C]//2016 3rd International Conference on Computer and Information Sciences (ICCOINS). IEEE, 2016.

[6] CUPILLARD F, BRÉMOND F, THONNAT M, et al. Group. Tracking groups of people for video surveillance [M]//REMAGNINO P, JONES G A, PARAGIOS N, et al. Video-Based S Surveillance Systems. Boston:Springer, 2002:89 - 100.

［7］ MCKENNA S J, JABRI S, DURIC Z, et al. Tracking groups of people ［C］. CVIU, 2000: 42-56.

［8］ LORIS B, MARCO C, VITTORIO M. Decentralized particle filter for joint Individual-groupTracking ［C］. CVPR, 2012: 1886-1893.

［9］ SHAO J, LOY C C, WANG X G. Scene-independent group profiling in crowd ［C］. CVPR, 2014,285: 2227-2234.

［10］ WANG W, LIN W, CHEN Y, et al, Finding coherent motions and semantic regions in crowd scenes: a diffusion and clustering approach ［C］//Computer Vision ECCV, Lecture Notes in Computer Science. Switzerland: Zurich, 2014: 765-771.

［11］ SOLERA F, CALDERARA S, CUCCHIARA R. Structured learning for detection of social groups in crowd ［C］//Image Analysis and Processing, 2013,8156: 542-551.

［12］ ZHOU B, TANG X, WANG X. Coherent filtering: detecting coherent motions from crowd clutters ［C］. ECCV, 2012: 857-871.

［13］ SHAO J, DONG N, ZHAO Q. An adaptive clustering approach for group detection in the crowd ［C］//Signals and Image Processing. IWSSIP, 2015: 77-80.

［14］ SCOVANNER P, TAPPEN M F. Learning pedestrian dynamics from the real world ［C］. ICCV, 2009,381-388.

［15］ ZHU F, WANG X G, YU N H. Crowd tracking with dynamic evolution of group structures ［C］. ECCV 2014, Part VI, LNCS 8694, 2014: 139-154.

［16］ 赵倩,程祥.基于行为一致性的密集场景人群分群检测算法［J］.上海电力学院学报, 2018,34(4): 375-380,405.

［17］ ZHOU B, TANG X, ZHANG H P, et al. Measuring crow collectiveness ［J］. IEEE Transaction on Pattern Analysis and Machine Intelligence,2014,36: 1586-1599.

［18］ SUHR J K, JUNG H G, LI G, et al. Mixture of Gaussians-based background subtraction for Bayer-pattern image sequences ［J］. IEEE Transactions on Circuits & Systems for Video Technology, 2011,21(3): 365-370.

［19］ OKUSA K, KAMAKURA T. Human gait modeling and statistical registration for the frontal view gait data with application to the normal/abnormal gait analysis ［J］. Lecture Notes in Electrical Engineering, 2014,247: 525-539.

［20］ WERN C R, AZARBAYEJANI A, DARRELL T, et al. Pfinder: real-time tracking of human body ［J］. IEEE Transactions on Pattern Analysis and Machine Intelligence, 1997,19(7): 780-785.

[21] STAUFFER C, GRIMSON W. Adaptive background mixture models for real-time tracking [C]//Proceedings of IEEE Conference on Computer Vision and Pattern Recognition. Colorado: Fort CollinsCO, 1999,246 – 252.

[22] STAUFFER C, GRIMSON W E L. Learning patterns of activity using real-time tracking [J]. IEEE Transactions on Pattern Analysis and Machine Intelligence, 2000,22(8): 747 – 757.

[23] 杨陈晨,顾国华,钱惟贤,等.基于 Harris 角点的 KLT 跟踪红外图像配准的硬件实现 [J].红外技术,2013,35(10): 632 – 637.

[24] ZHOU B L, TANG X, ZHANG H P, et al. Measuring crow collectiveness [J]. IEEE Transaction on Pattern Analysis and Machine Intelligence,2014,36: 1586 – 1599.

[25] JINDAL I, RAMAN S. Effective object tracking in unstructured crowd scenes [C]//International Conference on Signal & Information Processing. IEEE, 2017.

[26] 吴福豪,赵倩.融合多特征信息的密集场景人群分群检测算法[J]. 2019(1): 83 – 89.

[27] DOLLAR P, APPEL R, BELONGIE S, et al. Fast feature pyramids for object detection [J]. IEEE Transactions on Pattern Analysis and Machine Intelligence, 2014,36(8): 1532 – 1545.

[28] MILAN A, ROTH S, SCHINDLER K. Continuous energy minimization for multitarget tracking [J]. IEEE Transactions on Pattern Analysis & Machine Intelligence, 2014,36(1): 58 – 72.

[29] HALL E T. The hidden dimension [J]. Leonardo, 1973,6(1): 94.

[30] GRANGER C W J, GHYSELS E, SWANSON N R, et al. Essays in econometrics: investigating causal relations by econometric models and cross-spectral methods [J]. Journal of Econometrics, 2001,2(2): 111 – 120.

[31] LIN W, CHU H, WU J, et al. A heat-map-based algorithm for recognizing group activities in videos [J]. IEEE Transactions on Circuits & Systems for Video Technology, 2015,23(11): 1980 – 1992.

[32] ZHAO Q, SHAO J, ZHAO Y. A multistage filtering for detecting group in the crowd [C]//International Conference on Audio, Language and Image Processing. IEEE, 2017: 771 – 774.

[33] GIOTIS I, GURUSWAMI V. Correlation clustering with a fixed number of clusters [C]//Seventeenth Acm-siam Symposium on Discrete Algorithm. 2006.

[34] 王文剑,王亚贝.基于结构化支持向量机的中文句法分析[J].山西大学学报(自然科学版),2011,34(1): 66 – 70.

[35] SOLERA F, CALDERARA S, CUCCHIARA R. Socially constrained structural

learning for groups detection in crowd [J]. IEEE Transactions on Pattern Analysis & Machine Intelligence，2016，38(5)：995 – 1008.

[36] JOULIN A，TANG K，LI F F. Efficient image and video co-localization with frank-wolfe algorithm [J]. 2014.

[37] 杨丽娜. 基于蚁群算法与 GIS 的动态交通分配模型研究[D]. 西安：长安大学,2011.

索　引